高职高专院校“十三五”实训规划教材

SHIYOU DIZHI KANTAN ZONGHE SHIXUN ZHIDAOSHU

石油地质勘探综合实训指导书

主　编　李国荣　申振强　郝海彦

主　审　景向伟

西北工業大學出版社

【内容简介】 本书是根据高职院校油气地质勘探技术及其相关专业的培养目标和相关课程教学的实践要求，在地质教研室多年教学使用的实训讲义的基础上编写的一本实训指导书。全书主要阐述了与地质勘探有关的基础性实训项目，内容涵盖较多，主要介绍了常见矿物认识与鉴定的方法，常见岩浆岩的认识与鉴定，常见变质岩的认识与鉴定，常见沉积岩的认识与鉴定，地球物理测井任务，磁法勘探和地震勘探实训，油层物理基本任务和基本地质图的绘制等内容。

本书可供高职院校油气地质勘探技术、钻井技术、油气开采技术等专业的师生教学使用，也可供石油天然气勘探开发企业培训职工使用。

图书在版编目(CIP)数据

石油地质勘探综合实训指导书/李国荣，申振强，郝海彦主编．—西安：西北工业大学出版社，2016.12

ISBN 978-7-5612-5186-7

Ⅰ.①石… Ⅱ.①李…②申…③郝… Ⅲ.①石油天然气地质—地质勘探—高等职业教育—教材 Ⅳ.①P618.130.2

中国版本图书馆CIP数据核字(2017)第001848号

策划编辑： 杨　军

责任编辑： 张珊珊

出版发行： 西北工业大学出版社

通信地址： 西安市友谊西路127号　　邮编：710072

电　　话： (029)88493844，88491757

网　　址： www.nwpup.com

印 刷 者： 兴平市博闻印务有限公司

开　　本： 787 mm×1 092 mm　　1/16

印　　张： 13.5

字　　数： 328千字

版　　次： 2016年12月第1版　　2016年12月第1次印刷

定　　价： 33.00元

前　言

本书是根据高职院校油气地质勘探及其相关专业的培养目标和相关课程实践教学要求编写的，是高职石油工程类专业地质学科有关的基础性实训指导书，共包含8个项目，52个任务，基本涵盖了高职石油工程和地质勘探类专业任务教学的基本内容。项目一介绍常见矿物的观察与鉴定，包含5个任务；项目二介绍常见岩浆岩的认识与鉴定，包含7个任务；项目三介绍常见变质岩的认识与鉴定，包含6个任务；项目四介绍沉积岩的认识与鉴定，包含8个任务，为本书的重要内容之一；项目五介绍地球物理测井任务，包含6个任务；项目六介绍了油气物理勘探技术与方法，包含3个任务；项目七为油层物理基本任务，为本指导书的重要内容之一，包含15个任务；项目八介绍地质图的绘制，包含3个任务。

本书由延安职业技术学院的李国荣、申振强、郝海彦老师任主编，由景向伟教授担任主审。具体编写分工：项目一由申振强编写，项目二由李国荣编写，项目三、八由张庭姣编写，项目四由李国荣、封强编写，项目五由张亚旭编写，项目六由景永强、程俊编写，项目七由郝海彦编写。

在编写过程中，我们得到了曹天军（延长石油勘探公司勘探开发部工程科科长、高级工程师）、刘绍光（延长石油研究院勘探室主任、高级工程师）、张昌林（延长石油井下公司解释中心高级工程师）、陈立军（延长石油油田公司研究中心工程师）和柳朝阳（延长石油油田公司研究中心助理工程师）等具有丰富实践经验的延安职教集团石油工程类专业教育指导委员会地质专家的大力支持，在此表示由衷的感谢！

由于水平所限，书中错误及欠妥之处在所难免，恳请读者朋友们批评指正！

编　者

2016年8月

目 录

项目一　常见矿物的肉眼观察与鉴定

任务一　矿物形态及物理化学性质观察

一、实训目的与要求

(1)通过对矿物手标本形态的观察,认识常见造岩矿物的形态特征。

(2)加深对矿物主要物理性质(颜色、光泽、条痕、透明度、解理、断口、相对密度、硬度、磁性)概念的理解,熟悉分级标准及判断特征,学会用正确术语描述矿物的物理性质,并了解各物理性质之间的关系。

(3)了解弹性、挠性、延展性、脆性以及其他如热膨胀性、可塑性、吸水性、易燃性、味感和触感在某些矿物上的鉴定意义。

(4)通过对矿物标本化学性质的观察,认识常见碳酸盐类矿物的"盐酸反应"等主要特征。

(5)熟悉掌握用肉眼鉴定常见造岩矿物的技能和描述矿物的方法。

(6)熟悉简易化学实验鉴定矿物的方法。

二、实训用品

放大镜、小刀、无釉白瓷板、摩氏硬度计、稀盐酸(5%)、滴瓶等;矿物标本若干。

三、实训任务

(1)观察常见矿物的形态(单体形态和集合体形态)及物理(光学性质、力学性质等)化学特征。

(2)完成矿物形态及物理化学性质鉴定实训报告。

四、实训内容

(一)矿物形态的观察

1.单体的形态

矿物单体形态受矿物晶体结晶习性的影响。根据晶体在空间上的3个方向发育程度不同,可将结晶习性分为3类:①一向延长型(柱状):一般呈柱状、棒状、针状、纤维状,如普通角闪石——长柱状或纤维状;普通辉石——短柱状。②二向延长型(板状):呈片状、鳞片状,如板状石膏、片状云母等。③三向延长型(等轴状):一般呈等轴状、粒状,如黄铁矿、石榴子石、橄榄石等。

注意:(1)对一向延长的矿物,除了考虑长短粗细之分,如柱状与针状等,还要考虑软硬之分,如针状与毛发状、纤维状的区别;

(2)注意一些过渡形态,如板柱状、短柱状等;

(3)在不同地质环境中形成的同种矿物可具不同的形态。

2.显晶集合体的形态

(1)根据单体形态命名,如粒状集合体、片状集合体等;还可根据大小、自形程度进一步命名。

(2)特殊描述术语:晶簇状、束状、放射状、致密块状等。

3.隐晶集合体形态

多为形象性的特殊名称,如鲕状、肾状、葡萄状、结核状、树枝状、分泌体(晶腺、杏仁石)、被膜状、皮壳状、蜂窝状、钟乳状、纹层状、条带状、盐华状等。

4.晶面条纹的观察

晶面条纹(聚形纹及生长线,如石英的晶面横纹,辉锑矿、电气石的柱面纵纹,黄铁矿三个方向的晶面条纹彼此垂直等);

双晶纹(方解石长对角线方向的聚片双晶纹,斜长石、刚玉的聚片双晶纹)。

5.常见的双晶

穿插双晶如(萤石、十字石、正长石的卡斯巴双晶等)、接触双晶(如石膏的燕尾双晶、方解石等)和复合双晶(如斜长石的聚片双晶)。

(二)矿物物理性质的观察

1.光学性质的观察

(1)矿物的颜色。

观察并区分矿物的自色、他色和假色,了解其呈色机制。

自色一般用标准光谱色来表示,涉及色调和深浅时一般以复合色来描述矿物的颜色。比如黄铁矿为浅铜黄色;绿帘石为黄绿色,表示以绿色为主,绿中带黄;蔷薇辉石为玫瑰红色,说明其红色和玫瑰的颜色相似。

对于金属色,认识典型的金属色,如锡白色(毒砂)、银白色(自然银)、铅灰色(方铅矿)、钢灰色(镜铁矿)、铁黑色(磁铁矿),颜色逐渐变深。

他色是由于矿物内部所含杂质而引起。

矿物的假色包括晕色、锖色和变彩,注意从以下矿物中观察。

晕色:解理明显发育的萤石、白云母、方解石等及具有裂隙的石英等无色透明矿物中可见。

锖色:某些金属矿物表面氧化膜的颜色,斑铜矿、黄铜矿、辉锑矿、毒砂等均可见。

变彩:蛋白石和拉长石中常见。

(2)条痕色。

对于金属矿物的鉴定非常有用。条痕色有时与矿物本身的颜色不一致,需特别注意,如黄铜矿、黄铁矿、镜铁矿等。凡条痕色与颜色较一致或较深者为自色;假色多在较大块标本上可见,条痕色消除了假色,减弱了他色;条痕色比较稳定,如赤铁矿可呈钢灰色、铁黑色、樱红色,但其条痕始终为樱红色,这是由于条痕色为新鲜粉末的稳定颜色。而矿物的颜色为表面的反射色,条痕色消除了表面色。

(3)光泽。

光泽的等级从强到弱依次为金属光泽、半金属光泽、金刚光泽、玻璃光泽,光泽等级取决于矿物的折(反)射率大小,折(反)射率越大,反光能力越强,光泽越强。

金属矿物一般具有金属光泽,如方铅矿、黄铜矿、铬铁矿、辉锑矿等。部分为半金属光泽,如磁铁矿、赤铁矿、黑钨矿等，少量为金刚光泽，如颜色较浅的闪锌矿、辰砂等。

非金属光泽为金刚光泽、玻璃光泽，可以根据具金刚石光泽的金红石、锆石等和具玻璃光泽的石英、斜长石、方解石等常见矿物对比区分。

除此以外，由于矿物表面的光滑程度和集合方式不同，会使光泽发生变化，呈现变异光泽。这些光泽可以与一些实物的光泽类比进行命名。

珍珠光泽：如云母、滑石、绿泥石极完全解理面上的光泽；

丝绢光泽：如石棉、纤维石膏表面具有的丝绢状光泽；

油脂光泽：如石英的断口上像沾有液态油脂的光泽；

蜡状光泽：蛇纹石、叶蜡石具有的光泽；

土状光泽：通常用于描述土状集合体或粉末状物的黯淡表面，如高岭石、褐铁矿的表面。

(4)透明度。

手标本的肉眼鉴定中，通常以 1 cm 厚或矿物的碎块边缘为标准，隔之可清晰看到对面物体的则为透明，模糊的为半透明，看不见的为不透明。但由于矿物的裂隙、杂质、厚度以及表面的光滑程度与表面杂质等对透明度的影响比较大，通常，用条痕色划分比较可靠。

必须注意：颜色、光泽、条痕色、透明度的观察必须在新鲜的标本上进行。尤其是光泽等级要在新鲜且光滑的平面(如解理面、晶面)上确定。

2. 力学性质的观察

(1)解理与断口。

学会识别解理的等级方向及组数(即几个方向)。

重点观察：一组极完全解理(云母)；一组完全解理，一组中等解理(长石)；三组完全解理(方铅矿、方解石)及无解理矿物(石英等)的特征。

注意：①解理主要是通过解理面表现出来的，为平整的反光面。因此要对着光线明亮的方向反复转动来观察。对于较大的晶体较易识别，对于较小的晶体，尤其是在细小的集合体或岩石中，要在新鲜的断面上观察其反光面。②解理面的平整程度及大小反映了解理的等级(完全程度)，极完全及完全解理的解理面平整且贯穿整个晶体，中等解理常表现为阶梯状的解理和断口的集合，若具两组完全或中等解理，则二解理面的相邻出现，常表现为阶梯状，尽管高低不平，但同一方向(一组)的解理仍同时反光。

断口：对一些无解理和裂理的矿物，在外力作用下产生的破裂称为断口。也包括一些矿物集合体的断面。常见的断口面形态有贝壳状、参差状(断口参差不齐)、锯齿状(金属矿物通常具有此类型断口，断口尖锐呈锯齿)、土状(如高岭石，断口呈细粉末状)。

注意：矿物的解理于断口是互为消长的关系。

(2)矿物的硬度。

熟记摩氏硬度计的标准硬度矿物。

日常鉴定一般以指甲(2.5)、小刀(5.5)、铜匙(3.5)、玻璃(6)、石英(7)和摩氏硬度计等进行测定。具体方法是(以摩氏硬度计为例)：取一种标准矿物，用其棱角刻划被鉴定矿物上的一个新鲜而较完整的平面，擦去粉末，若在面上留有刻痕，则说明被鉴定矿物的硬度小于标准矿物的硬度。反之，若未在面上留下刻痕，则说明被鉴定矿物的硬度大于或等于标准矿物的硬度。经过多次刻划比较，直到确定被鉴定矿物的硬度介于两个相邻标准矿物之间或接近二者之一时，即已测知被鉴定矿物的硬度。如云母不能被石膏(硬度 2)刻动，而能被方解石(硬度

3)刻动,故其硬度介于2~3之间,用2.5表示。

注意:采用刻划法确定矿物硬度时,要在新鲜的光滑面上均匀用力去刻划。风化面及含杂质较多的面上测试出来的硬度不准确。

3.矿物其他物理性质的观察

(1)相对密度:分为轻(<2.5)、中(2.5~4.0)、重(>4.0)三级相对密度,一般以手掂来估计,注意标本大小及杂质等会影响判断结果,所以要逐步积累经验学会熟练估计相对密度等级。

(2)其他的物理性质,弹性和挠性、脆性和延展性及磁性可结合代表性的矿物来理解。

(三)矿物化学性质的观察

盐酸反应实验:碳酸盐类矿物,如方解石、白云石、孔雀石等与稀盐酸会产生化学反应,放出CO_2,形成气泡。

一般来讲,方解石遇稀盐酸后,起泡剧烈,而白云石则需用小刀刻划成粉末后滴稀盐酸,才可见微弱的起泡现象。

五、实训报告要求

(1)实训报告格式见表1-1。从矿物名称、化学式、晶体形态(单体和集合体)、颜色、光泽、条痕、透明度、解理或断口、硬度及其他性质等方面来观察描述。

表1-1　矿物肉眼鉴定实训报告　　____年____月____日

标本号	矿物名称	化学式	晶体形态	颜色	条痕	光泽	透明度	解理		断口	硬度	其他性质	主要鉴定特征
								等级	组数				
	方解石	$CaCO_3$	板状	白色	白色	玻璃光泽	透明	完全	3组	无	3	遇稀盐酸剧烈起泡	3组完全解理,遇稀盐酸剧烈起泡

班级:____________　姓名:____________　成绩:____________

(2)各项特征描述必须按照教材中的标准要求分级,如解理、断口、透明度、硬度、光泽等。

(3)通过归纳,把主要鉴定特征总结出来,要求简明、突出。

(4)每人观察30种左右具有代表性的矿物标本。

(5)每人描述不少于6块标本。

六、思考题

(1)正长石与斜长石在解理上有什么区别?

(2)分别举出一例矿物,说明解理分级。

(3)说出你容易混淆的矿物有哪些。

(4)比较黄铁矿与黄铜矿光学性质的差异。

(5)方解石与重晶石在力学性质上有哪些不同?

任务二　自然元素矿物、硫化物矿物及卤化物矿物观察与描述

一、实训目的与要求

(1)认识自然元素矿物、硫化物矿物及卤化物矿物的形态特征。

(2)了解自然元素矿物、硫化物矿物及卤化物矿物的主要物理性质(颜色、光泽、条痕、透明度、解理、断口、硬度、相对密度等)。

(3)掌握自然元素矿物、硫化物矿物及卤化物矿物的主要鉴定特征。

(4)认识并掌握常见自然元素矿物、硫化物矿物、卤化物矿物以及相似矿物之间的区别。

(5)熟悉矿物的化学成分及成因产状特征。

二、实训用品

放大镜、小刀、无釉白瓷板、摩氏硬度计、稀盐酸(5%)、滴瓶等;矿物标本若干。

三、实训任务

(1)观察描述下列自然元素矿物,重点掌握其外观鉴定特征:

自然金、自然银、自然铜、自然硫、金刚石、石墨等。

(2)观察描述描述下列卤化物矿物,重点掌握其外观鉴定特征:

萤石、石盐、光卤石等。

(3)观察描述下列硫化物矿物,重点掌握其鉴定特征。

方铅矿、闪锌矿、黄铁矿、黄铜矿、雄黄、雌黄等。

四、实训内容

(一)单质矿物的观察

自然元素矿物鉴定主要依据形态、颜色、光泽、硬度、延展性、脆性等。

自然元素矿物分为自然金属元素矿物、自然半金属元素矿物和自然非金属元素矿物。金属元素和半金属元素矿物具有金属色,金属光泽,不透明,具有硬度低、相对密度大、延展性强、导电性好等特点。非金属元素矿物主要由硫、碳组成,除金刚石外一般无完好晶形。

(二)卤化物矿物的化学成分和物理性质的观察

组成卤化物矿物的阳离子主要是钾、钠、钙、镁、铝等元素。由这些元素组成的卤化物矿物一般为无色透明,呈玻璃光泽,相对密度不大,具有导电性差等特点。而由银、铜、铅、汞等元素组成的卤化物矿物一般为浅色,呈金属光泽,透明度降低,相对密度增大,导电性增强,并具延展性。氟化物的硬度一般比氯化物、溴化物、碘化物要高。

(三)硫化物矿物的观察

硫化物及其类似化合物包括一系列金属元素与硫、硒、碲、砷等相化合的化合物。组成矿物的阴离子主要是 S^{2-},以及少量的 Se,Te,As,Ab,Bi 等元素的阴离子;阳离子主要是 Cu,Pb,Zn,Ag,Hg,Fe,Co,Ni 等元素的阳离子。

大多数硫化物晶形较好,特别是复硫化物完好晶形更为常见,如黄铁矿、毒砂;大多数硫化物具有金属色、金属光泽、低透明度和强反射率,如方铅矿、黄铜矿、黄铁矿。少数呈非金属色,如闪锌矿、辰砂、雄黄、雌黄等。部分硫化物具有完好的解理,一般简单硫化物的解理较复硫化

物发育。简单硫化物硬度低,一般为2～4;复硫化物硬度增高,可达5～6.5。硫化物相对密度较大,一般在4以上。

五、实训报告要求

(1)实训报告格式见表1-2。

(2)各项特征描述必须按照教材中的标准要求分级,如解理、断口、透明度、硬度、光泽等。

(3)每大类至少描述两块标本。

表1-2　矿物肉眼鉴定实训报告　　____年____月____日

标本号	矿物名称	化学式	晶体形态	颜色	条痕	光泽	透明度	解理		断口	硬度	其他性质	主要鉴定特征
								等级	组数				
	方解石	$CaCO_3$	板状	白色	白色	玻璃光泽	透明	完全	3组	无	3	遇稀盐酸剧烈起泡	3组完全解理,遇稀盐酸剧烈起泡

注意:本实训相关矿物的基本特征请参考教材(地质专业请参考《普通地质学》第二章相关内容,其他专业请参考《石油地质基础》第二章内容)。可参照教材上的描述内容防遗漏,但一定要以所观察的标本为准,决不能照抄教材。

六、思考题

(1)石墨与金刚石的硬度为什么差距很大?

(2)区别以下矿物:

1)黄铁矿和黄铜矿;

2)雄黄和雌黄。

(3)硫化物矿物一般有哪些成因?

任务三　氧化物和氢氧化物类矿物观察与描述

一、实训目的与要求

(1)熟悉氧化物及氢氧化物的晶体化学特点及其与矿物物理性质之间的关系。

(2)进一步熟悉矿物鉴定方法。

(3)认识并掌握常见氧化物及氢氧化物的鉴定特征及相似矿物的区别。

(4)结合教材讲述与标本的矿物的共生组合,了解各种矿物的形成地质环境。

二、实训用品

放大镜、小刀、无釉白瓷板、永久磁铁、稀盐酸(5%)、矿物标本等。

三、实训任务

(1)观察描述下列氧化物矿物,重点掌握其鉴定特征:

赤铁矿、石英、磁铁矿、刚玉等。

(2)观察描述下列氢氧化物矿物,重点掌握其鉴定特征:

软锰矿、硬锰矿、铝土矿、褐铁矿等。

四、实训内容

(一)氧化物矿物

氧化物的物理性质以硬度最为突出,一般均在5.5以上,如石英硬度为7,刚玉硬度为9。氧化物的相对密度,彼此间相差较大,其中以钨、锡、铀等氧化物的相对密度最大,一般大于6.5;而石英的相对密度仅为2.65。在光学性质方面,镁、铝、硅等元素组成的氧化物通常呈浅色或无色,半透明至透明,以玻璃光泽为主;而由铁、锰、铬等组成的氧化物则呈深色或暗色,不透明至微透明,表现出金属光泽,并且磁性增高。

(二)氢氧化物矿物

氢氧化物的晶体结构主要呈层状或链状。由镁、铝、硅等惰性气体元素组成的氢氧化物矿物颜色、条痕均呈浅色,玻璃光泽;由铁、锰、铬等过渡型元素组成的氢氧化物矿物颜色、条痕色深,甚至是黑色,金属至半金属光泽。该类矿物往往具一组完全至完全解理。

五、特别提示

(1)本大类矿物的鉴定主要根据形态、颜色、解理、相对密度、磁性等,对金属氧化物要注意条痕色、硬度。

(2)石英及其异种类型较多,显晶的石英有各种颜色,隐晶质异种有玛瑙、玉髓、燧石和碧玉不同类型。玉髓一般指半透明、蜡状光泽、纤维状的隐晶质体;玛瑙是各种颜色的玉髓呈条带状或同心环状组成,核心部位也常见同心环状石英晶簇。燧石指暗色、坚韧、质地致密的隐晶质体;而碧玉指块状、细粒致密的石英、玉髓集合体,常含有氧化铁等,呈黄色、褐色、橘黄色、暗红色、绿色等。

(3)磁铁矿呈铁黑色,条痕黑色,半金属光泽,无解理,具磁性。自形晶体常见八面体。

(4)赤铁矿有很多集合体形态,常呈暗褐红色鲕状、肾状、土状隐晶质集合体(沉积成因)及铁黑色致密块状集合体(内生成因),但其条痕色都为樱红色,可作为鉴定依据。

(5)镜铁矿为赤铁矿的异种,呈片状或玫瑰花状集合体,为铁黑色至钢灰色的显晶质,条痕色与其他赤铁矿一致,为樱红色,金属光泽。细小鳞片状或贝壳状镜铁矿称为云母赤铁矿。

(6)褐铁矿是一种由针铁矿、纤铁矿、富水的氢氧化铁胶凝体以及铝的氢氧化物、泥质物质的机械混合物。呈致密块状、蜂窝状、结核状或土状集合体。有时可见黄铁矿成假象。堆积于地表形成“铁帽”。条痕褐黄色,以此可简单地与赤铁矿等区别。

(7)软锰矿,自形者少见,通常为铁黑色,条痕黑色,显晶质晶体具半金属光泽,硬度大(6～6.5),隐晶质土状或块状集合体硬度小(1～2),摸之污手。硬锰矿为以锰的氧化物和氢氧化物为主的细分散的矿物集合体,呈钟乳状、葡萄状、土状等,黑色至暗钢灰色,条痕黑色,半金属-土状光泽。

(8)铝土矿、褐铁矿等都不是一种纯净的矿物,而是由几种矿物组成的混合物,并含较多机械杂质,因此其颜色、相对密度、硬度的变化范围较大。

六、实训报告要求

(1)实训报告格式见表1-3。

表1-3　矿物肉眼鉴定实验报告格式　　　____年____月____日

标本号	矿物名称	化学式	晶体形态	颜色	条痕	光泽	透明度	解理		断口	硬度	其他性质	主要鉴定特征
								等级	组数				
	方解石	$CaCO_3$	板状	白色	白色	玻璃光泽	透明	完全	3组	无	3	具磁性	3组完全解理,遇稀盐酸剧烈起泡

班级:__________　姓名:__________　成绩:__________

(2)各项特征描述必须按照教材中的标准要求分级,如解理、断口、透明度、硬度、光泽等。

(3)每大类至少描述两块标本。

注意:本实训相关矿物的基本特征请参考教材(地质专业请参考《普通地质学》第二章相关内容,其他专业请参考《石油地质基础》第二章内容)。可参照教材上的描述内容防遗漏,但一定要以所观察的标本为准,决不能照抄教材。

七、思考题

(1)如何区别磁铁矿、赤铁矿、褐铁矿?

(2)如何区别石英、玉髓、蛋白石?

任务四　硅酸盐类矿物观察与描述

一、实训目的与要求

(1)了解岛状、环状、链状、层状和架状硅酸盐矿物的化学组成、形态和物理性质以及成因特征。

(2)掌握常见的岛状、环状、链状、层状和架状硅酸盐矿物的肉眼鉴定特征。

二、实训用品

放大镜、小刀、无釉白瓷板、稀盐酸(5%)、矿物标本等。

三、实训任务

观察描述下列硅酸盐矿物,重点掌握其鉴定特征。

橄榄石、辉石、角闪石、云母、斜长石、正长石、高岭石、蒙皂石、绿泥石等。

四、实训内容

(1)硅酸盐矿物一般为无色或浅色透明矿物,肉眼鉴定时,条痕色次要(一般为白色,可不做条痕测试),主要从晶形和解理特征入手,辅以颜色特征。

(2)对于岛状和环状硅酸盐,一般具有完好的晶形,多呈无色或浅色,透明至半透明,具玻璃光泽或金刚光泽,高的硬度(一般均大于5.5)等特征。

(3)对于链状硅酸盐,首先根据形态、解理特征、成因特点区分出是辉石族矿物还是角闪石族矿物,然后再依据颜色、形态和成因确定矿物种类。

(4)层状硅酸盐具有相对明显的层片状或板状晶体外形,一组极完全解理,较低的硬度。除此之外,还需了解滑感、弹性、吸水膨胀、灼烧胀大和弯曲卷筒等性质。

(5)架状硅酸盐着重于形态、颜色、解理、双晶及硬度等物性方面的对比。

(6)鉴定时注意相似矿物的对比鉴定。

1)正长石-斜长石:从颜色、解理及成因上细致区分。

2)滑石-叶腊石:二者都是硬度低,具滑感,用指甲刻划时,叶腊石较滑石刻划起来费劲,细微差别需仔细体会。另外,可以用化学法加以区分:在素瓷板上滴一滴水,以矿物块轻磨约半分钟后呈乳浊液状,用石蕊试纸测之,叶腊石的pH值约为6,滑石的pH值约为9。

3)高岭石-蒙脱石:二者性质接近,遇水迅速膨胀者为蒙脱石。

4)普通辉石-普通角闪石:需从形态、颜色、解理夹角及成因来确定。

5)透辉石-透闪石:二者相比,呈纤维状、细长柱状者一般为透闪石。

6)透闪石-阳起石:都可呈放射状,但阳起石颜色较深,呈深浅不同的绿色。致密的阳起石变种为软玉。

五、实训报告要求

(1)实训报告格式见表1-4。

(2)各项特征描述必须按照教材中的标准要求分级,如解理、断口、透明度、硬度、光泽等。

(3)每类至少描述两块标本。

表 1-4 矿物肉眼鉴定实验报告格式 ____年____月____日

标本号	矿物名称	化学式	晶体形态	颜色	条痕	光泽	透明度	解理		断口	硬度	其他性质	主要鉴定特征
								等级	组数				
	方解石	$CaCO_3$	板状	白色	白色	玻璃光泽	透明	完全	3组	无	3	具磁性	3组完全解理，遇稀盐酸剧烈起泡

班级：________ 姓名：________ 成绩：________

注意：本实训相关矿物的基本特征请参考教材（地质专业请参考《普通地质学》第二章相关内容，其他专业请参考《石油地质基础》第二章内容）。可参照教材上的描述内容防遗漏，但一定要以所观察的标本为准，决不能照抄教材。

六、思考题

(1)如何区别普通辉石与普通角闪石？

(2)如何区别正长石与斜长石？

(3)碎屑岩储层中含有黏土矿物容易形成水敏，使岩石孔隙减少、渗透率下降。哪些黏土矿物可形成水敏现象？

(4)黏土矿物的成因有哪些？黏土矿物在工业上有哪些用途？

任务五　硫酸盐、碳酸盐和其他含氧盐类矿物观察与描述

一、实训目的与要求

(1)了解并熟悉硫酸盐和碳酸盐矿物的化学组成、形态和物理性质以及成因特征。

(2)掌握常见的硫酸盐和碳酸盐矿物的外观鉴定特征。

(3)了解常见的磷酸盐、硼酸盐、硝酸盐等其他含氧盐矿物的形态和物理性质。

二、实训用品

放大镜、小刀、无釉白瓷板、稀盐酸(5%)、矿物标本等。

三、实训任务

(1)观察描述下列碳酸盐和硫酸盐矿物,重点掌握其鉴定特征。

方解石、白云石、菱镁矿、孔雀石、重晶石、石膏等。

(2)观察描述下列其他含氧盐矿物,重点掌握其鉴定特征。

磷灰石、独居石、硼砂等。

四、实训内容

(1)硫酸盐矿物的金属阳离子主要有 Mg^{2+},Ca^{2+},Na^{+},Fe^{3+},K^{+},Ba^{2+},Al^{3+},Cu^{2+}。阴离子主要为$[SO_4]^{2-}$。物理性质特征是硬度低,通常在 2～3.5 之间;相对密度一般不大,为 2～4,含钡和铅的矿物可达 4～7;一般呈无色或白色,含铁者呈黄褐色或蓝绿色,含铜者呈绿色,含锰或钴者呈红色。

(2)碳酸盐矿物的金属阳离子主要是 Ca^{2+} 和 Mg^{2+},其次是 Fe^{3+},Mn^{2+},Na^{+},阴离子主要为$[CO_3]^{2-}$,还有少数附加阴离子 OH^{-}。碳酸盐矿物的物理性质特征是硬度不大,一般在 3 左右;非金属光泽;大多数为无色或白色,含铜者呈鲜绿色或鲜蓝色,含锰者呈玫瑰红色,含稀土或铁者呈褐色。

(3)鉴定时注意相似矿物的对比鉴定。

1)方解石、白云石和菱镁矿:方解石遇冷稀 HCl 即剧烈起泡;白云石遇冷稀 HCl 只微弱起泡;菱镁矿则与冷稀 HCl 不起作用,只与热稀 HCl 才剧烈起泡。

2)方解石与重晶石:注意重晶石相对密度大,解理夹角近 90°。

3)文石一般为集合体,呈纤维状、柱状、皮壳状、钟乳状、珊瑚状、鲕状、豆状等。

五、实训报告要求

(1)实训报告格式见表 1-5。

(2)各项特征描述必须按照教材中的标准要求分级,如解理、断口、透明度、硬度、光泽等。

(3)每类至少描述两块标本。

表1-5　矿物肉眼鉴定实验报告格式　　____年____月____日

标本号	矿物名称	化学式	晶体形态	颜色	条痕	光泽	透明度	解理		断口	硬度	其他性质	主要鉴定特征
								等级	组数				
	方解石	$CaCO_3$	板状	白色	白色	玻璃光泽	透明	完全	3组	无	3	具磁性	3组完全解理，遇稀盐酸剧烈起泡

班级：____________　姓名：____________　成绩：____________

注意：本实训相关矿物的基本特征请参考教材（地质专业请参考《普通地质学》第二章相关内容，其他专业请参考《石油地质基础》第二章内容）。可参照教材上的描述内容防遗漏，但一定要以所观察的标本为准，决不能照抄教材。

六、思考题

（1）如何鉴别白云石与方解石？

（2）如何区别方解石与重晶石？

（3）方解石与文石区别在哪些方面？

（4）石膏与硬石膏的区别有哪些？

项目二　岩浆岩的认识与鉴定

牢固掌握观察与鉴定岩浆岩的方法，并熟练掌握岩浆岩主要类型及其基本特征，是开展岩浆岩类研究的基本内容和必须具备的基本技能。本项目主要介绍岩浆岩手标本和薄片鉴定的基本方法和注意事宜。

一、岩浆岩的分类体系与矿物组合规律

掌握岩浆岩的分类方法及其分类结果（见表 2-1）。从鉴定的角度看，需注意不同类型岩浆岩中矿物组合和典型矿物特征。例如，在石英含量方面，超基性和基性岩类基本不含石英、中性岩类石英含量少（＜5%），而酸性岩类则石英含量多（＞20%）；在斜长石的种类方面，基性-中性-酸性岩类中斜长石的牌号（An）是不同的。再如暗色矿物的出现，一般规律是，基性岩类以辉石为主，中性岩类以角闪石为主，而酸性岩类以黑云母和角闪石为主。

表 2-1　岩浆岩的分类表

<table>
<tr><td colspan="2">岩石系列</td><td colspan="5">钙碱性</td><td>碱性</td></tr>
<tr><td colspan="2">岩石类型</td><td>超基性岩</td><td>基性岩</td><td colspan="2">中性岩</td><td>酸性岩</td><td>碱性岩</td></tr>
<tr><td colspan="2">SiO_2含量(%)</td><td>＜45</td><td>45～53</td><td colspan="2">53～66</td><td>＞66</td><td>53～66</td></tr>
<tr><td colspan="2">石英含量</td><td>无</td><td>无或很少</td><td colspan="2">＜5%</td><td>＞20%</td><td>无</td></tr>
<tr><td colspan="2">长石种类和含量</td><td>一般无长石</td><td>斜长石为主</td><td>斜长石为主</td><td>钾长石为主</td><td>钾长石＞斜长石</td><td>钾长石为主，含似长石</td></tr>
<tr><td colspan="2">暗色矿物种类和含量</td><td>橄榄石，辉石，＞90%</td><td>主要为辉石，可有角闪石，黑云母，橄榄石，＜90%</td><td colspan="2">角闪石为主，次为黑云母，辉石，15%～40%</td><td>黑云母为主，次为角闪石，10%～15%</td><td>碱性辉石和碱性角闪石，＜40%</td></tr>
<tr><td colspan="2">色率</td><td>＞90</td><td>40～90</td><td colspan="2">15～40</td><td>＜15</td><td>15～40</td></tr>
<tr><td>深成岩</td><td>中粗粒/似斑状结构</td><td>橄榄岩、辉岩</td><td>辉长岩</td><td>闪长岩</td><td>正长岩</td><td>花岗岩</td><td>霞石正长岩</td></tr>
<tr><td>浅成岩</td><td>细粒/斑状结构</td><td>苦橄玢岩金伯利岩</td><td>辉绿岩</td><td>闪长玢岩</td><td>正长斑岩</td><td>花岗斑岩</td><td>霞石正长斑岩</td></tr>
<tr><td>喷出岩</td><td>斑状/玻璃质/隐晶质</td><td>苦橄岩科马提岩</td><td>玄武岩</td><td>安山岩</td><td>粗面岩</td><td>流纹岩</td><td>响岩</td></tr>
</table>

二、岩浆岩的结构和构造类型

1.岩浆岩的结构类型

岩浆岩的结构是指岩石的组成部分(矿物和玻璃质)的结晶程度、颗粒大小(绝对大小和相对大小)、自形程度及其相互关系,具体分为以下5个方面的主要类型。

(1)按结晶程度:全晶质;半晶质;玻璃质。

(2)按矿物绝对大小。

1)显晶质结构:伟晶结构(＞10 mm);粗粒结构(＞5 mm);中粒结构(5～2 mm);细粒结构(2～0.2 mm);微粒结构(＜0.2 mm)。

2)隐晶质结构。

(3)按矿物相对大小:等粒结构;不等粒结构;斑状-斑晶＋隐晶质或玻璃质;似斑状结构-斑晶＋显晶质。

(4)按矿物自形程度:自形结构;半自形结构;他形结构。

(5)按颗粒相互关系:文象结构、条纹结构等。

2.岩浆岩的构造类型

构造——岩石中不同矿物集合体之间的排列方式和填充方式。岩浆岩主要构造类型见表2-2。

表2-2　岩浆岩的构造类型

侵入岩的构造	喷出岩的构造	手标本常见的构造类型	薄片下常见的构造类型
块状构造 斑杂构造 带状构造	气孔和杏仁构造 流纹构造 珍珠构造 石泡构造 枕状构造 流面构造与流线构造 柱状节理	块状构造 斑杂构造 带状构造 气孔和杏仁构造 流纹构造 珍珠构造 石泡构造	块状构造 斑杂构造 气孔构造 杏仁构造

三、岩浆岩手标本的描述内容与方法

岩石手标本描述内容包括颜色、结构、构造、矿物组成、矿物特征和含量、岩石中矿物的次生变化、相对密度、其他物理性质等特征、岩石定名。在文字描述的同时,根据需要可以手绘出该岩石手标本的素描图,示意性表示岩石特征。具体步骤和内容如下。

1.颜色

颜色指肉眼观察到标本的颜色,新鲜岩石的颜色是岩石各组成矿物颜色的综合反映。描述颜色时注意观察岩石新鲜面的颜色与风化面的颜色。

注意:色率与颜色的区别,色率指岩石中暗色矿物的体积含量,而颜色仅指肉眼观察到的岩石的颜色,例如深绿色、暗红色、灰白色等。

2.结构

按照前文中列出的常见岩浆岩结构类型,先看岩石的结晶程度(是全晶质/半晶质/玻璃质),如果是全晶质,再看矿物是等粒结构还是不等粒结构,若为等粒结构,就估计其粒度大小属于粗粒、中粒结构等;如果岩石为斑晶＋显晶质的基质,称为似斑状结构;如果岩石是斑晶＋

隐晶质的基质，称为斑状结构。如果是连续的显晶质矿物，可以称为不等粒结构。

3. 构造

(1)侵入岩的构造。

1)如果岩石中矿物分布均匀，就称为块状构造。

2)如果明显具有流动特征，称为流纹构造。

3)如果岩石在颜色、矿物成分等方面不均匀，具有分带性，称为条带状构造；呈现斑杂状，就是斑杂状构造。

(2)喷出岩的构造。

1)具有气孔的，称为气孔构造。

2)气孔被充填形成杏仁的，称为杏仁构造。

3)如果岩石全部是黑色、褐色等颜色的玻璃，称为玻璃质构造，等等。

注意与提示：岩石的结构反映其形成条件，推断其产状是深成、浅成还是喷出的。

1)深成岩结构是全晶质、颗粒粗大，几乎为等粒结构，块状构造。

2)喷出岩结构特征是斑状结构、隐晶质和玻璃质，构造类型为气孔构造、杏仁构造、流纹构造。

3)浅成侵入岩结构和构造特征介于深成岩和喷出岩之间。

4. 矿物组成、特征和含量

观察岩石中各种矿物的特征，首先鉴别出有哪些矿物，估计出各种矿物的含量，然后分别观察每种矿物的详细特征，包括颜色、晶形、解理、硬度、双晶等。

对于侵入岩，因其粒度大，容易识别矿物特征。而对于喷出岩，如果岩石全部为玻璃或者隐晶质结构，则无法继续描述矿物特征；如果属于斑状结构，则注意观察其斑晶矿物的特征，同时估计出岩石中斑晶占整个岩石的含量(体积分数)。

岩浆岩中造岩矿物的种类和含量是岩石的种属划分及定名的最主要依据，因此正确鉴定出各种主要造岩矿物是鉴定岩石的关键。岩浆岩中常见的主要造岩矿物为橄榄石、辉石、角闪石、黑云母、斜长石、碱性长石、石英等。对于一些隐晶质的岩石来说，在手标本上鉴定是困难的，需要显微镜下或化学分析结果综合考虑。

5. 定名

定名原则：颜色＋结构＋次要矿物＋基本名称。

四、岩浆岩薄片的镜下观察与鉴定方法

1. 镜下鉴定的内容

与手标本描述略有区别，镜下鉴定主要内容是岩石的结构、构造、矿物组成、矿物特征和含量、岩石中矿物的次生变化等特征。在薄片中不再描述岩石总体的颜色，一般较少描述岩石的构造(除非具有特殊的构造)。对每种矿物的特征描述是镜下鉴定的重点内容，包括矿物的晶体光学特征，包括粒度、晶形、解理、颜色、干涉色等特征。

2. 镜下矿物含量的估计

图 2-1 所示是镜下估计矿物含量的示意图，分别是矿物含量为 1%，10%，20%，50%时的结果。从图中可以发现，由于视觉引起的误差，在观察视域中某一种矿物含量的时候，将其他矿物视为背景，由于视觉主要集中于观察该矿物，往往引起矿物含量的过多估计。一个经验是，在初级阶段，可以按照自己估计的含量除以 2 得到接近准确的含量。例如你认为是 60%，

实际可能为30%左右。

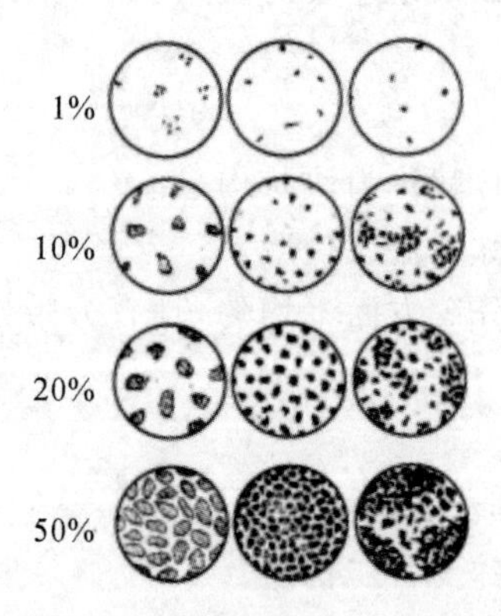

图2-1　矿物含量目估图

估计矿物含量的一般方法是在单偏光或者正交偏光下，选择一个合适的视域进行观察，在该视域中，可以选择由目镜十字丝划分的四个象限中的一个象限进行估计含量。单偏光下估计，例如花岗岩中的石英，在单偏光下无色，容易估计；在正交偏光下，例如可以观察呈现聚片双晶的斜长石的含量，或者估计呈现全消光的石榴石的含量。

一般需要按照上述方法，观察多个视域内矿物含量，再获得该矿物总体平均含量。

矿物的含量估计是一个难点，实际观察时往往过多估计某种矿物的含量，需要多次练习。

如果需要进行岩石中矿物含量的精确统计，则需要使用有关的仪器，例如机械台、图像分析仪等设备。

3.镜下结构观察

与手标本描述类似，先在低倍镜下观察岩石的总体特征，先看岩石的结晶程度（全晶质/半晶质/玻璃质），如果是全晶质，再看矿物是等粒结构还是不等粒结构，若为等粒结构就按照显微镜目镜的标尺，准确估计岩石的粒度大小，确定出是属于粗、中、细、微粒结构等的哪一种粒度；如果岩石为斑晶＋显晶质的基质，称为似斑状结构；如果岩石是斑晶＋隐晶质或者玻璃质的基质，称为斑状结构。如果是连续粒度变化的显晶质矿物，岩石可以称为不等粒结构。

图2-2　按矿物的结晶程度划分的三种结构
(a)全晶质结构；(b)半晶质结构；
(c)玻璃质结构

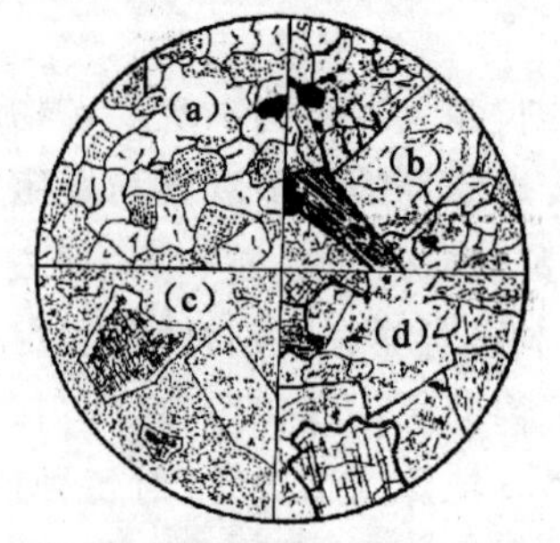

图2-3　按颗粒相对大小划分结构类型
(a)等粒结构；(b)似斑状结构；
(c)斑状结构；(d)不等粒结构

注意与提示：在这里需要熟悉在晶体光学中学习的利用目镜的显微标尺与总体放大倍数来测量矿物颗粒的粒度的方法。对于矿物的粒度，如果是粒状矿物容易测量粒度大小，如果是板状矿物，测量粒度大小以其长边乘以短边作为粒度大小，例如斜长石的粒度为 2 mm×0.5 mm，并且按照长边作为估计粒度大小的依据。

4. 镜下构造观察

构造主要在手标本中观察和描述，在显微镜下：

1)对于侵入岩来说，如果岩石中矿物分布均匀，就称为块状构造。

2)对于喷出岩来说，具有气孔的，称为气孔构造；气孔被充填形成杏仁的，称为杏仁构造，同时需要观察杏仁体的成分，例如是 Ca 质、Si 质等。

3)岩石也可能显示流纹构造等其他构造，等等。

5. 矿物组成、特征观察

在低倍镜下总体浏览薄片的特征，首先鉴别出薄片中主要矿物、次要矿物和副矿物的种类，写出矿物组合特征，再分别观察鉴定每种矿物的详细特征，包括粒度、晶形、双晶、解理、颜色、干涉色、次生变化等特征。在详细观察时，再选用合适的高倍镜观察。

对于侵入岩，因其粒度大，容易识别矿物特征。

对于喷出岩，如果岩石全部为玻璃或者隐晶质结构，则无法继续描述矿物特征；如果属于斑状结构，首先鉴定斑晶的特征，同时估计出岩石中斑晶占整个岩石的含量(体积分数)，其次要观察基质的结构与矿物成分，例如在玄武岩中，基质可能为间隐结构、间粒结构、间隐-间粒结构等。

6. 素描图

素描图是表示岩石显微结构的示意图，类似于在构造地质学野外研究中手绘的构造现象素描图，这是岩石学镜下鉴定的基本功之一，见下面详细说明。

1)素描图的要素：素描图需要显示一定的内容，主要包括矿物组成和典型结构两个方面，例如图 2-4 是显示辉长结构与辉绿结构的特征及其过渡关系。选取代表性的视域后，就可以进行描绘。完成后，素描图要求标明视域大小(或者放大倍数)、单偏光还是正交偏光等观察条件。素描图中需要用英文缩写标注矿物的名称。

2)用显著特征来表示不同矿物，主要是显示不同矿物的晶形特征、边缘、解理、双晶等特征，使人看到后一目了然就知道是什么矿物，例如，黑云母用细密的解理纹、斜长石用聚片双晶、橄榄石用黑色的边缘和裂纹、辉石用正方形或者八边形加上近于垂直的 2 组解理、角闪石用菱形或者六边形加上接近 56 和 124 度的 2 组解理，等等。

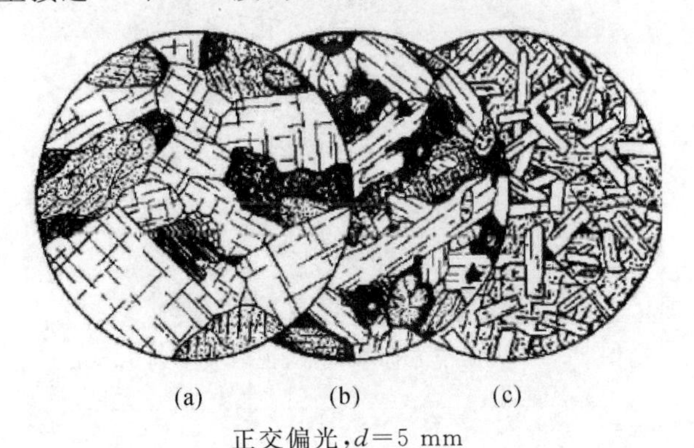

(a)　(b)　(c)

正交偏光，d=5 mm

图 2-4　辉长岩和辉绿岩的素描图

(a)辉长结构；(b)辉长结构和辉绿结构过渡；(c)具辉绿结构

任务一　基性、超基性岩类手标本鉴定与描述

一、实训目的

(1)认识岩浆岩中超基性和基性岩这两类岩石主要造岩矿物特征(包括橄榄石、辉石、斜长石、角闪石等)。

(2)认识超基性和基性岩的主要深成侵入岩、浅成侵入岩和喷出岩的代表性岩石的结构构造、矿物成分、次生变化等特征。

(3)通过上述观察和认识,掌握岩浆岩手标本观察的主要步骤和方法。

(4)认识几种常见的超基性和基性岩。

(5)掌握实训报告的编写方法,学会绘制岩浆岩显微镜下素描图。

二、实训用品

放大镜、小刀、稀盐酸、基性和超基性岩石标本等。

三、实训任务

(1)使用放大镜、小刀、稀盐酸鉴定性、超基性岩浆岩标本的成分、结构、构造等特征。

(2)将鉴定结果写入实训报告中。

四、实训内容

1.主要矿物成分、特征鉴定

超基性岩中主要是橄榄石和辉石,有时含少量角闪石和黑云母,一般不含长石。基性岩石中主要矿物为辉石和斜长石;次要矿物有橄榄石、角闪石、黑云母;常见的副矿物有磁铁矿、磷灰石、尖晶石等。

橄榄石:绿色到深绿色,粒状,透明,玻璃光泽。在纯橄岩中以中粒和粗粒结构为特征(见图2-5),在玄武岩中可呈斑晶出现。

辉石:深绿色-黑色,短柱状,有时可见两组解理,玻璃光泽。

斜长石:灰白色,厚或者宽板状、长条状,可见宽平的解理面和聚片双晶,玻璃光泽,硬度大于小刀,有时表面次生变化则光泽暗淡。

图2-5　纯橄榄岩标本特征,视域大小约15 cm

2.结构特征

超基性岩中由于 SiO_2 含量少,岩浆在结晶时黏度小,其主要结构类型有全自形-半自形粒状结构。

基性侵入岩皆为全晶质半自形粒状结构。

基性喷出岩多为斑状结构。

3. 构造特征

超基性岩常呈块状构造，也可见条带状构造。

基性侵入岩中经常见到暗色矿物与浅色矿物分别集中而形成的条带状构造，还可见矿物因岩浆流动而定向排列所形成的流动构造。

基性喷出岩常见块状构造及气孔、杏仁构造。

五、实训报告要求

1. 实训报告编写格式

岩浆岩手标本观察实训报告由两部分组成，即标本产地及产状，手标本观察特征。

标本产地、产状是指手标本的产出地和产出形态。在手标本观察部分主要描述标本的颜色、矿物组成及每种矿物的含量、每种矿物的肉眼鉴定特征、标本的构造、结构等，最后对岩石进行初步定名。

实训报告如表 2-3 所示。

表 2-3　岩手标本鉴定实训报告　　____年____月____日

标本号	主要鉴定特征					岩石名称
	矿物成分、含量			结构	构造	
	主要矿物	次要矿物	副矿物			

班级：____________　姓名：____________　成绩：____________

2. 观察描述要求

用规范的格式系统观察描述具有代表性的超基性岩和基性岩的手标本各一例，总结主要矿物的鉴定特征，进行岩石初步定名。

3. 岩浆岩手标本描述实例（以基性岩石为例）

(1)辉长岩。

产地：山东济南。

产状：侵入体。

暗灰色，色率约为 50，中粒半自形粒状结构，矿物颗粒粒径一般为 2～5 mm，块状构造。主要矿物为辉石和斜长石，次要矿物为橄榄石、黑云母。岩石很新鲜，未见次生变化。

辉石呈粒状或短柱状，深绿色，粒径为 3～4 mm，可以见到两组解理，呈现玻璃光泽，含量约为 40%。

斜长石呈板状，灰白色，粒度与辉石接近，可见宽平的解理面和聚片双晶，玻璃光泽，硬度大于小刀，含量约为 40%。

橄榄石呈细小的颗粒，粒径为 1 mm 左右，黄绿色，透明，含量约为 5%。

定名:辉长岩。

(2)玄武岩。

产地:南京方山。

灰黑色,斑状结构,基质为隐晶质结构,气孔构造。气孔含量约为10%~15%,大小为5~10 mm,多呈圆形或椭圆形,孔壁一般比较光滑,有时部分被白色的方解石充填,大致呈定向排列。

斑晶主要为土红色的伊丁石,此为白色长条状斜长石及少量黑色短柱状的辉石。斑晶总量约占10%。伊丁石呈等轴状,大小在1~3 mm,是由橄榄石次生变化而来的。斜长石斑晶为灰白色,大小约为2~4 mm,具玻璃光泽,解理清晰可见。

基质断口粗糙,用放大镜观察,可以看到隐晶质的基底上杂乱分布着白色针状斜长石微晶。

定名:伊丁石玄武岩。

六、思考题

(1)基性岩类主要由哪些矿物组成?

(2)超基性岩类主要由哪些矿物组成?

(3)超基性岩、基性岩手标本中的结构构造特征?

任务二　超基性岩薄片观察

一、实训目的

(1)认识岩浆岩中超基性岩的显微结构特征和薄片中主要造岩矿物特征(包括橄榄石、辉石等)。

(2)认识超基性岩深成侵入岩、浅成侵入岩和喷出岩的代表性岩石的结构构造、矿物成分、次生变化等特征。

(3)通过观察和鉴定,掌握岩浆岩薄片观察的主要步骤和方法。

二、实训用品

偏光显微镜、超基性岩石薄片(橄榄岩等)等。

三、实训任务

(1)使用偏光显微镜观察超基性岩浆岩薄片光性特征、结构、构造、矿物成分及其含量。

(2)将鉴定结果填写到实训报告中,并画出素描图。

四、实训内容

超基性岩中主要矿物为橄榄石、斜方辉石和单斜辉石。这些矿物主要光性特征简要介绍如下:

(1)橄榄石:$(Mg,Fe)_2[SiO_4]$。

斜方晶系,晶体呈厚板状、粒状或短柱状,解理{010},{100}不完全。黄绿色-绿色,薄片下无色,正高突起-正极高突起,一般见不到解理,常见不规则的裂纹。干涉色Ⅱ级~Ⅲ级,平行消光。

在薄片中,超基性侵入岩中的橄榄石可能发生蛇纹石化,玄武岩中的橄榄石斑晶可能发生伊丁石化。

(2)单斜辉石。

无色透明或带有极浅的色调,多色性一般不显著(钛辉石和碱性辉石除外);斜消光,消光角一般>35°;二级干涉色,横断面上可见⊥OA光轴干涉图,大多数为正光性;其光性方位特点是AP//(010),有时可见较强的光轴角色散,如易变辉石和钙铁辉石,钛辉石的光轴角色散。常见砂钟构造、席列构造、环带构造。

(3)斜方辉石。

双折射率低,干涉色级序为一级。其2V(光轴角)的变化特点是在Fs=50处最小,且为负值,向Fs,En增加的方向逐渐增大,并分别在Fs=12和88处变为+2V。

单斜辉石和斜方辉石的共同特征:无色或者略带浅绿色、浅褐色,晶形为短柱状、宽板状或半自形—他形粒状,横切面为八边形或四边形,具有{110},{110},两组完全解理,解理夹角为87°~88°(92°~93°)(被称为辉石式解理,见图2-6),正高突起,糙面显著,有时可见以{110}为结合面的简单双晶。

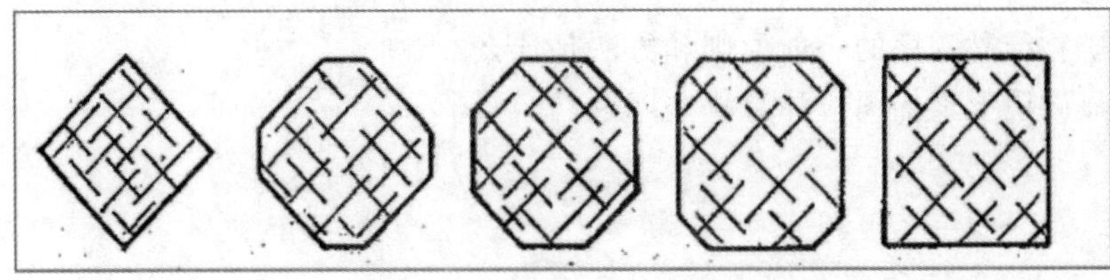

图2-6　辉石解理示意图

五、实训报告

岩石薄片镜下观察主要描述内容：

(1)矿物成分、含量及主要光性特征；

(2)结构类型及特征；

(3)结晶顺序分析；

(4)岩石定名。

实训报告见表2-4：

表2-4　岩浆岩薄片鉴定实习报告

薄片编号			
矿物成分		含量	特征描述
主要矿物			
次要矿物			
副矿物			
结构特征			
素描图	____偏光，d=____mm		
综合命名			

六、思考题

(1)确定矿物结晶顺序的一般原则和方法是什么？

(2)绘制显微镜下素描图应注意哪些问题？

任务三　基性岩薄片观察

一、实训目的

(1)认识基性岩的显微结构和主要造岩矿物特征(包括辉石、斜长石等)。

(2)认识基性岩的主要深成侵入岩、浅成侵入岩和喷出岩的代表性岩石(辉长岩、辉绿岩和玄武岩)的结构构造、矿物成分、次生变化等特征。

(3)通过观察和鉴定,进一步掌握岩浆岩薄片观察的步骤和方法。

二、实训用品

偏光显微镜、基性岩石薄片(辉长岩、玄武岩等)等。

三、实训任务

1.使用偏光显微镜观察基性岩浆岩薄片光性特征、结构、构造、矿物成分及其含量。

2.将鉴定结果填写在实训报告中,并画出素描图。

四、实训内容

1.矿物特征

基性岩中铁镁矿物与浅色矿物各占50%,其中:

主要矿物为辉石(Py)+基性斜长石(Pl)(1∶1);

次要矿物为橄榄石(Ol),角闪石(Am),黑云母(Bi);

不含或只含少量石英(Q)、钾长石(Kf)。

2.主要岩石类型

(1)辉长岩——基性深成岩代表性岩石。

结构以中-粗粒半自形粒状结构为特征,称为辉长结构,指基性斜长石和辉石自形程度相同,都呈半自形或他形颗粒,是从岩浆同时析出的结果。是基性深成岩相的典型结构。

主要矿物为斜长石和辉石,含量接近1∶1。其中基性斜长石,多呈厚板状,有清晰的双晶纹;辉石多呈半自形-他形晶粒,可被绿泥石、角闪石交代。

次要矿物为橄榄石、角闪石、黑云母等;副矿物为磁铁矿、钛铁矿、铬铁矿等。

(2)辉绿岩——基性浅成岩代表性岩石。

矿物成分与辉长岩相似,主要矿物为辉石和斜长石,可呈斑晶,次要矿物为橄榄石、正长石。

具有辉绿结构或者斑状结构。其中辉绿结构是指基性斜长石和辉石颗粒大小相近,但是自形程度不同,自形程度好的斜长石呈板状,搭成三角形孔隙,其中充填他形的辉石颗粒。

可与辉长结构过渡,称辉长辉绿结构。岩石若为斑状结构,称为辉绿玢岩,斑晶为斜长石和辉石(见图2-7)。

(3)玄武岩——基性喷出岩代表性岩石。

玄武岩的矿物成分与辉长岩一致,主要矿物是辉石+基性斜长石,次要矿物为橄榄石,或角闪石,或黑云母。

玄武岩的结构主要为斑状结构、无斑隐晶质结构和玻璃质结构(见图2-8)。其中斑状结构中,斑晶与基质的矿物组成如下:

1)斑晶——基性斜长石,辉石,橄榄石;

2)基质——主要是基性斜长石+辉石。

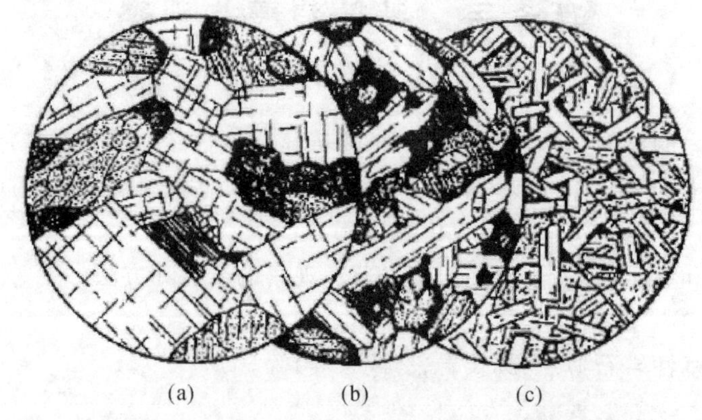

图2-7　基性侵入岩的结构类型示意图(引自路凤香和桑隆康,2002)
(a)辉长结构;(b)辉长-辉绿结构;(c)辉绿结构

其中基质的结构包括:

(a)粗玄(间粒)结构——长板状基性斜长石的三角形孔隙中,充填辉石和磁铁矿小颗粒;

(b)间隐结构——密集的基性斜长石中充填玻璃;

(c)间粒-间隐结构(拉斑玄武结构)——过渡类型,基性斜长石三角形孔隙充填辉石,磁铁矿和玻璃;

(d)玻璃质结构——全是玻璃。

在玄武岩薄片中,如果存在,可以观察其气孔构造和杏仁构造,杏仁为硅质、钙质等。

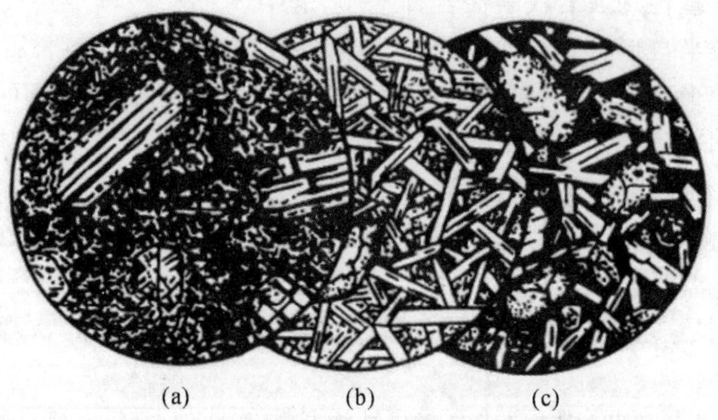

图2-8　玄武岩的主要结构类型(引自路凤香和桑隆康,2002)
(a)间隐结构;(b)间粒结构;(c)玻基斑状结构

3.*矿物结晶顺序观察*

矿物结晶顺序的研究,对解决岩浆岩的成因及岩浆岩生成后的变化都有一定意义。确定矿物结晶顺序的一般原则和方法如下:

(1)自形程度,自形程度好者,一般结晶较早;

(2)包含关系,被包含的矿物早于包含它的矿物;

(3)反应关系,被交代的矿物早于交代它的矿物;

(4)充填关系,填隙矿物晚于被填隙的矿物。

五、实训报告

岩石薄片镜下观察主要描述内容：

(1)矿物成分、含量及主要光性特征；

(2)结构类型及特征；

(3)结晶顺序分析；

(4)岩石定名。

实训报告见表 2-5：

表 2-5　岩浆岩薄片鉴定实习报告

<table>
<tr><td>薄片编号</td><td colspan="3"></td></tr>
<tr><td colspan="2">矿物成分</td><td>含量</td><td>特征描述</td></tr>
<tr><td rowspan="3">主要矿物</td><td></td><td></td><td></td></tr>
<tr><td></td><td></td><td></td></tr>
<tr><td></td><td></td><td></td></tr>
<tr><td rowspan="2">次要矿物</td><td></td><td></td><td></td></tr>
<tr><td></td><td></td><td></td></tr>
<tr><td>副矿物</td><td></td><td></td><td></td></tr>
<tr><td>结构特征</td><td></td><td></td><td></td></tr>
<tr><td>素描图</td><td colspan="3">____偏光，$d=$____mm</td></tr>
<tr><td>综合命名</td><td colspan="3"></td></tr>
</table>

六、思考题

(1)如何区分辉长结构和辉绿结构？

(2)如何区分玄武岩的间粒结构和间隐结构？

任务四　中性岩手标本鉴定与描述

一、实训目的

(1)巩固斜长石、正长石、普通角闪石、普通辉石、黑云母、石英的矿物学性质。

(2)进一步掌握岩浆岩手标本上常见的结构、构造。

(3)认识中性岩类(中性的花岗质岩类侵入岩和安山岩、粗面岩类)的常见岩石,并掌握其矿物组成、结构、构造特征和分类命名原则等岩石学特征。

(4)掌握岩浆岩手标本的鉴定和描述方法。

(5)通过不同岩性的对比观察,掌握斜长石、钾长石的相对含量及石英含量在中性侵入岩分类命名中的作用。掌握产状与岩石结构的关系。

二、实训用品

放大镜、小刀、稀盐酸、中性岩石标本等。

三、实训任务

(1)使用放大镜、小刀、稀盐酸、观察中性岩石标本特征、结构、构造、矿物成分及其含量。

(2)将鉴定结果填写在实训报告中。

四、实训内容

1.中性岩类的划分

按照岩石的全碱含量,计算出岩石的里特曼指数,可将中性岩进一步划分为3个岩石系列:

1)钙碱性岩(闪长岩-安山岩类);

2)钙碱-碱性岩(正长岩-粗面岩类);

3)过碱性岩(霞石正长岩-响岩类)。

2.在手标本上认识结构、构造

1)半自形等粒结构,似斑状结构与斑状结构,隐晶质结构。

2)在等粒结构中,根据主要矿物粒度确定粗粒、中粒、细粒和微粒结构。

3)块状构造,气孔状构造,杏仁状构造。

3.中性岩主要矿物的肉眼鉴定特征

(1)正长石和斜长石。

两种长石共生在一起,往往斜长石呈灰白色,正长石呈肉红色,若粒度较大且有较新鲜的解理面,可观察斜长石的聚片双晶和正长石的卡氏双晶,发生次生变化时,如绢云母化、高岭土化,则二者不易区分,均呈浅灰色。斜长石常发生钠黝帘石化,为灰绿、黄绿色,正长石常为高岭土化,多呈灰白色,从颜色上可区分。

(2)斜长石和石英。

石英多为透明-半透明(在手标本上),烟灰色-白色,他形粒状,无解理,见贝壳状断口,表面油脂光泽等。据此,用放大镜仔细观察新鲜面,则不难与斜长石区分。

(3)角闪石和黑云母。

将手标本新鲜面朝光亮的方向转动,仔细观察暗色矿物的光泽。具珍珠光泽且强而亮、片状或鳞片状者即为黑云母,用小刀可将之刻成细小片状;绿黑色、横截面形状近菱形、多为长柱状者为普通角闪石。

(4)霞石。

新鲜时为灰白色,油脂光泽,不规则粒状,像石英,但它有解理,且易于风化为肉红色,有凹坑。

4.代表岩石特征

(1)钙碱性岩石系列——闪长岩-安山岩类。

其深成岩代表岩石为闪长岩,浅成岩代表岩石为闪长玢岩,喷出岩代表岩石为安山岩。

侵入岩的主要岩石类型为闪长岩、石英闪长岩、闪长玢岩、石英闪长玢岩。

1)闪长岩与闪长玢岩。

颜色为灰白色、灰绿色,灰色。中-细粒半自形结构、似斑状或者斑状结构。块状构造,斑杂构造。主要矿物是角闪石+基性斜长石,其次为黑云母、辉石。角闪石为绿色-褐色-黑色,半自形长柱状,新鲜时可见解理面;基性斜长石为白色、灰白色,半自形长方板柱状、厚板状,新鲜时呈玻璃光泽,发育双晶,常见绢云母化、钠黝帘石化。

若为浅成岩,称为闪长玢岩,为斑状结构,其中斑晶为基性斜长石、角闪石,基质为基性斜长石、角闪石,颗粒细小,肉眼难于辨认。若见到石英则称为石英闪长玢岩。

闪长岩与闪长玢岩的进一步划分和命名:

(a)若辉石多——辉石闪长岩,再多称为辉长闪长岩;

(b)若黑云母多——黑云母闪长岩;

(c)若角闪石多——角闪石闪长岩;

(d)若石英多——石英闪长岩,石英含量 5%～20%。若为浅成岩,称为石英闪长玢岩。

2)安山岩。

安山岩呈紫红色、浅灰色、灰色,次生变化之后呈灰褐色、红褐色、灰绿色。岩石的结构主要为斑状结构,基质为交织结构、玻晶交织结构、玻璃质结构等。主要构造类型为块状构造、气孔或者杏仁构造。

安山岩的矿物成分与闪长岩一致,也是由角闪石+基性斜长石组成,也可以为辉石、黑云母。在斑状结构安山岩中,斑晶矿物为角闪石和基性斜长石,其中角闪石为绿色-黑色,长柱状;基性斜长石为灰白色,板状。基质为隐晶质。

根据斑晶中暗色矿物的种类或特征,可以将安山岩进一步命名如下:

(a)若斑晶为辉石——辉石安山岩;

(b)若斑晶为角闪石——角闪石安山岩;

(c)若斑晶为黑云母——黑云母安山岩。

(2)钙碱-碱性岩石系列——正长岩-粗面岩类。

1)正长岩。

颜色介于灰色—红色之间,例如褐色、浅肉红色、浅灰色等。中粗粒结构,似斑状结构,其中碱性长石构成斑晶。岩石呈块状、斑杂状构造。矿物特征如下:

(a)主要矿物——碱性斜长石+基性斜长石,且数量上碱性斜长石＞基性斜长石(碱性长石+中性斜长石);

(b)次要矿物——角闪石、黑云母、辉石,三者之和约 20%;石英＜5%;

(c)副矿物——种类多,例如磁铁矿、锆石、磷灰石等。

对正长岩可以依据其暗色矿物进一步命名如下：

(a)若含角闪石多——角闪正长岩；

(b)若含黑云母多——黑云母正长岩；

(c)若含辉石多——辉石正长岩。

2)粗面岩。

成分相当于正长岩，中等浅色，灰-绿-黄-红。呈斑状结构，表面粗糙，基质为隐晶质，块状构造，气孔构造。矿物成分与侵入岩相似，区别是长石为高温透长石，也可以有正长石，斜长石。斑晶为透长石，或者角闪石、辉石、黑云母(三者含量＜20%)。基质也是暗色矿物和长石，为隐晶质。若含有少量石英斑晶，称为石英粗面岩，是向酸性岩石过渡类型。

(3)过碱性岩系列——霞石正长岩-响岩类。

1)霞石正长岩——深成岩。

呈灰-白色，主要矿物为：碱性长石——灰紫色，灰白色的K-Na长石，卡氏双晶。

霞石——新鲜时为灰白色，油脂光泽，不规则粒状，像石英，但它有解理，且易于风化为肉红色，有凹坑。

次要矿物为霓石、霓辉石、钠闪石、黑云母。

2)霞石正长斑岩——浅成岩。

呈斑状、似斑状结构，斑晶为钾长石，常次生变化；基质为细粒或微粒的碱性长石、霞石和少量暗色矿物。

3)响岩——喷出岩。

成分相同于霞石正长岩，呈斑状结构，斑晶为透长石、白榴石，白榴石不稳定被正长石、霞石取代留下白榴石的假象；基质为微粒-隐晶质结构。

五、实训报告

1.实训报告编写格式

主要描述标本的颜色、矿物组成及每种矿物的含量、每种矿物的肉眼鉴定特征、标本的构造、结构等，最后对岩石进行初步定名。

实训报告见表2-6。

表2-6 岩浆岩手标本鉴定实训报告 ____年____月____日

标本号	主要鉴定特征					岩石名称
	矿物成分、含量			结构	构造	
	主要矿物	次要矿物	副矿物			

班级：____________ 姓名：____________ 成绩：____________

2.观察描述要求

用规范的格式系统观察描述具有代表性的中性深成岩、浅成岩和喷出岩手标本各一例，总结主要矿物的鉴定特征，进行岩石初步定名。

六、思考题

(1)中性岩类包括哪几类岩石类型？

(2)闪长玢岩、二长玢岩中，玢岩的含义是什么？

任务五　中性岩薄片观察

一、实训目的

(1)认识中性岩的显微结构和主要造岩矿物特征,包括角闪石、黑云母、斜长石等。

(2)认识中性岩中钙碱性系列的主要深成侵入岩、浅成侵入岩和喷出岩的代表性岩石(闪长岩、闪长玢岩和安山岩)的结构构造、矿物成分、次生变化等特征。

(3)了解中性岩的钙碱性-碱性系列和过碱件系列代表性岩石的结构构造、矿物成分、次生变化等特征。

二、实训用品

偏光显微镜、中性岩石薄片(闪长岩、安山岩、二长玢岩等)等。

三、实训任务

(1)使用偏光显微镜观察中性岩石薄片光性特征、结构、构造、矿物成分及其含量。

(2)将鉴定结果填写在实训报告中,并画出素描图。

四、实训内容

1.中性岩的主要矿物特征

中性岩类的主要矿物是一种暗色矿物+斜长石,其中暗色矿物主要是角闪石,也可以是黑云母,岩石中也可以含有少量石英和钾长石。

(1)角闪石:绝大多数为单斜晶系,横切面上可见两组完全解理,薄片中颜色深,常呈绿、黄褐等,碱性的会带蓝色、紫色调。多色性和吸收性强。正中突起,碱性的种属突起更高;多数为斜消光(见图2-9)。

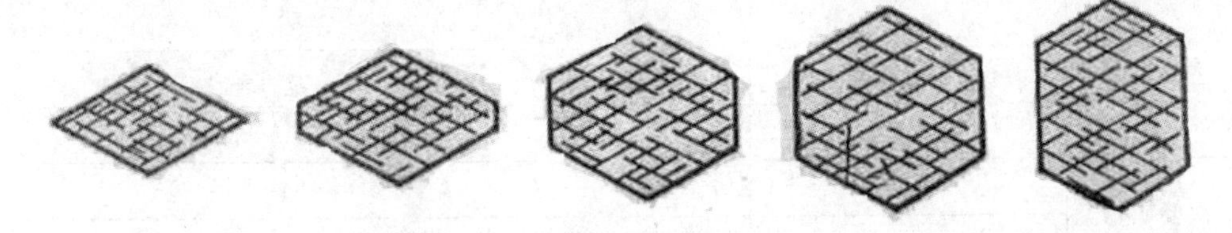

图2-9　角闪石的解理和横切面特征

(2)黑云母:单斜晶系,假六方片状或板状,薄片中一般为长条状。薄片中呈褐色、黄褐色,多色性和吸收性极强,正中突起,{001},解理极完全,平行消光,干涉色一般为三级。

(3)斜长石:薄片中无色透明,呈宽板状或柱状。多为正低突起。趋势向钠长石的酸性种属为负突起。解理{001}完全,{010}良好,解理夹角86°~87°。干涉色为一级灰或灰白色。钠长石双晶最常见。

2.中性岩的结构构造特征

整个岩石的结构可以是斑状结构,基质为交织结构、玻晶交织结构、玻璃质结构等。主要构造类型为块状构造、气孔或者杏仁构造。

交织结构:是指安山岩中基质的结构,表现为平行的斜长石中分布辉石、角闪石和磁铁矿的小颗粒(见图2-10(a))。

玻晶交织结构,又称为安山结构,是指安山岩中基质的结构,表现为基质由玻璃基质和斜长石微晶组成(见图2-10(b))。

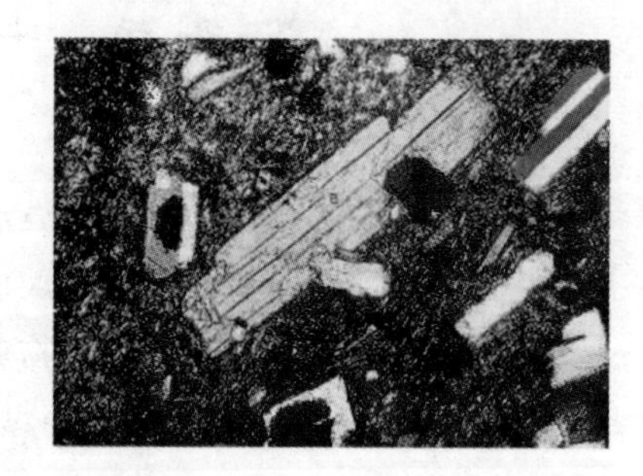

图2-10　交织结构和安山结构

(a)交织结构；(b)安山结构

五、实训报告

岩石薄片镜下观察主要描述内容：

(1)矿物成分、含量及主要光性特征；

(2)结构类型及特征；

(3)结晶顺序分析；

(4)岩石定名。

实训报告见表2-7。

表2-7　岩浆岩薄片鉴定实习报告

薄片编号			
矿物成分		含量	特征描述
主要矿物			
次要矿物			
副矿物			
结构特征			
素描图	____偏光，$d=$____mm		
综合命名			

六、思考题

(1)环带结构是如何形成的？为什么深成的闪长岩中环带不太发育，而浅成岩、喷出岩却很发育呢？

(2)二长结构的特点是什么？认真观察薄片的基质部分的结构特点，比较两种长石的大小、自形程度等。

任务六　酸性岩手标本鉴定与描述

一、实训目的

(1)认识酸性岩类主要深成岩、浅成岩和喷出岩的代表性岩石的结构构造、矿物成分、次生变化等特征。

(2)认识酸性岩类的主要造岩矿物特征,包括角闪石、黑云母、斜长石、角闪石、石英等。

(3)回顾前面的超基性、基性、中性岩类特征,结合本次的酸性岩,进一步理解和掌握岩浆岩各种岩石类型的矿物成分和化学成分的变化规律。

二、实训用品

放大镜、小刀、稀盐酸、酸性岩石标本等。

三、实训任务

(1)使用放大镜、小刀、稀盐酸,观察酸性岩石标本特征、结构、构造、矿物成分及其含量。

(2)将鉴定结果填写在实训报告中。

四、实训内容

1.认识结构、构造并掌握其基本特征

花岗结构:全晶质半自形粒状结构。

似斑状结构:据粒度可分为斑晶和基质,基质为显晶质结构。

玻璃质结构:黑曜岩,断口面具玻璃光泽,贝壳状断口。

霏细结构:霏细岩,由长石和石英组成的隐晶质结构(显微晶质结构),具瓷状断口,断口面光泽黯淡。

煌斑结构:岩石具斑状结构,且斑晶为暗色矿物,自形程度很高(为自形)。

(基质中的暗色矿物自形程度也为自形,因粒度较小,故须在显微镜下观察。)这种结构为煌斑岩特有,以云煌岩为最典型。

伟晶结构:晶粒粗大,大于1 cm,见于脉状的伟晶岩中。产状若非脉岩,则为巨粒结构。

文象结构:石英在钾长石主晶中呈一定形状定向分布,形似古代象形文字。

细晶结构:典型的细粒他形粒状结构,见于脉状的细晶岩中。

似粗面结构:长石晶体略具定向排列,其间充填霞石、霓石。见于霓霞正长岩中(具此结构者命名为流霞正长岩)。

流纹构造:由不同颜色、结构的条带、拉长的气孔等显示出的一种流动构造,流纹岩类多具此构造。

气孔构造:浮岩具典型的气孔构造,因气孔量高,故质轻,故名浮岩。

珍珠状构造:具珍珠状裂纹,如珍珠岩。

2.酸性岩中主要矿物的特征

在实习四中已描述了中性岩中矿物的特征,酸性岩的主要矿物与其类似,补充如下:

1)斜长石:灰白色,厚或者宽板状、长条状,可见宽平的解理面和细密的聚片双晶,玻璃光泽,硬度大于小刀,有时表面次生变化则光泽暗淡。

2)钾长石:一般来说,碱性长石包括所有的钾长石,也包括以钠长石为主的歪长石,但是习惯上将钠长石归于斜长石亚族,因此,将碱性长石系列(歪长石除外)通称为钾长石。常见钾长石的种属是透长石、正长石和微斜长石，其成分都是 $K[AlSi_3O_8]$。从肉眼鉴定来看，透长石无色透明，正长石和微斜长石呈肉红色、浅粉色色调。板状，玻璃光泽，有时可见卡式双晶，阶梯状断口。

3）石英：无色透明，他形粒状，具有显著的油脂光泽、贝壳状断口，不易风化。在标本上常呈烟灰色，不规则的颗粒。

4）黑云母/白云母：假六方板状、片状、鳞片状，极完全解理，呈黑色/褐色/无色。

5）角闪石：长柱状，黑色、绿黑色。手标本上与辉石的区别是，角闪石颗粒为长柱状，横截面为菱形或者六边形。

3. 酸性岩的主要类型与特征

酸性岩是指花岗岩-流纹岩类，其代表性岩石是：

深成岩：花岗岩、花岗闪长岩、斜长花岗岩、二长花岗岩等。

浅成岩：花岗斑岩、石英斑岩。

喷出岩：流纹岩、英安岩、黑曜岩、松脂岩、珍珠岩、浮岩。

（1）酸性岩的深成岩——花岗岩。

凡是石英＞20％，石英＋钾长石＋酸性斜长石＞85％的岩浆岩都被统称为花岗岩类。常呈浅肉红色、浅灰色、灰白色。可见粗、中、细粒结构，块状、斑杂状或者球状构造。

主要矿物为石英＋钾长石＋酸性斜长石，钾长石为浅肉红色，或灰白、灰色；次要矿物为黑云母、角闪石、少量辉石，三者之和＜15％。副矿物种类多，可有磁铁矿、榍石、锆石、磷灰石、电气石、萤石等。

（2）酸性岩的浅成岩——花岗斑岩。

常见的浅成花岗岩。斑状结构，成分相当于花岗岩。

斑晶：钾长石＋石英，或者少量角闪石、黑云母。

基质：细粒-微粒结构，与斑晶成分相同。

（3）酸性岩的喷出岩——流纹岩。

颜色为浅灰色、粉红色、灰色，少量为深灰色、砖红色。结晶程度差，除少数斑晶，基质都是隐晶质或玻璃质结构。常见结构为斑状结构，玻基斑状结构，玻璃质结构；构造为流纹构造，气孔/杏仁构造。斑晶为透长石，石英，很少暗色矿物。基质为长石＋石英，新鲜流纹岩具有瓷状或贝壳状断口。

五、实训报告

1. 实训报告编写格式

主要描述标本的颜色、矿物组成及每种矿物的含量、每种矿物的肉眼鉴定特征、标本的构造、结构等，最后对岩石进行初步定名。实训报告见表 2-8：

表 2-8　岩浆岩手标本鉴定实训报告　　____年____月____日

<table>
<tr><td rowspan="3">标本号</td><td colspan="4">主要鉴定特征</td><td></td><td rowspan="3">岩石名称</td></tr>
<tr><td colspan="3">矿物成分、含量</td><td rowspan="2">结构</td><td rowspan="2">构造</td></tr>
<tr><td>主要矿物</td><td>次要矿物</td><td>副矿物</td></tr>
<tr><td></td><td></td><td></td><td></td><td></td><td></td><td></td></tr>
</table>

班级：________________　姓名：________________　成绩：________________

2.观察描述要求

用规范的格式系统观察描述具有代表性的酸性深成岩、浅成岩和喷出岩手标本各一例，总结主要矿物的鉴定特征，进行岩石初步定名。

六、思考题

(1)简述酸性侵入岩的矿物组成。

(2)简述花岗岩类岩石的分类命名原则。

任务七　酸性岩薄片观察

一、实训目的

（1）认识酸性岩的显微结构和主要造岩矿物特征，包括角闪石、黑云母、斜长石、钾长石、石英等。

（2）认识酸性岩的代表性岩石（花岗岩、花岗斑岩、流纹岩）的结构构造、矿物成分、次生变化等特征。

二、实训用品

偏光显微镜、酸性岩石薄片（花岗岩、流纹岩、花岗斑岩等）等。

三、实训任务

（1）使用偏光显微镜观察酸性岩浆岩薄片光性特征、结构、构造、矿物成分及其含量。

（2）将鉴定结果填写在实训报告中，并画出素描图。

四、实训内容

1. 酸性岩的主要矿物特征

（1）碱性长石。

碱性长石包括钾长石类（微斜长石、正长石、条纹长石）、富钠长石类（钠长石、歪长石）和钾钠质长石（条纹长石）。钾长石按照温度从高到低形成透长石-正长石-微斜长石系列，其中在酸性火山岩和次火山岩中，出现透长石，并常呈斑晶，属于钾长石的高温种属，透长石可以发育卡式双晶；在酸性侵入岩花岗岩类中，主要是正长石和微斜长石。其中发育格子双晶是鉴定微斜长石的标志（见图 2－11），正长石可以发育卡式双晶。若有条纹长石，可以依据晶体光学中的方法（例如贝克线移动规律）鉴定是正条纹长石，还是反条纹长石。

图 2－11　微斜长石格子状双晶

（2）斜长石。

斜长石在酸性岩中为更长石，或者更-中长石，发育聚片双晶和卡钠复合双晶（见图 2－12），自形程度一般比钾长石和石英好。

（3）石英。

在酸性岩中，石英是常见矿物。其中在喷出岩中，石英可以呈斑晶，具有六方双晶晶形，是高温石英的假象，具有熔蚀结构、呈浑圆或者港湾状（见图 2－13）。在侵入岩中，石英结晶晚，多呈不规则粒状。

图 2-12　斜长石聚片双晶

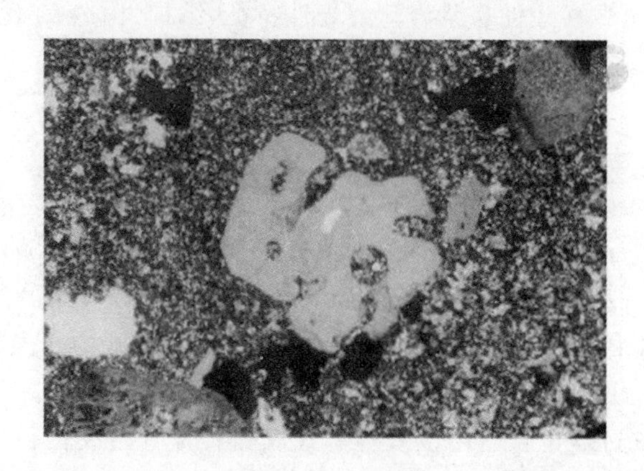

图 2-13　流纹岩

注：斑状结构，斑晶为具熔蚀边的石英和已经蚀变的钾长石，基质由微晶长英质组成

(4)暗色矿物。

黑云母是花岗岩中常见的暗色矿物，而角闪石主要在富斜长石的种类(例如花岗闪长岩)中出现，在钙碱性系列的花岗岩中为普通角闪石，在碱性岩系列中为碱性角闪石。花岗岩中若含辉石，例如含有紫苏辉石的花岗岩，称为紫苏花岗岩，其中也可含有石榴石。

暗色矿物如黑云母和角闪石，在英安岩中可发育熔蚀结构和暗化边。

(5)副矿物。

花岗岩中副矿物种类很多，例如锆石、磁铁矿、石榴石、磷灰石等。

2.酸性岩的结构特征

酸性侵入岩最常见的结构为全晶质半自形粒状结构。暗色矿物和斜长石相对比较自形，碱性长石大多数为半自形，而石英呈他形充填于其他矿物空隙中，形成典型的花岗结构(见图 2-14(a))。按结晶颗粒大小，本类岩石可常见粗粒、中粒、细粒、等粒、不等粒结构(见图 2-14(b))。

根据石英与钾长石的交生关系，还可见文象结构(见图 2-14(c))、蠕虫结构(见图 2-14(d))、斑状结构(见图 2-15(a))、似斑状结构(见图 2-15(b))。

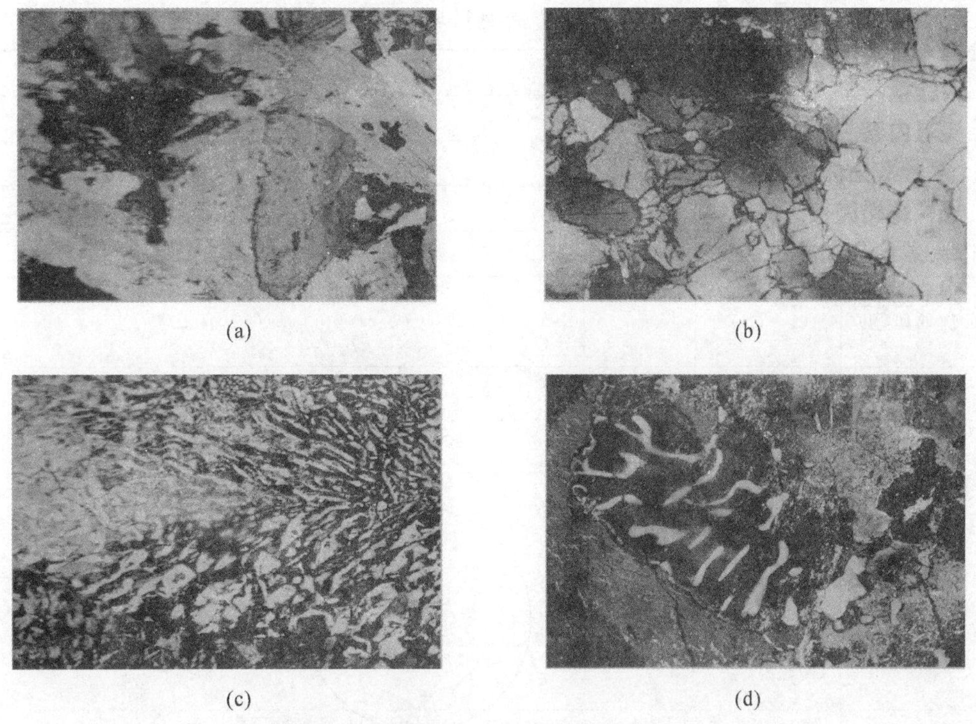

(a)　(b)　(c)　(d)

图 2-14　酸性岩结构(据赖绍聪,2006)

(a)花岗结构;(b)不等粒结构;(c)文象结构;(d)蠕虫结构

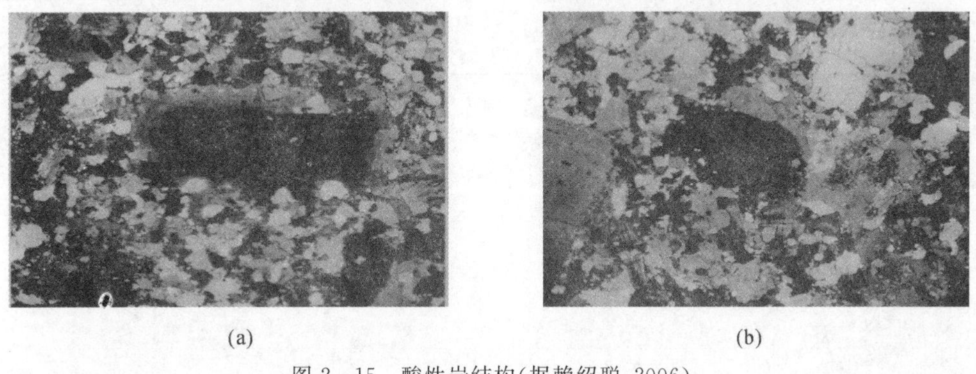

(a)　(b)

图 2-15　酸性岩结构(据赖绍聪,2006)

(a)斑状结构;(b)似斑状结构

酸性喷出岩通常具有斑状结构,无斑隐晶结构比较少见。斑晶为长石和石英,只有石英而无长石的情况较少见。有时还有深色黑云母、角闪石等少量斑晶,基质为隐晶质或玻璃质。

五、实训报告

岩石薄片镜下观察,主要描述内容:

(1)矿物成分、含量(质量分数)及主要光性特征;

(2)结构类型及特征;

(3)结晶顺序分析;

(4)岩石定名。

实训报告见表 2-9。

表 2-9　岩浆岩薄片鉴定实习报告

薄片编号			
矿物成分		含量	特征描述
主要矿物			
次要矿物			
副矿物			
结构特征			
素描图	____偏光，$d=$____mm		
综合命名			

六、思考题

(1)什么是花岗结构？其特征是什么？

(2)简述酸性侵入岩的镜下结构特征。

项目三　变质岩的认识与鉴定

一、变质岩概述

地球上已形成的岩石（岩浆岩、沉积岩、变质岩），随着地壳的不断演化，其所处的地质环境也在不断变化，为了适应新的地质环境和物理-化学条件的变化，它们的矿物成分、结构、构造就会发生一系列改变。由地球内力作用促使岩石发生矿物成分及结构构造变化的作用称为变质作用，由变质作用形成的岩石叫变质岩。

由于变质作用类型和变质程度不同，矿物组合和结构构造也不相同，可根据其矿物组合和结构构造推断其原岩成分和变质因素。

变质岩手标本的观察和描述与岩浆岩的深成岩和浅成岩相似，但要注意它的特点，不要混淆。

二、观察描述注意事项

（1）变质岩中对于矿物含量一般不要求精确定量，而对于反映岩石变质程度和变质环境的矿物组合应予以重视。

（2）变质岩的结构与构造是变质岩区别于岩浆岩、沉积岩的重要标志，也是各种变质岩之间的重要区别标志，观察和描述的过程中，应该对其十分注意。

（3）变质岩中的结晶顺序的确定，以考虑变质矿物的结晶能力大小以及它们之间的反映关系为主。在岩浆岩中确定结晶顺序的"空间法则"在此不适用。

任务一　变质岩的矿物成分特点

一、实训目的

（1）变质岩的矿物成分与原岩成分有密切的继承和依存关系，观察时应注意两者之间的联系与区别。

（2）了解变质岩与岩浆岩矿物成分的对比。

二、实训用品

偏光显微镜、标本盒、岩石薄片（蓝晶石黑云母片岩、硬绿泥石千枚岩、石英岩等）、报告纸、记录笔等。

三、实训任务

（1）矿物结构的观察描述。

（2）矿物成分、含量（质量分数）及主要光学特征。

（3）岩石定名。

四、实训内容

1.常见变质矿物的认识

有些矿物主要在变质岩中出现，在特殊情况下分别可见于岩浆岩和沉积岩。

常见的变质矿物有帘石、符山石、绿纤石、黑硬绿泥石、绿泥石、蛇纹石、滑石、透闪石、阳起石、硅灰石、铁镁闪石、硬玉、硬绿泥石、刚玉、红柱石、蓝晶石、硅线石、堇青石、兰闪石、石榴子石、石墨等。

以上变质矿物是鉴定变质岩的主要标志。

2.变质岩矿物的化学成分特点

与岩浆岩相比，变质岩矿物的化学成分有以下特点：

(1)铝的硅酸盐类矿物，如红柱石、蓝晶石、夕线石等职能出现于变质岩。

(2)变质岩汇总出现多种岛状硅酸盐。不含铁的镁橄榄石常见，并形成复杂的钙镁质锰铝硅酸盐——矿物石榴子石之类。岩浆岩中只出现同时含铁镁的贵橄榄石。

(3)变质岩中只出现铁镁铝的铝硅酸盐，如堇青石、十字石等，而岩浆岩中则一般只有含钾、钠、钙的铝硅酸盐，即长石类矿物。

(4)纯钙的硅酸盐($CaSiO_3$)——矿物硅灰石只出现于变质岩中。

(5)变质岩中常见与硅酸盐平衡共生的碳酸盐矿物。

(6)含—OH的矿物更发育。

3.内部结构及结晶习性的认识

变质岩中具层状、链状晶格构造的矿物普遍，如绿泥石、云母、角闪石、辉石等，外形的延长及延展性比岩浆岩中同类矿物大。

另外可出现分子排列紧密的、分子体积小、相对密度大的一些高压矿物，如榴灰岩、蓝闪片岩中的一些特征矿物(绿辉石、钙镁铝石榴子石、蓝闪石、硬玉等)。

4.其他矿物成分特征的认识

(1)变质岩可见红柱石、蓝晶石和硅线石等同质异像矿物；

(2)斜长石类的环带构造少见；

(3)变质岩矿物变形现象发育。

五、实训报告

实训报告见表3-1：

表3-1　岩石薄片鉴定报告

薄片编号			
矿物成分		含量	特征描述
主要矿物			
次要矿物			

续表

副矿物			
结构特征			
综合命名			
备注			

六、思考题

(1)描述蓝晶石黑云母片岩的主要矿物以及矿物成分、含量(质量分数)。

(2)描述硬绿泥石千枚岩的主要矿物以及矿物成分、含量(质量分数)。

任务二　变质岩结构的观察描述

一、实训目的

(1)要求掌握变质岩结构的分类及特点。

(2)要求掌握在显微镜下观察变质岩结构的方法和步骤。

二、实训用品

偏光显微镜、标本盒、岩石薄片(石英岩、角岩、云母片岩、斜长石等)、放大镜、小刀、条痕板、稀盐酸、报告纸、记录笔等。

三、实训内容

变质岩的结构是指构成岩石各矿物颗粒的大小、形状以及它们之间的相互关系。变质岩的结构根据成因可分为四大类。

1.变余结构

由于变质重结晶作用进行的不完全,原来岩石的矿物成分和结构特征被部分地保留下来,这样形成的结构称为变余结构。常出现在低级变质岩以及部分中级变质岩中。变余结构是恢复原岩的重要证据,它的形成与原岩性质有一定的关系,一般地说,原岩的力度愈粗,矿物成分愈稳定,愈易形成变余结构。

变余结构的命名可在原岩结构之前加前缀“变余”二字,如变余辉绿结构、变余花岗结构、变余斑状结构、变余粉砂结构等。(见图3-1～图3-3)

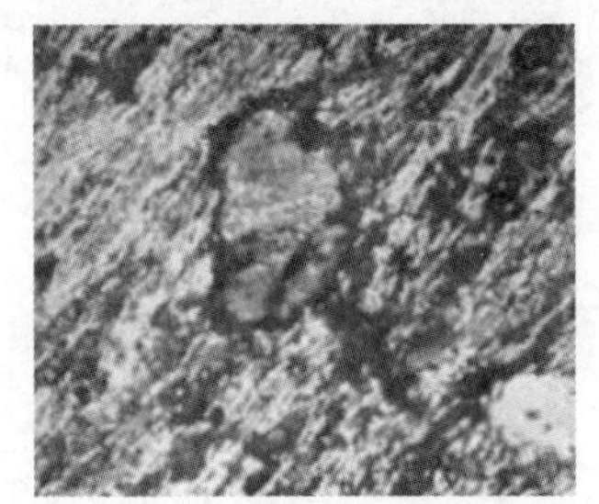

图3-1　变余斑状结构(镜下)

图3-2　变余砾状结构(镜下)

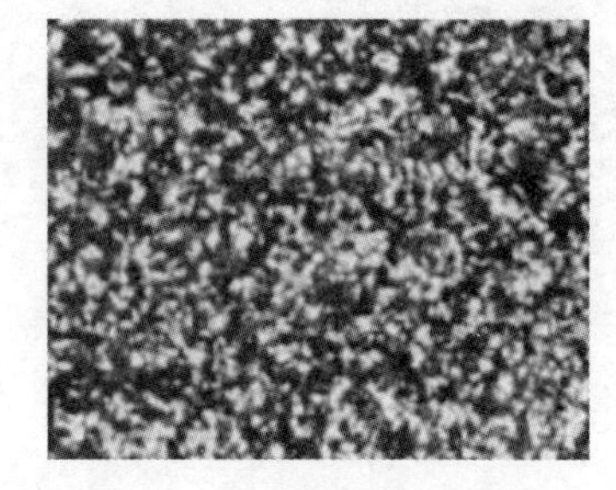

图3-3变余粉砂结构(镜下)

2.变晶结构

是指岩石基本在固态下,经过重结晶、变质结晶或变质分异形成的结构。它与岩浆岩、沉积岩的结晶结构不同。

1)没有玻璃质结构、半晶质结构(原岩残留者除外)。

2)除变斑晶外,变晶粒度细、自形差、包体多、定向好、常见反应关系。

3)变晶矿物的大小、自形程度、包裹关系等不反映矿物形成的先后,仅表示结晶能力和生长速度。

4)石英、长石、碳酸盐等粒状矿物具拉长、破碎、波状消光、双晶弯曲现象。

5)变斑晶晚于变基质形成,常自形、包含大量变基质包体。

6)石英、长石常为变基质,不同于岩浆岩。

变晶结构是变质岩中最常见的结构,可根据其晶粒大小、形状和相互关系进一步划分。

(1)按变晶矿物晶粒的绝对大小划分,当岩石具等粒变晶结构时,根据其颗粒的绝对大小可划分为4种。

1)粗粒变晶结构:主要变晶粒径>3 mm;

2)中粒变晶结构:主要变晶粒径1～3 mm;

3)细粒变晶结构:主要变晶粒径<1 mm;

4)显微(微粒)变晶结构:主要变晶粒径<0.1 mm。

(2)根据变晶矿物的相对大小划分。

1)等粒变晶结构:主要变晶矿物颗粒大小近于相等的结构。(见图3-4)

2)不等粒变晶结构:主要变晶矿物颗粒大小不等且呈连续变化。(见图3-5)

3)斑状变晶结构:矿物颗粒不等,形成大小两个群体,大的变晶矿物称为变斑晶,较小的称为变基质。(见图3-6)

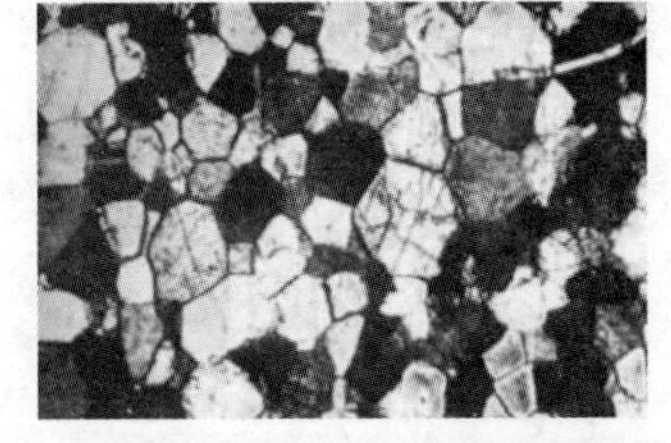

图3-4　等粒变晶结构(如石英岩)

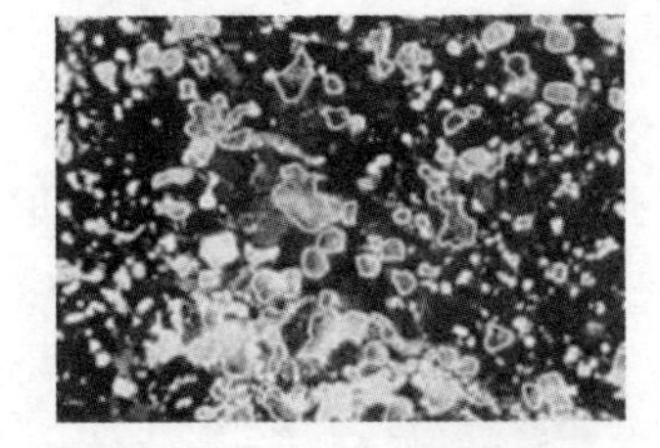

图3-5　不等粒变晶结构(如角岩)

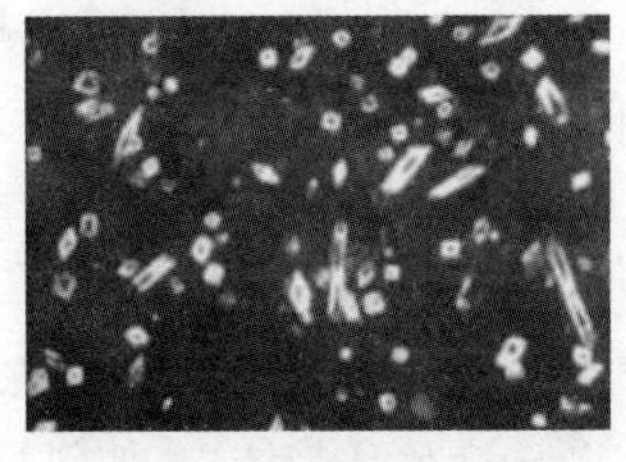

图3-6　斑状变晶结构

(3)按照变晶矿物的形态划分。

1)粒状变晶结构(花岗变晶结构):变晶矿物近等轴状。

粒状镶嵌变晶结构(花岗变晶-多边形结构):边界平直-较平直,发育在中高级变质岩里。

缝合粒状变晶结构(花岗变晶-多缝合结构):边界弯曲-缝合,发育在低级变质岩里。

2)角岩结构:一些泥质岩石由接触热变质作用形成的隐晶质变晶结构(显微花岗变晶结构)称为角岩结构。具这种结构的岩石呈灰黑色,质地均一致密、坚硬,呈块状构造,似牛角质。

3)鳞片变晶结构:大部分变晶矿物为片状。因变质作用的类型不同,片状矿物可呈定向排列,如绿泥石片岩中的绿泥石。也可不具定向排列,如云英岩中的白云母。(见图3-7,图3-8)

4)纤状变晶结构:大部分变晶矿物为一向延长的纤维状颗粒,如矽线石、阳起石。若变晶矿物为柱状,称为柱状变晶结构,如角闪石。

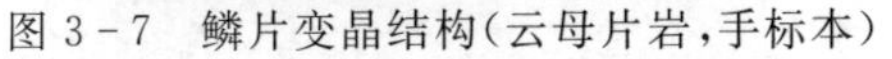

图3-7　鳞片变晶结构(云母片岩,手标本)

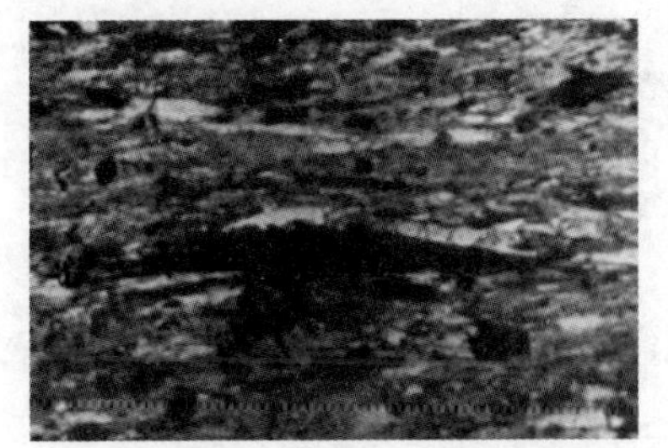

图3-8　鳞片变晶结构(云母片岩,镜下)

3.碎裂结构

岩石受到机械破坏而产生的结构称为碎裂结构。

1)角砾状结构:挤压作用较弱,岩石破碎成大小不同的碎屑。

2)碎裂结构:挤压作用较弱,岩石破碎,颗粒间粒化明显。

3)糜棱结构:挤压作用较强,岩石几乎破碎成微粒或隐晶质粉末,重结晶后具丝绢光泽,呈丝带状,含少量碎斑,具压碎、变形特点。

4)碎斑结构:岩石破碎较强烈,在粉碎的极细的颗粒中,残留着较大的矿物碎粒,很像"斑晶",称为碎斑,具不规则撕碎的边缘、裂隙、边缘碎粒化等现象。被粉碎的细粒部分称为"碎基"或基质。

4. 交代结构

在变质作用中,由于化学性质活泼的流体相的作用,导致物质成分的带入和带出使原有矿物被溶解同时被新生矿物所代替,这样形成的结构称为交代结构。

1)交代蚕蚀结构(港湾结构):交代与被交代矿物间呈港湾状、锯齿状,犹如蚕蚀,可以指示交代关系。

2)交代残留结构(岛屿结构):交代作用较强烈,被交代矿物呈岛屿状零星分布,具相同光性方位。

3)交代假象结构:交代作用强烈,被交代矿物完全被取代,仍保留原矿物形态、解理等特征。

4)交代条纹结构:如斜长石。

5)交代环带结构:如斜长石。

环带结构:变质反应生成。如石榴石外围形成斜方辉石和斜长石环带。

四、实训报告

实训报告格式见表3-2。

表3-2 实训报告

变质岩石		颜色	
原岩类型			
矿物成分			
结构构造			
其他			

五、思考题

请分析斑状结构和斑状变晶结构有何区别。

任务三　变质岩构造的观察描述

一、实训目的

(1)要求掌握变质岩构造的分类及特点。

(2)要求掌握在显微镜下观察变质岩构造的方法和步骤。

二、实训用品

偏光显微镜、标本盒、岩石标本(糜棱岩、片麻岩、千枚岩等)、放大镜、小刀、条痕板、稀盐酸、报告纸、记录笔等。

三、实训内容

1. 变余构造

岩石经变质后仍保留有原岩部分的构造特征,这种构造称为变余构造。变余构造是恢复原岩的重要依据。

正变质岩常见的变余构造为变余气孔构造、变余杏仁构造、变余流纹构造。

副变质岩常见的变余构造为变余层理构造、变余波痕构造、变余雨痕构造、变余泥裂构造。

2. 变成构造

由变质作用所形成的构造称为变成构造。

1)板状构造:岩石容易劈开,形成一组平行、光滑、平整破裂面,重结晶程度很低,肉眼难以分辨粒度,破裂面发育少量绢云母、绿泥石等新生矿物,光泽暗淡。(见图 3-9)

图 3-9　板状构造

2)千枚状构造:岩石较容易劈开,形成一组平行、光滑、不平整破裂面,可见小皱纹,重结晶程度较高,肉眼难以分辨粒度,破裂面发育大量绢云母、绿泥石等新生矿物,丝绢光泽明显(见图 3-10 和图 3-11)。

图 3-10　千枚状构造(镜下)

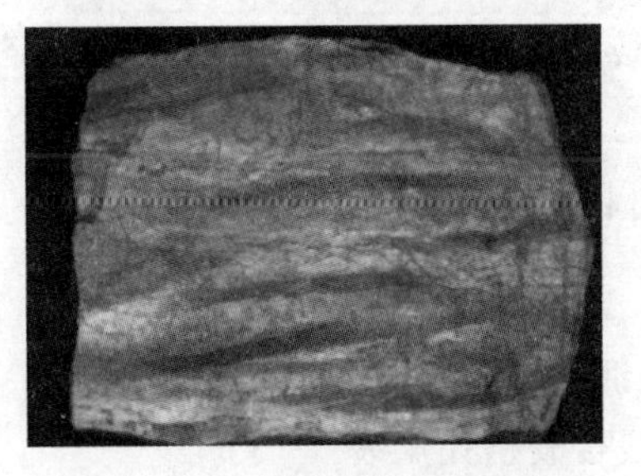

图 3-11　千枚状构造(手标本)

3)片状构造:这是变质岩最常见、最典型的构造。其特点是岩石较容易劈开,形成一组平行、光滑、不平整破裂面，重结晶程度高，肉眼可以分辨粒度，破裂面发育大量绢云母、绿泥石、白云母等新生矿物，丝绢光泽明显，片柱状矿物含量较多，形成连续排列。

4)片麻状构造：岩石不容易劈开，重结晶程度高，肉眼可以分辨粒度，片柱状矿物含量较少，未形成连续排列(见图3-12和图3-13)和

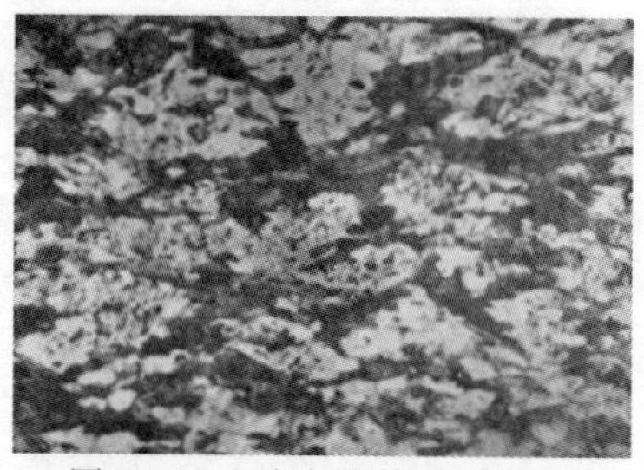

图3-12　片麻状构造(镜下)

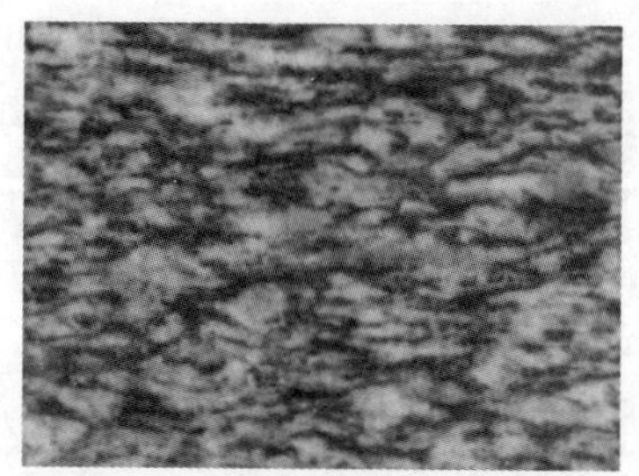

图3-13　片麻状构造(手表本光面)

5)眼球状构造：矿物或矿物集合体呈小透镜状，分布于基质中或其他颜色的矿物中，如混合岩、糜棱岩(见图3-14)。

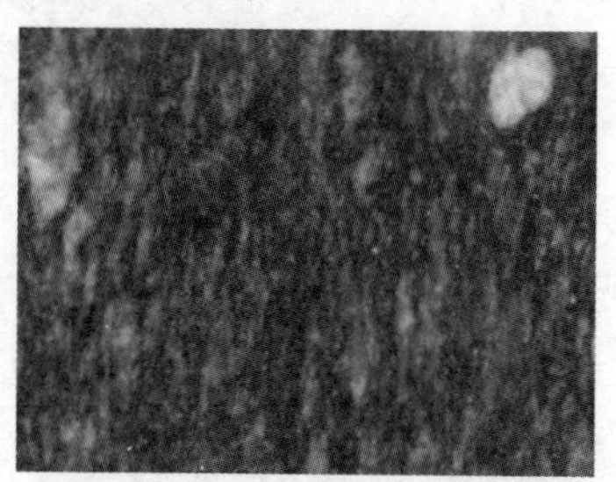

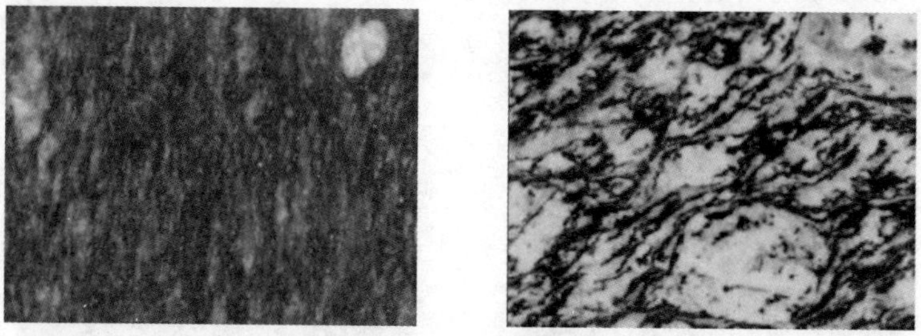

图3-14　眼球状构造

6)条带状构造：岩石中成分、颜色或粒度不同的矿物分别集中，形成平行相间的条带即为条带状构造(见图3-15)。

7)斑点状构造：在细粒变晶岩石中出现小斑点，1～2 mm，大小不等、形状不一、分布不均匀，常由堇青石、空晶石、云母等矿物集合组成，肉眼难以分辨粒度(见图3-16)。

8)块状构造：岩石中的矿物均匀分布、结构均一、无定向排列，这种构造称为块状构造(见图3-17)。

图3-15　条带状构造(岩石光面)

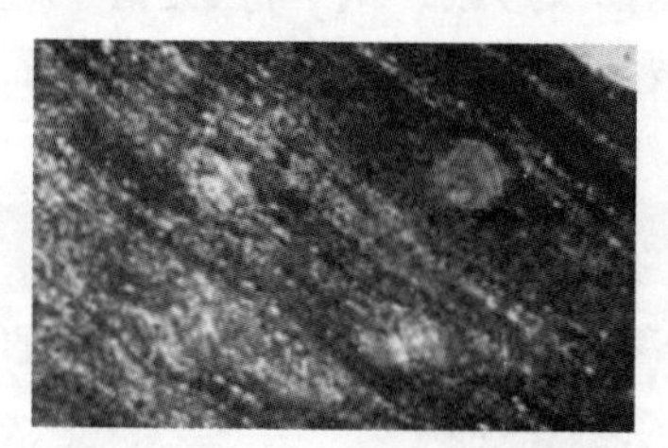

图3-16　斑点状构造(镜下)

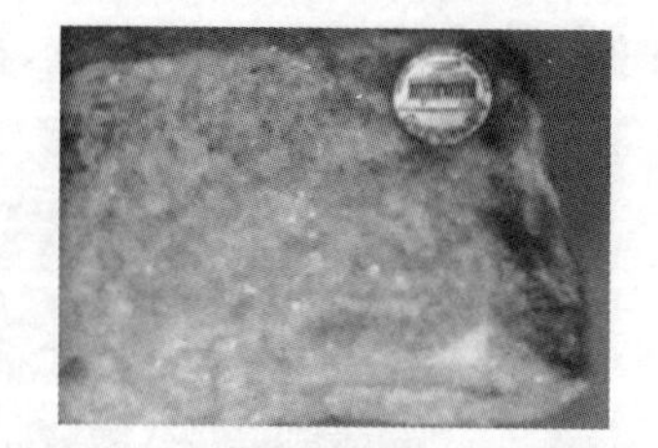

图3-17　块状构造(手表本光面)

四、实训报告

实训报告表格式见表3-3。

表 3－3　实训报告

变质岩石		颜色	
原岩类型			
构造特征			
其他			

任务四　变质岩的手标本鉴定方法

一、实训目的

(1)初步掌握变质岩的一般特征；

(2)认识和熟悉几种典型的变质岩种类的描述和手标本鉴定。

二、实训用品

岩石标本(红柱石、堇青石、硅线石、绿帘石、石榴子石、片岩、板岩、大理岩、矽卡岩等)、放大镜、小刀、条痕板、稀盐酸、报告纸、记录笔等。

三、实训内容

1.区域变质岩手标本观察描述内容及其注意事项

变质岩手标本观察描述的内容、方法与沉积岩、岩浆岩大体相似,包括以下内容：

(1)颜色。

变质岩的颜色比较复杂,它既与原岩有关,又与变质岩矿物成分有关。因此,颜色虽可帮助鉴定矿物成分,但与其他两大类岩石相比,则重要性较差。变质岩的颜色常不均一,应注意观察其总体色调。

(2)结构构造。

区域变质岩的结构主要为变质结构,仅少数为变余结构。变晶结构在肉眼下很难与结晶质结构相区别。

描述变晶结构时应注意矿物的结晶程度、颗粒大小、形状等特点。

区域变质岩最特征的构造是由矿物具一定方向排列而构成的定向构造,即片理。片理是变质岩特有的一种构造。根据其剥开的难易,剥开面和平整程度和光泽,结合矿物重结晶程度等特征,注意将片理中的板状、千枚状、片状和片麻状四种构造区分开。区域变质岩中亦有块状构造。

(3)矿物成分。

描述变质岩的成分时,应注意主要矿物、次要矿物和特征变质矿物。一般按矿物含量从多到少的顺序进行描述。

(4)岩石的命名。

区域变质岩中具有定向构造的岩石,以定向构造为其基本名称。若肉眼可识别出主要矿物或特征变质矿物时,亦应作为定名内容。

一般岩石的命名原则可概括为:颜色+(矿物成分)+基本名称。比如,蓝灰色蓝晶石片岩,角闪石斜长片麻岩,黑云母变质岩。

2.接触变质岩、动力变质岩和混合岩的观察描述内容和注意事项

(1)接触变质岩。

接触交代变质岩,颜色成分均较复杂多变,与原岩成分及交代有密切关系,典型岩石为矽卡岩,常含多种金属矿物。

接触热变质岩的典型岩石(石英岩和大理岩)是典型的致密变晶结构,块状构造。注意观

察两者的硬度。

(2)动力变质岩。

动力变质岩的基本类型是根据变形行为、破碎程度和重结晶程度确定的，如角砾岩、糜棱岩、千糜岩，破碎程度和重结晶程度增加。

(3)混合岩。

注意区分基体部分和脉体部分，一般前者颜色较深，常为深灰、灰色等，后者颜色较浅常为灰白、肉红色等。

同时注意脉体贯穿的形态，如条带状混合岩、斑点状混合岩以及肠状混合岩(见图3-18)等。

图3-18　肠状混合岩

3.常见变质矿物手标本鉴定特征

(1)红柱石。

晶体呈现柱状。横截面近四方形，几何体呈放射状或粒状，常为灰色、黄色、褐色、玫瑰色、红色等，无色者少见；玻璃光泽；街里面平行，硬度6.5～7.5，放射状红柱石形似菊花，故又称菊花石。

(2)堇青石。

晶体不常出现，有时可见呈假六边形晶体，在岩石中呈似圆形的横截面或呈不规则粒状。无色、浅蓝、浅紫、浅褐色，条痕无色。透明一半透明，玻璃光泽，端口油脂光泽，解理平等，贝壳状端口，性脆，硬度7～7.5，产于片麻岩、结晶片岩及热接触变质形成的角岩中。

(3)硅线石。

晶体呈长柱状，集合体呈放射状或纤维状。晶体横截面近正方形。白色、灰色、浅褐色、浅绿色等，玻璃光泽，解理完全，硬度6.5～7.6，产于高温接触变质带，也可见于结晶片岩、片麻岩中。

(4)绿帘石。

常呈沿B轴延长的细长的杜状、针状，常见粒大放射状集合体；黄绿色为主，也见灰绿、绿褐黄等色。颜色随着Fe^{2+}含量增加而加深，玻璃光泽，解理平行，硬度6，多见于交代矽卡岩和受热液变化的其他岩石中。

(5)石榴子石。

常呈完好晶系、集合体常为致密粒状集合体，颜色多种多样，受成分的影响，晶面玻璃光泽，断口油脂光泽，无解理，硬度5.7～7.8，有脆性。常见石榴子石见表3-4。

表 3-4 常见石榴子石

<table>
<tr><th>种类</th><th>颜色</th><th>产状</th></tr>
<tr><td>镁铝石榴子石</td><td>紫红、血红、橙红、玫瑰红</td><td>金伯利岩、蛇纹岩、橄榄岩、辉岩</td></tr>
<tr><td>铁镁石榴子石</td><td>褐红、红、橙红、粉红</td><td>区域变质岩为主、花岗岩</td></tr>
<tr><td>锰铝石榴子石</td><td>深红、橘红、玫瑰红、褐</td><td>伟晶岩、锰矿床、花岗岩</td></tr>
<tr><td>钙铝石榴子石</td><td>红褐、黄褐、蜜黄、黄绿</td><td rowspan="2">矽卡岩、热液成因</td></tr>
<tr><td>钙铁石榴子石</td><td>红绿、褐黑</td></tr>
</table>

四、实训报告

实训报告格式见表 3-5。

表 3-5 变质岩手标本鉴定报告　　____年____月____日

<table>
<tr><th rowspan="2">标本号</th><th colspan="4">主要鉴定特征</th><th rowspan="2">岩石名称</th></tr>
<tr><th>颜色</th><th>矿物成分</th><th>结构</th><th>构造</th></tr>
<tr><td></td><td></td><td></td><td></td><td></td><td></td></tr>
<tr><td></td><td></td><td></td><td></td><td></td><td></td></tr>
<tr><td></td><td></td><td></td><td></td><td></td><td></td></tr>
<tr><td></td><td></td><td></td><td></td><td></td><td></td></tr>
<tr><td></td><td></td><td></td><td></td><td></td><td></td></tr>
<tr><td></td><td></td><td></td><td></td><td></td><td></td></tr>
<tr><td></td><td></td><td></td><td></td><td></td><td></td></tr>
</table>

班级：____________ 姓名：____________ 成绩：____________

五、思考题

观察描述 10 种变质岩，并将其结构、构造及矿物组成等特征填入实习鉴定报告中。

任务五　变质岩的岩石薄片观察

一、实训目的

(1)认识常见变质岩的微观构造、结构特征及部分特征变质矿物的镜下鉴定标志。

(2)掌握常见变质岩镜下构造特征和鉴定方法。

二、实训用品

(1)准备工作。

调节显微镜、准备描述卡片。

(2)岩石薄片的准备。

本次给学生提供的薄片有大理岩、石英岩、红柱石角岩、板岩、绢云千枚岩、绿泥千枚岩、白云母片岩、石榴子石云母片岩、角闪斜长片麻岩、花岗片麻岩、蛇纹岩、石榴绿帘矽卡岩、混合岩、榴灰岩。

三、实训任务

由实训指导教师将薄片中的典型结构、构造在显微镜下放置好,并且调节好显微镜,配以说明和描述卡片,指导学生逐一观察。

四、实训报告

实训报告格式见表3-6。

表3-6　变质岩薄片鉴定报告

<table>
<tr><td>编号</td><td></td><td>产地</td><td></td><td>野外定名</td><td></td></tr>
<tr><td>结构</td><td colspan="5"></td></tr>
<tr><td>构造</td><td colspan="5"></td></tr>
<tr><td>矿物成分</td><td colspan="5"></td></tr>
<tr><td rowspan="2">成因分析</td><td colspan="2" rowspan="2"></td><td colspan="3"></td></tr>
<tr><td colspan="3">图名：</td></tr>
<tr><td>室内定名</td><td colspan="2"></td><td colspan="2">放大倍数：</td><td>偏光：</td></tr>
</table>

姓名________　班级________　学号________　成绩________

五、思考题

分组描述石英岩、板岩、花岗岩片麻岩的结构构造特征。

任务六 几种变质岩的综合鉴别

一、实训目的

(1)对岩石标本的鉴别方法基本掌握。

(2)要求学生对所学知识能够综合运用。

二、实训用品

岩石标本(糜棱岩、大理岩、矽卡岩、蛇纹岩、板岩、片岩、千枚岩、石英岩、片麻岩等)、放大镜、小刀、条痕板、稀盐酸、报告纸、记录笔等。

三、实训内容

本次给学生提供的变质岩岩石标本有糜棱岩、大理岩、矽卡岩、蛇纹岩等。

1)糜棱岩:动力变质岩,浅灰、灰绿或灰色,糜棱结构,碎裂构造,主要矿物为石英、长石、绿泥石。

2)大理岩:接触热变质岩,白、灰绿、黄或浅蓝色,等粒或变晶结构,块状构造,主要矿物为方解石、白云石;次要矿物为透闪石、透辉石。(见图 3-19)

3)矽卡岩:接触交代变质岩,颜色不定,结构为粒状微晶,块状构造,主要矿物为石榴子石、绿帘石、透辉石;次要矿物为铁、镁、钙硅酸盐。(见图 3-20)

图 3-19 大理岩

图 3-20 矽卡岩

4)蛇纹岩:接触交代变质岩,灰绿-黄绿色,隐晶质变晶结构,块状构造,主要矿物为蛇纹石;次要矿物为磁铁矿、钛铁矿。

5)板岩:区域变质岩,灰至黑色,隐晶质变晶结构,板状构造,主要矿物为石英、黏土、绢云母。(见图 3-21)

图 3-21 板岩

6)片岩:区域变质岩,黑、灰绿或绿色,变晶结构,片状构造,主要矿物为云母、绿泥石、角闪石;次要矿物为长石、绿帘石。(见图 3-22)

7)千枚岩:区域变质岩,黄、绿或蓝灰色,隐晶质变晶结构,千枚状构造,主要矿物为石英、绿泥石、绢云母。(见图 3-23)

图 3-22　云母片岩

图 3-23　千枚岩

8)石英岩:区域变质岩,白或灰白色,粒状变晶结构,块状构造,主要矿物为石英,次要矿物为白云母、硅线石。

9)片麻岩:区域变质岩,灰或浅灰色,粒状变晶结构,片麻状构造,主要矿物为石英、长石,次要矿物为云母、角闪石、硅线石。(见图 3-24)

图 3-24　花岗片麻岩

四、思考题

观察描述 10 种变质岩的颜色、结构、构造特征。

项目四　沉积岩的认识与鉴定

沉积岩是在地表常温、常压条件下，由风化作用、生物作用、火山作用产生的物质经搬运、沉积、成岩等一系列地质作用而形成的。据沉积物来源可分为陆源碎屑岩、火山碎屑岩及内源沉积岩三大类。对它们进行观察、鉴定及描述的基本内容大致相仿，包括颜色、成分及含量、沉积结构、构造、动植物化石、厚度、岩石在剖面中的位置、岩层(地层)接触关系等，其中沉积构造及以后的内容主要是在野外的较大尺度范围内观察。对手标本的观察主要是颜色、成分以及含量、结构及部分小型沉积构造等内容。

本内容中主要讲解碎屑岩、黏土岩和碳酸盐岩的观察描述方法，由于每类岩石具体内容各不相同，故分开加以介绍。以下先介绍沉积构造的观察描述方法。

沉积构造是沉积岩的重要特征之一，是分析沉积岩形成的重要依据，也是区别于岩浆岩和变质岩的主要标志。为了便于在实训中观察各种沉积构造，现将沉积构造分类及研究内容作总结，见表 4－1。

表 4－1　常见沉积构造所属类型

原生沉积构造(物理成因)	次生沉积构造(化学成因)	生物沉积构造(生物成因)
1.流动成因构造：层理构造、层面构造、叠瓦状构造； 2.(准)同生期形变构造：重荷模、包卷层理、滑塌构造、碟状构造； 3.暴露成因构造：泥裂、雨痕、冰雹痕	1.溶解构造：缝合线、溶蚀环带、晶簇； 2.增生与交代构造：结核； 3.组合构造：龟背石	1.生物遗迹构造：生物足迹、爬行迹、栖息迹、潜穴、钻孔； 2.生物搅动构造； 3.叠层石

一、流动成因构造的观察描述

(一)层理的观察描述

层理的观察、描述主要是对野外露头和钻井岩心进行，其观察和描述的内容有：层理的厚度和规模；层理的类型及其特征；斜层理的纹层和层系产状的测量；层理内部构造和构成方式的观察和描述。

1.层理的基本术语

层理是指沉积物(岩)由成分、结构、颜色及层的厚度、形状等垂向的变化而显示出来的一种构造。组成层理的要素有层系组、层系、纹层。

2.层理的描述步骤和内容

第一步：仔细观察标本或露头剖面岩石，初步确定岩石类型，分清纹层、层系、层系组，确定层系界面和层的界面。并对层理进行初期素描。

第二步：仔细观察纹层（细层）。描述纹层的形状、纹层与层系界面的关系以及同一层系内纹层间的关系，测量纹层的厚度、产状，确定组成纹层的成分等。

第三步：描述层系、层系组及其界面。描述层系界面的形状、层系间的关系、层系内成分特征，测量层系的厚度、产状等。

第四步：确定层理类型，分析层理的成因。根据纹层、层系等观察和描述，确定层理类型，并根据组成层理的层系厚度大小，确定层理的规模。结合纹层、层系的产状测量，分析层理形成的环境及其水动力条件。对于能确定古水流方向的，需确定古水流方向。

（二）波痕的观察描述

波痕是常见的层面构造之一，是由于风、水流或波浪等介质的运动，在沉积物表面所形成的一种波状起伏的层面构造。由于介质的作用性质、作用强度及方向不同，波痕的大小和形态也不相同。可利用波痕的形态特征、波浪的大小和波痕指数等来恢复波痕的形成条件。

1. 波痕的基本术语

描述波痕的基本术语主要有波峰、波谷、波脊、波长（L）、波高（H）、迎流面、背流面、波痕指数（RI）、对称指数（RSI）等。

2. 波痕观察描述的方法和内容

（1）波痕要素或参数的测量。

主要测量波痕的波长（L）、波高（H）以及波痕的迎流面水平投影的长度（l_1）和背流面水平投影的长度（l_2），并进行波痕指数（$RI=L/H$）和对称指数（$RSI=l_1/l_2$）的计算。

根据对称指数可将波痕分为对称波痕和不对称波痕：若 RSI 近似为 1，称为对称波痕；若 RSI 大于 1，称为不对称波痕。

研究不对称波痕时还需测量缓倾斜面（迎流面）和陡倾斜面（背流面）的倾向，以恢复古水流方向。一般情况下，缓倾斜面倾向与水流方向相反，陡倾斜面倾向与水流方向一致。在野外还须测量地层的产状，若岩层发生倾斜，则须恢复原始产状后测量，或测量岩层产状和缓倾斜面的现存产状，然后进行校正，校正方法可利用吴氏网法。

（2）波痕形态及内部构造的描述。

波痕形态常按波脊的形态特征进行描述，主要包括波脊的连续性、是否分叉和延伸形态等。如波脊的延伸形态可分为直线状、弯曲状、链状、舌状、菱形状、新月状等。

发育良好的波痕，是由一个或几个迎流纹层和多个前积纹层及一个或几个水平底积纹层组成的。前积纹层是波痕的主要组成部分，迎流纹层和底积纹层多未被保留。前积纹层形态有直线形、切线和凹形，是波痕迁移形成的。根据波痕内部构造与外部形态关系可分为形态协调的波痕和形态不协调的波痕。

形态协调的波痕：波痕具有上述发育完好的内部构造，只有一组前积纹层而且在成因上有直接关系，其内部构造是由该波痕迁移形成的。

形态不协调的波痕：具有复合构造的波痕，不具典型的内部构造，而且与外部形态不协调，不相适应反映在成因上与之无关；呈复合构造形态，是由多组前积纹层组成的。

（3）波痕的物质组成。

波痕的大小和形态与水深和流速有关，因此组成的物质粒度也不同，流速越小粒度越细。粒度在波痕内部分布也不一致，流水波痕背部颗粒比谷中颗粒细；而风成波痕则相反. 背部颗粒较粗，而谷中颗粒较细。因此，需描述组成波痕的物质成分、粒度、分布等。

(4)观察和测量波痕所指示的流向。

波脊是连续的，水和风的主要流向是垂直波脊方向的，不对称波痕的陡坡倾向指示主流方向。波脊不连续的舌形波痕和菱形波痕的凸端和菱形尖端指示流向。而新月形波痕凹向指示流向。

(5)波痕的成因分析。

在上述观察和描述的基础上，还应综合分析和判断波痕的成因。波痕按成因可分为流水波痕、浪成波痕、风成波痕、干涉波痕和改造波痕。

(三)槽模的观察描述

槽模是分布于砂岩底面上的一种印模，是由于水流的涡流对泥质物的表面侵蚀而形成许多凹坑，后被砂质充填而成，在上覆砂岩底面形成的一系列规则而不连续的突起。

注意观察、描述突起的对称性、形态、大小、延伸方向等。

利用槽模可判断古水流方向，槽模的延伸方向为水流方向，且浑圆状突起端迎着水流方向。

(四)沟模的观察描述

沟模也是分布于砂岩底面的脊状印模。注意观察、描述脊状印模的延伸长度、方向、脊的高度、分布状况等。

利用沟模也可判断古水流方向，沟模的脊延伸方向为水流方向。

槽模和沟模均分布于岩层的底面，且常共生，因此可利用它们判断地层的顶底。

(五)冲刷面的观察描述

冲刷面是指在沉积物表面由于水流下蚀作用使下伏岩层形成凹凸不平的面。

注意观察冲刷面的起伏程度、界面上下沉积物特征等。

二、暴露成因构造的观察描述

(一)雨痕和冰雹痕的观察描述

注意观察雨痕的形态、大小、深浅。雨滴垂直落下时，坑呈圆形；雨滴倾斜落下，坑稍呈椭圆形。

冰雹痕与雨痕相似，但比雨痕宽而深，形状不规则。

雨痕和冰雹痕常为上覆沉积物充填，上覆沉积物底面上可见圆形或不规则形状的凸状印模。

(二)干裂的观察描述

软泥状态的沉积物露出地表，由于干涸时收缩形成的裂缝使沉积物表面被分割成多边形块体。因此，应注意观察裂缝的形态，包括剖面和平面形态。裂缝剖面一般呈V字形，裂块呈多边形，且裂块中央凹、四周微翘。裂缝中常充填上覆沉积物。

可利用裂缝V字形断面确定上下层面，因为裂缝尖端指向下层面，裂块凹面一般向上。

三、同生变形构造的观察描述

同生变形构造主要包括包卷层理、重荷模、滑塌构造、砂球及球枕构造、砂火山、砂岩岩脉、碟状构造等。

重荷模是发育于岩层的底层面上圆丘状或不规则的瘤状突起，注意与槽模的区别，前者多不规则和无定向性。注意观察瘤状突起的形态、大小、突起高度、分布状况等。

砂球及球枕构造是分布于泥质之中的砂质椭球体或枕状体。注意观察砂球、球枕体的形态、大小，与砂岩层的关系以及围岩的特征等。

滑塌构造是沉积层在重力作用下发生运动和位移所产生的变形构造，可引起沉积物的形变、揉皱、断裂、角砾化、岩性的混杂等。注意观察纹层产状、裂缝分布、岩性特征，以及与上、下岩层的关系、分布范围等。

四、化学成因构造的观察描述

（一）晶体印痕、假晶以及冰晶印痕的观察描述

此三种构造均与晶体有关，因此注意观察晶体的特征（形态、表面特征、颜色等），确定矿物成分。因为矿物可以指示形成环境，如石盐和石膏晶体或假晶存在说明沉积时盐度较高且是在干燥气候条件下形成的。如果有黄铁矿存在，则说明当时是还原环境。

（二）结核的观察描述

结核是岩石中自生矿物的集合体。这种集合体在成分、结构、颜色等方面与围岩有显著差异。

结核观察、描述的内容有成分、结构、颜色、大小、分布，同时还要描述围岩的特征（成分、结构、颜色等），以及结核与围岩中纹层之间的关系，以便判断结核的形成时间：同生结核、成岩结核和后生结核。

（三）缝合线构造的观察描述

注意观察缝合线分布，是否切穿颗粒，与层面的关系，开启性和充填情况以及围岩特征等。

五、生物成因构造的观察描述

生物成因的构造主要包括生物遗迹构造、生物扰动构造和植物根迹等。

生物遗迹构造根据形态及行为方式，可分为居住迹、爬迹、停息迹、进食迹、觅食迹、逃逸迹、耕作迹等。

生物遗迹描述的内容主要包括痕迹的形态、大小和空间展布（方位、深度等）特征。潜穴内部构造特征包括保存方式、丰度、伴生的其他痕迹及其相互关系、居群密度、围岩性质、无机沉积构造特征等。

遗迹的形态分为简单垂直管状、“U”形、直-弯曲形、蛇曲形、环曲形、螺旋形、星射形、树枝形、网格状、卵形与胃形、点线形等。

生物扰动构造一般是不具有确定形态的，其识别标志主要为在层理发育的砂岩中常破坏层理，在泥质沉积物中显示斑点构造，在含油砂岩中出现含油不均的现象等。描述内容主要包括扰动强度、分布等。

植物根迹是指保存在沉积地层中的植物根系，但在岩心中或局部露头所显示的根迹，大多数仅仅是植物根系的一部分或极少的部分。根迹在岩石中常呈现不同的形态，如垂直状、辐射状、须状、扁平状等，在一定程度上也反映了根系的生态特点。因此，在描述时，须注意根迹的形态、分布、完整性、保存状况（是否被炭化、氧化等）等。

任务一　沉积构造的鉴定与描述

一、实训目的

(1)了解各类不同成因沉积构造的基本特征,学会观察和描述(包括素描)各种沉积构造特征的方法。

(2)要求掌握常见沉积构造的识别标志,能初步分析其形成过程;并掌握利用沉积构造进行沉积环境分析和推断的原理和方法。

二、实训用品

放大镜、稀盐酸、30 种岩石构造标本。

三、实训任务

(1)观察岩石标本的构造特征,并分析其形成原因。

(2)完成实训报告,绘制构造素描图。

四、实训内容

(1)层理:水平层理、楔状交错层理、丘状交错层理。

(2)层面构造:波痕、干裂、槽模、沟模。

(3)同生变形构造:包卷层理、滑塌构造。

(4)化学成因构造:结核。

(5)生物成因构造:虫迹。

五、实训报告

在全面观察和掌握上述沉积构造的基础上,选择 3～5 块构造标本,画出构造形态素描图,并进行简明扼要的文字说明。具体内容如下:

(1)确定岩石类型;

(2)简述沉积构造的基本特征和形成过程;

(3)分析形成时的水动力条件和沉积环境,对流水成因的沉积构造要在图上方标明古水流方向。

实训报告的格式见表 4-2。

表 4-2　沉积构造观察实训报告

标本名称	
岩石类型	
结构、构造类型	
素描图	

六、思考题

(1)所有观察过的沉积构造主要存在于什么岩石中?

(2)哪些沉积构造可作为指向构造(即指示水流方向的原生沉积构造)?哪些沉积构造可作为沉积物的暴露成因标志?

(3)哪些构造形成于流水环境中?哪些构造形成于潮汐环境中?哪些构造形成于重力流环境中?哪些构造形成于滨岸环境中?

任务二　常见碎屑岩标本的肉眼鉴定与描述

一、实训目的

(1)了解碎屑岩的基本特征,掌握碎屑岩鉴定与描述的方法。

(2)熟悉碎屑岩标本的鉴定与描述的内容,掌握碎屑岩标本的鉴定与描述的内容,掌握碎屑岩成分分类和命名原则。

(3)学会识别碎屑岩的结构并掌握碎屑岩定名方法。

二、实训用品

放大镜、稀盐酸碎屑岩标本(石英砾岩、石英砂岩、长石砂岩、岩屑砂岩)。

三、实训任务

(1)使用放大镜、稀盐酸、观察碎屑岩标本特征、结构、构造、矿物成分及其含量。

(2)将鉴定结果填写在实训报告中。

四、实训内容

1.颜色

颜色是岩石最醒目的标志,主要从手标本获得。要分清原生色和次生色,应重点描述新鲜面的原生色。岩石的颜色往往不是单一颜色,描述时主要颜色放后,次要颜色放前,如紫红色、灰绿色等。

2.物质成分及含量

根据成因和结构特征,陆源碎屑岩的组成可分为碎屑颗粒(矿屑和岩屑)、填隙物(胶结物和杂基)、孔隙,因此岩石的物质成分包括碎屑颗粒成分和填隙物成分。

(1)碎屑颗粒。

指出占整个岩石的含量。

1)矿屑。

指出占碎屑颗粒的含量。

对主要矿屑应描述肉眼鉴定特征并目估含量(占碎屑颗粒的含量),为正确命名提供矿物含量依据。

常见的矿屑主要有石英、长石、云母、重矿物等,其在手标本中识别标志如下:

石英:浅色、透明或半透明(因磨蚀而呈毛玻璃状)、无解理、粒状,具油脂光泽、硬度为7。

长石:肉红色或灰白色,新鲜者具闪光的解理面,玻璃光泽;蚀变者则为浅色,土状光泽,具碎屑轮廓,以此与黏土杂基相区别。

云母:片状、珍珠光泽,常沿层理面分布,闪闪发亮。白云母为白色,黑云母为黑色或褐色。

重矿物:一般含量少,颗粒小,肉眼较难以鉴定。大者可根据颜色、晶形鉴定。

2)岩屑。

指出占碎屑颗粒的含量。

岩屑类型很多,特别在砾岩或角砾岩中,砾石成分以岩屑为主,可根据砾石的表面特征(光滑程度)、断口特征(贝壳状、平坦状、砂状)及岩石物理性质等进行砾石的成分鉴定。但当颗粒小时较难以分辨岩屑的种类,可目估岩屑的含量(占碎屑颗粒的含量),结合薄片进行详细鉴定。以下介绍几种常见岩屑的肉眼识别特征。

(a)脉石英岩屑：表面光滑，断口贝壳状、油脂光泽，色浅。

(b)石英砂岩岩屑：表面较粗糙，砂状断口，由碎屑及填隙物两部分组成，碎屑具油脂光泽。

(c)燧石岩岩屑：表面光滑，黑色或灰色，断口致密，显隐晶结构，硬度大。

(d)石灰岩岩屑：浅色，表面光滑，硬度低，滴稀盐酸剧烈起泡。

(e)千枚岩岩屑：灰色，丝绢光泽，硬度低，具片理。

(2)胶结物。

指出占整个岩石的含量。

胶结物常见类型有钙质、铁质、硅质等，手标本鉴定特征如下：

(a)硅质：一般为石英、玉髓和蛋白石，灰白色或乳白色，硬度大于小刀，岩石致密坚硬。

(b)铁质：多为赤铁矿或褐铁矿，常使岩石呈红色。

(c)钙质：灰白色或乳白色，硬度小，结晶粗大的可见解理面，以方解石为主，加稀冷盐酸起泡。

(3)杂基。

指出占整个岩石的含量。

杂基多为黏土、细粉砂，手标本上可见比较疏松而碎屑颗粒突出的现象。如黏土重结晶，则比较硬。有时也出现灰泥杂基，其颜色较暗，且加稀冷盐酸起泡。

3.岩石结构

陆源碎屑岩的结构包括碎屑颗粒结构、胶结物结构、杂基结构、孔隙结构以及胶结类型、支撑类型等。

碎屑颗粒结构主要包括颗粒的粒度(大小、分选性)、形状、圆度、球度及颗粒表面特征等。对于砾岩，可进行详细观察、描述，大的砾石可用尺子直接测量砾石的大小(注意：练习用肉眼正确目估颗粒直径大小)，近圆形或卵形颗粒则取其平均直径描述，扁圆形砾石则描述砾石的扁圆直径，长条状砾石则应描述长轴直径和短轴直径的大小。对于砂岩可简单描述颗粒的粒度、分选等。

确定胶结类型和支撑方式时，首先观察碎屑颗粒是否彼此接触。如果颗粒间紧密接触，则为颗粒支撑，此时要观察孔隙中是否有胶结物或杂基。如果颗粒间孔隙均被充填，则为孔隙式胶结，若孔隙未被充填或部分充填，则为接触式或孔隙-接触式胶结。若颗粒间彼此基本不接触，则为杂基支撑，基底式胶结。

4.沉积构造

观察描述可见到的层理、层面构造或其他沉积构造，并描述其特征。

5.综合命名

在以上观察、描述的基础上，根据物质成分含量进行综合命名，原则如下：

1)砾岩命名原则：

颜色＋沉积构造＋特征矿物＋结构(粒度)＋成分＋名称

例：褐色块状构造复成分细角砾岩。

2)砂岩命名原则：

颜色＋沉积构造＋特征矿物＋结构(粒度)＋成分＋名称

例：灰绿色平行层理海绿石细粒石英砂岩。

6. 实例

(1)实例一:砾岩。

产地:北京西山郝家坊;层位:C-P。

灰褐色;块状构造;砾石含量65%,以硅岩(硬度大)为主,次为泥岩;含量30%,为泥质;孔隙约占5%;砾石直径2～10 mm,平均4 mm;分选差,棱角一次棱角状;孔隙直径达1 mm;杂基支撑,基底式胶结。

灰褐色块状构造单成分细角砾岩。

(2)实例二:砂岩。

产地:石门寨鸡冠山;时代:青白口群龙山组。

风化面红褐色,新鲜面绿灰色,绿色由海绿石引起,故绿灰色属自生色;平行层理;颗粒占70%,填隙物约30%,颗粒成分为石英,具油脂光泽,无杂基,胶结物为自生海绿石(占20%)和石英;碎屑石英约0.3 mm大小,分选好,次圆状-圆状。自生海绿石呈团粒状。

五、实训报告

对石英砾岩、石英砂岩、长石砂岩、岩屑砂岩手标本进行肉眼观察鉴定,并详细描述,绘出综合命名。最后完成实训报告(见表4-3)。

表4-3　碎屑岩手标本鉴定实训报告　　＿＿年＿＿月＿＿日

标本名称	主要鉴定特征				命名
	颜色	构造	成分及其含量	结构	

班级:＿＿＿＿＿＿　姓名:＿＿＿＿＿＿　成绩:＿＿＿＿＿＿

任务三　偏光显微镜下碎屑岩的鉴定与描述

一、实训目的

(1)熟悉碎屑岩中常见造岩矿物在显微镜下的鉴定特征和鉴定方法。

(2)观察和掌握基底胶结、孔隙胶结、接触胶结等胶结类型的胶结特征,并注意区分。

(3)通过显微镜的观察进一步准确估计碎屑含量。

(4)观察碎屑岩中常见的孔隙类型。

二、实训用品

偏光显微镜、碎屑岩薄片标本(石英砾岩、粗砂岩、细砂岩、粉砂岩、杂砂岩、铁质砂岩、长石砂岩)。

三、实训任务

(1)使用偏光显微镜观察碎屑岩岩石薄片光性特征、结构、构造、矿物成分及其含量。

(2)将鉴定结果填写在实训报告中,并画出素描图。

四、实训内容

(一)物质成分及含量

1.碎屑颗粒

指出占整个薄片的含量(显微镜下目测估计含量)。

(1)矿屑。

指出占碎屑颗粒的含量。

薄片下,根据颜色、晶形、解理和断口、干涉色、突起、次生变化、包裹体等对矿物成分进行鉴定并估计含量,为正确命名提供矿物含量依据。

1)石英:无色,透明,粒状,无解理,有时有裂纹,折光率略高于树胶,突起糙面不显著,表面光滑。干涉色一级灰白,最高时可达一级淡黄,一轴晶,正光性。除此以外,常见波状消光及气液体或其他矿物的包裹体。

2)长石:在碎屑岩中含量仅次于石英,由于长石较石英易风化,应区分“新鲜的”和“风化的”。

在砂岩中最常见的长石是正长石和微斜长石,还有较少的酸性斜长石,中基性斜长石很少见。根据光性特征应区别开正长石、微斜长石、透长石和斜长石。通常在砂岩中,由于颗粒较小,正长石的卡氏双晶常见不到,而其他光性又与石英很相似,主要根据其折光率略低于树胶、颗粒表面常因风化而污浊、微带浅棕色等特点与石英区别。

长石易风化,正长石和微斜长石常风化成高岭土,使长石表面呈浅棕黄色、土状。一般情况下,微斜长石风化程度比正长石差。斜长石风化后易产生绢云母,其光性与白云母相似,只是呈极小的鳞片状。长石风化后透明程度减低。

3)云母碎屑:常见白云母和黑云母碎屑。

白云母在薄片中为无色,具闪突起,片状,一组解理完全,最高干涉色达二级末,近平行消光。

黑云母在薄片中为深褐色或浅红褐色,有时为浅绿褐色,具极强的吸收性,解理平行下偏光方向吸收性最强,片状,一组解理完全,干涉色为二级。

4)重矿物:重矿物薄片的鉴定内容和顺序与在薄片中造岩矿物的鉴定基本一致,包括颜色、多色性、晶形、解理、相对折射率、干涉色、消光类型、消光角大小、延性符号、轴性、光性、色散现象等。所不同之处就在于，重矿物往往以整个颗粒出现，厚度相对较大，故干涉色偏高，颜色及多色性较显著。

常见重矿物的主要光性特征如下。

(a)磁铁矿：铁黑色，切面中常呈菱形、三角形或四边形，集合体为粒状或致密块状。反射光下钢灰色，强金属光泽。

(b)黄铁矿：浅铜黄色，晶体为立方体、五角十二面体，表面常见条纹，切面形状多为三角形、正方形或不规则形，集合体为致密块状、浸染状、散布粒状或形成球状结核体。反射光下亮黄色，强金属光泽。

(c)磷灰石：无色透明，柱状，横切面六边形，解理不发育。中正突起，糙面显著。一级灰白干涉色，平行消光，负延性。

(d)电气石：多色性显著，长柱状，横切面为复三角形或六边形，有环带构造，中正突起。二级至三级干涉色，平行消光。

(e)锆石：无色、浅棕色或浅红色，具良好的四方双锥柱形。高正突起，常含包裹体。高级白干涉色，正延性。

(f)金红石：棕红色，反射光有金刚光泽，柱锥状晶体或不规则粒状，极高正突起，尤其在重矿物中可见显著的黑轮廓边。高级白干涉色，常被本身颜色所掩盖。平行消光，正延性，双晶常见。

(g)锡石：淡黄棕色，四方柱、四方双锥形或不规则粒状，膝状双晶常见，高正突起，糙面显著。高级白干涉色，常被本身颜色所掩盖。正延性。

(h)榍石：亮黄色及棕色，多色性微弱。自形晶为信封状，横切面为菱形、楔形或不规则形。高正突起，糙面显著。高级白干涉色，斜消光。

(2)岩屑。

指出占碎屑颗粒的含量及其特征。

碎屑岩中可见到各种成分的岩石碎屑，在镜下要准确地鉴定出各种岩屑，必须有岩浆岩、变质岩和各类沉积岩的镜下鉴定基础。因为碎屑岩中的岩屑是母岩经过风化搬运，在一定环境下沉积而成，本身的成分、结构、构造等特征远没有母岩那样清楚，所以鉴定时要尽量根据矿物组合和结构特征确定岩屑名称。常见岩屑的主要识别标志如下：

(a)燧石岩岩屑：单偏光下表面光洁，正交光下具小米粒结构或放射状结构。

(b)细粒石英岩岩屑：单偏光下表面光洁，正交光下具细粒结构。

(c)脉石英岩屑：单偏光下无色透明，正交光下具齿状嵌晶结构。

(d)石英砂岩岩屑：单偏光下无色，具碎屑结构。

(e)泥岩、页岩岩屑：单偏光下表面污浊，正交光下可见鳞片状绢云母，具二级干涉色。

(f)喷出岩岩屑：单偏光下少数无色，多数具褐色，具斑状结构，基质为隐晶质或细晶质。其中酸性喷出岩具霏细结构或放射状球粒结构；中性喷出岩具玻基交织结构；基性喷出岩具粗玄结构；碱性喷出岩具粗面结构。

(h)花岗岩岩屑：石英、长石等颗粒近等轴状，具花岗结构。

(i)凝灰岩岩屑：单偏光下透明，常见棱角状晶屑、玻屑，具凝灰结构。

(j)千枚岩、片岩岩屑：绢云母、绿泥石、黑云母等变质矿物具定向排列。

2.胶结物

指出占整个薄片的含量。

常见胶结物的特征如下：

1)碳酸盐:以方解石和白云石为主。在染色片中可区分开方解石、铁方解石、白云石、铁白云石。经茜素红和铁氰化钾的复合染色剂染色后,方解石为红色,铁方解石为紫红色,白云石不染色,铁白云石为蓝色。

2)硅质:有石英、玉髓和蛋白石等。

蛋白石:无色透明,折光率比树胶低很多,为1.4～1.6,正交光下全消光,是均质体矿物。

玉髓:无色透明,折光率与树胶接近,在正交光下可见玉髓呈小米粒状的微晶结构或呈放射纤维组成的球粒状、十字花状或扇形的集合体,一级灰干涉色。

3)铁质:最常见的铁质胶结物为赤铁矿或褐铁矿,在显微镜下为红色、褐色,不透明或半透明。

除此以外有时还有石膏、硬石膏、海绿石等胶结物。一块岩石中若有两种以上的胶结物,应注意不同胶结物之间、胶结物与颗粒之间的接触关系,以判断其生成顺序。

胶结物成分确定后,便估计其含量,选择有代表性的几个视域,估计每个视域中胶结物占多少面积,几个视域平均一下,就可直接得出其含量。

3.杂基

指出占整个薄片的含量。

主要指泥质、细粉砂,也包括泥、粉晶碳酸盐矿物。在镜下呈点状隐晶质,由于经常被铁质浸染而带浅褐色,在含油砂岩中,杂基常被原油浸染而呈棕色、黑色。有时,黏土矿物后期重结晶,呈细小鳞片状或纤维状矿物。

显微镜下注意杂基与其他泥质组分(如泥岩岩屑、自生黏土、交代颗粒的黏土等)的区别。

(二)岩石结构

陆源碎屑岩的结构包括碎屑颗粒结构、胶结物结构、杂基结构、孔隙结构以及胶结类型、支撑类型,重点观察、描述碎屑颗粒结构。

1.碎屑颗粒的结构

碎屑颗粒结构主要包括颗粒的粒度(大小、分选性)、形状、圆度、球度及颗粒表面特征等。

(1)碎屑颗粒粒度的鉴定。

粒度即碎屑颗粒的大小,常以 mm 为单位或 φ 值为单位。粒度决定了岩石的类型和性质,是碎屑岩分类命名的重要依据。

(2)粒度大小的判别。

显微镜下粒度鉴定应利用显微镜标尺测量颗粒粒度的大小,其方法如下：

1)换上带有目镜微尺的日镜。目镜微尺每小格代表的长度不固定,不同放大倍数格值大小不同。

2)计算目镜微尺每小格的数值。

因物镜放大倍数不同,所以目镜微尺的每一小格所代表的数值也不同,不同放大倍数的物镜均须换算。若某目镜的放大倍数是4倍,物镜的放大倍数是25倍,则观察的视野放大了4×25,即100倍;目镜微尺一小格为1 mm/100,即0.01 mm。如碎屑颗粒直径为5个小格,则该颗粒大小为5×0.01 mm＝0.05 mm。

目测或在显微镜下测量碎屑颗粒直径时，均要注意全面观察岩石，注意碎屑颗粒大小是否均匀。若是不均匀的，则应在观察和描述时须指出最大颗粒直径和含量及其分布、一般颗粒直径和含量及其分布，以及粒度整体分布(成层、递变、均匀等)。

(3)分选性的判别。

观察颗粒的分选程度，一般分三级进行描述。具体划分如下。

(a)分选好：主要粒级含量>75%。

(b)分选中等：主要粒级含量为50%～75%。

(c)分选差：各粒级含量<50%。

(4)碎屑颗粒的圆度。

观察颗粒的磨蚀程度，一般分四级进行描述。具体判断方法如下。

(a)棱角状：碎屑的原始棱角无磨蚀痕迹或只受到轻微的磨蚀，其原始形状无变化或变化不大。

(b)次棱角状：碎屑的原始棱角已普遍受到磨蚀，但磨蚀程度不大，颗粒原始形状明显可见。

(c)次圆状：碎屑的原始棱角已受到较大的磨蚀，其原始形状已有了较大的变化，但仍然可以辨认。

(d)圆状：碎屑的棱角已基本或完全磨损，其原始形状已难以甚至无法辨认，碎屑颗粒大都呈球状、椭球状。

(5)碎屑颗粒的球度。

球度指碎屑颗粒接近球体形态的程度，常用颗粒长、中、短三轴长度来确定，如三轴长度近相等则球度好，三轴长度相差大则球度差。颗粒球度不仅取决于磨蚀程度，在很大程度上还取决于原始形状和晶形。另外球度和圆度并不完全一致，如球度好并不一定圆度也好，如晶形好的石榴子石，虽然球度好但棱角均明显，磨蚀很差仍为棱角状，而相反，磨圆好的扁平砾石，球度却很差。因此，在反映磨蚀程度恢复形成条件中，圆度的意义更大些。

(6)碎屑颗粒的形状。

颗粒的形状是由颗粒长、中、短三轴长度的相对大小决定的。根据三轴比例关系分为四种：圆球体、椭球体、扁球体、长扁球体。

对于砂粒形状的测量是很困难的，一般可根据薄片中所见的视长轴和视短轴的比率近似地求得。但是，在薄片中对石英砂粒的大量观察表明，视短轴与视长轴的平均“轴比率”的变化范围不大，都在0.61～0.73之间。而且不同样品中砂粒轴比率的变化，几乎与同一样品不同方向切片中所测数据的变化一样。可见对于石英砂粒的这项研究实际效果不大。在碎屑岩薄片观察中一般只对那些特殊形状的如长条形颗粒等进行描述，同时应当记录其颗粒的排列方式和伸长方向。

(7)碎屑颗粒的表面特征。

观察碎屑颗粒的表面是否光滑、有无刻痕或霜面等。碎屑颗粒的表面特征肉眼只能在砾石颗粒上观察，砂岩的碎屑颗粒表面特征要在扫描电镜下观察。

2.胶结物和杂基的结构

胶结物的结构包括胶结物的结晶程度(非晶质、隐晶质、显晶质)以及晶粒大小、排列方式和分布等。

杂基的结构包括杂基的大小、分布以及重结晶情况等。

3.孔隙结构

观察、描述孔隙结构主要利用铸体薄片在显微镜下进行。孔隙结构包括孔隙和喉道的含量、类型、大小、几何形状、连通性、分布状况等。

4.胶结类型、支撑方式

根据岩石中颗粒的接触关系以及颗粒间填隙物的分布状况来判断胶结类型和支撑方式。

首先根据碎屑颗粒和杂基的相对含量可分为杂基支撑和颗粒支撑；其次按碎屑颗粒和填隙物的相对含量和颗粒的接触关系可分为基底式胶结、孔隙式胶结、接触式胶结和镶嵌式胶结。基底式胶结一般为杂基支撑，孔隙式胶结和接触式胶结为颗粒支撑。

(三)沉积构造

显微镜下主要观察岩石的显微构造，如微递变、微冲刷、微细层理等。

(四)其他

岩石中含油情况、含化石情况等。

(五)沉积后作用

陆源碎屑沉积物沉积后，在盆地演化、构造运动、沉积作用、埋藏作用等一系列因素控制下，将发生各种物理、化学、物理化学及生物化学成岩作用。

1.成岩作用类型的镜下鉴定和识别

(1)物理成岩作用。

主要指机械压实作用及构造应力作用。这两种作用所产生的效应或标志往往易于区别。就机械压实作用而言，在上覆负荷的重力及静水压力作用下，可使沉积物产生脱水、孔隙度降低、岩石体积减小、岩石填集程度增强等效应。在偏光显微镜下，机械压实作用的标志有：①碎屑颗粒之间接触关系的变化，由点接触(或不接触)变为线接触，甚至凹凸接触、缝合线状接触；②塑性颗粒(如泥岩、页岩岩屑等)发生塑性形变，被压弯、压扁、压断，甚至形成假杂基；③刚性颗粒(如石英、长石等)被压折、碎边、双晶错位等，受上覆沉积物的压应力作用而产生的脆性形变与由于构造应力作用而产生的脆性形变具有明显的不同，前者比后者往往具有更明显的定向性；④石英颗粒可出现波状消光，注意与来自变质岩母岩的石英相区别；⑤软韧性颗粒也可发生各种塑性变形，镜下常见到弯曲的黑云母和白云母，这些受挤压云母可发生水化而变成黏土矿物；⑥从岩石组构上看，有时镜下可观察到压实定向，注意与沉积定向及压溶定向的区别。

(2)化学成岩作用。

这部分内容最丰富，不仅要善于发现各种成岩现象，而且要善于通过各种成岩现象去分析成岩环境，这是成岩作用研究的最重要内容之一。

1)胶结作用和自生矿物充填作用。

严格地讲，这两个名词应是同义词。胶结物一般可有硅质胶结物(蛋白石、玉髓、石英)、碳酸盐胶结物(包括方解石、白云石、菱铁矿等)、铁质胶结物(如赤铁矿、褐铁矿等)及硫酸盐胶结物(如石膏、硬石膏)等。偏光显微镜下，通过染色可较容易地辨认出方解石、铁方解石、铁白云石、白云石等碳酸盐矿物。阴极发光显微镜下可区分出不同成因的石英及各种碳酸盐胶结物，尤其对自生石英及碳酸盐胶结物环带的鉴定对于成岩历史、成岩环境分析具有十分重要的意义。

在偏光显微镜下，要会区分胶结物与杂基。在鉴定过程中，首先必须清楚两者的定义，杂基是细粒的机械碎屑物质，十分细小，粒径在 0.03 mm 以下；而胶结物则是一种化学沉淀物质，一般分布于颗粒之间或颗粒内部的孔隙之中。

自生矿物充填作用是指在成岩作用过程中，一些自生矿物如自生石英、自生长石、自生黄铁矿、自生黏土矿物、自生沸石等在孔隙中沉淀并充填孔隙的作用。偏光显微镜下，自生石英除石英次生加大外，还可以微粒石英形式充填于粒间。

自生长石一般为细微长条形的自生钠长石，偏光显微镜下可看到自生长石在孔隙中"搭桥"的现象。自生黄铁矿的形成往往与丰富的有机质有关。自生黏土矿物常见有自生高岭石、自生蒙脱石等，自生高岭石在偏光显微镜下呈浅黄色、纯净、蠕虫状、一级灰白干涉色。自生高岭石及自生蒙脱石在成岩后期将向伊利石或绿泥石转化。自生沸石常见有方沸石、片沸石、柱沸石、丝光沸石、斜发沸石、浊沸石等。在偏光显微镜下一般能比较容易地鉴定出方沸石、片沸石、柱沸石、丝光沸石、斜发沸石等。浊沸石等则须在扫描电镜下详细鉴定。

因此，镜下要观察、描述胶结作用的类型、程度、胶结物(自生矿物)的分布等，若存在两种以上胶结作用，需判断胶结作用的顺序。

2)交代作用。

它是一种矿物被另一种矿物替代的作用，这两种矿物之间没有成分上的联系，仅有位置上的替换。交代作用常与胶结作用、自生矿物充填作用共存。常见的交代作用有氧化硅与方解石的相互交代，碳酸盐矿物及黏土矿物等交代石英或长石，方解石交代黏土矿物，硫酸盐矿物与碳酸盐矿物的相互交代等。

偏光显微镜下，随着交代作用的逐渐增强，依次可出现的交代作用标志有蚕食边、矿物交叉切割、残余结构、矿物假象、幻影构造等。

在一个薄片中，有时可出现几种交代事件标志或同一交代事件多次发生的标志，这就需要鉴定不同时期的交代作用发生情况及成岩环境，确立交代作用演化史及成岩演化史。一般可以通过交叉切割等标志来判断交代作用的顺序。

镜下须描述交代作用类型、标志、程度、顺序等。

3)溶解作用及溶蚀作用。

所谓溶解作用，是指在埋藏成岩过程中，由于孔隙水中 pH 值、温度等因素变化而使不稳定组分发生溶解并形成孔隙的作用。它是一种固相均匀的一致溶解，未溶解固相的新鲜面成分不变。最常见的是碳酸盐组分、长石颗粒的溶解，碳酸盐组分如碳酸盐胶结物、碳酸盐岩屑、钙质生物碎屑和钙质内碎屑等的溶解。溶解作用的大量发生及次生孔隙的大量产生往往是晚成岩期 A 阶段的标志。

与溶解作用不同的溶蚀作用则是岩石组分与周围溶液发生反应，有物质的带入和淋出，并产生新矿物，新矿物与原岩石组分之间具有成分上的继承性。如长石及火山玻璃质的不一致溶解作用，往往形成高岭石、蒙脱石等新矿物。

溶解作用和溶蚀作用的标志是岩石中各种类型的次生溶孔、溶缝等，溶孔如粒间溶孔、粒内溶孔、晶内溶孔等。溶蚀作用的标志还有颗粒溶蚀后产生的新矿物。所有这些标志在偏光显微镜下均可观察到，其中晶内溶孔、新矿物等在扫描电镜下观察更清楚。

镜下主要描述被溶的组分、溶解作用程度、次生孔隙特征等，并分析溶解作用的影响因素、发生的时间等。

4)重结晶作用。

它是矿物组分以溶解再沉淀或固体扩散等方式使细小晶体重新组合和结晶而形成大晶体的作用。如北京西山侏罗系岩屑杂砂岩(九龙山砂岩)中的水云母杂基，现已重结晶为正杂基，向绢云母转化，造成强烈绢云母化的斜长石边缘模糊不清。

(3)物理化学成岩作用。

物理化学成岩作用主要是压溶作用，由于上覆地层压力或构造应力超过孔隙水所能承受的静水压力时，会引起颗粒接触点上晶格变形而发生溶解，这种局部的溶解即为压溶作用。最常见的是石英的压溶次生加大作用。在压应力作用下，在石英颗粒接触处平行于应力方向发生溶解，在垂直于应力方向上发生石英的次生加大。

压溶作用最明显的标志是颗粒呈凹凸、缝合接触，有时还可见压溶定向、缝合线构造等。

2.孔隙的鉴别

岩石中的孔隙按成因可分为原生孔隙、次生孔隙以及次生裂缝。原生孔隙主要见于浅埋藏的岩石中。对于深埋于地下的砂岩来说，孔隙类型主要为次生孔隙、原生与次生混合成因孔隙以及次生裂缝(构造裂缝和成岩收缩缝)。原生孔隙多呈三角形等规则形态，孔隙边也较规则；溶解及溶蚀孔隙一般具有锯齿状边缘。构造裂缝往往切穿颗粒，且缝较平直。成岩收缩缝主要出现于泥、页岩中，有时杂基含量高的砂岩中杂基富集处也可出现。成岩收缩缝缝宽不稳定、弯曲状，往往无明显的延伸，以此可与制片过程中产生的人为裂缝或构造裂缝相区分开。

(六)综合命名

命名的原则同手标本。

(七)成因分析

通过对岩石标本、薄片的观察、描述，应对岩石的特点加以总结分析，分析该岩石的物质来源、搬运沉积条件以及沉积后作用等问题。岩石的成因分析可从以下几个方面着手。

1)从碎屑颗粒成分分析陆源区母岩的性质及大地构造状况。

2)从成分成熟度分析风化作用的强弱和搬运距离的远近。

3)从结构成熟度(分选、磨圆及杂基含量)及沉积构造特征分析搬运、沉积介质韵性质、搬运方式及其对碎屑颗粒的改造作用，并推断沉积环境。

4)从化学胶结物的成分、结构、胶结类型、自生矿物、颗粒接触关系等分析岩石的成岩环境及成岩历史。

5)从岩石及胶结物的颜色、成分推断古气候。

(八)描述实例

1.实例一：砾岩

(1)成分及含量：

含量70%，成分有硅岩、泥岩和页岩。硅岩单偏光镜下无色，有的被泥质交代，边缘污浊，正交偏光镜下具小米粒状结构，约占砾石总量的2/3；泥岩和页岩表面污浊，泥质结构，页岩显水平层理。

填隙物：含量25%，主要为黏土矿物，已发生绿泥石和绢云母化。

(2)结构：如同手标本。

(3)定名：灰褐色块状构造单成分细角砾岩。

(4)成因分析：鉴于砾石分选、磨圆差，杂基支撑，故为近源快速堆积的泥石流沉积。

2.实例二：砂岩

(1)颗粒：占70%，几乎全由单晶石英组成(偶见脉石英)，大部分无波状消光，有的见碎裂现象。

(2)杂基:极少,约 2%,以薄膜形式分布于碎屑石英与其加大边之间,灰黄色。

(3)胶结物:约占 30%,其中海绿石占 23%,自生石英 7%。海绿石大都不同程度发生了褐铁矿化和黏土矿物化。

(4)结构。

颗粒平均粒径约为 0.3 mm;分选中-好,浑圆-圆状。自生海绿石呈团粒状或不规则状分布于石英颗粒间,自生石英围绕碎屑石英构成自生加大边,使原颗粒趋于自形,加大边与原颗粒之间有一层黏土薄膜。颗粒支撑,接触式胶结。

(5)定名。

绿灰色平行层理海绿石中粒石英砂岩。

(6)成因分析。

母岩区性质:由于碎屑成分几乎全为单晶石英,结构成熟度极高,故具多旋回性,母岩区岩石类型以碎屑岩(特别是砂岩)为主,当时气候较湿热,风化较彻底。

大地构造状况:由于高成分成熟度和高结构成熟度,故当时构造运动平静,地形高差小。

搬运距离远。鉴于成分成熟度、结构成熟度高,并有平行层理构造,故推断介质性质为牵引流,以推移载荷的形式搬运(以跳跃为主,少量滚动),上部流动体制 $Fr>1$。又由于有海绿石出现,故为浅海环境。

五、实训报告

分别对本次实训的岩石薄片进行系统鉴定、描述和镜下素描,并进行综合命名写出完整的实训报告(见表 4-4)。

表 4-4 碎屑岩薄片鉴定实习报告

薄片编号			
矿物成分		含量	特征描述
碎屑颗粒			
杂基			
胶结构			
结构特征			
素描图	____偏光,$d=$____mm		
综合命名			

任务四　黏土岩手标本肉眼鉴定与描述

一、实训目的

(1)掌握常见黏土岩的岩石特征及鉴定方法。

(2)掌握相似黏土岩的特征及区别方法。

二、实训用品

放大镜、黏土岩手标本(粉砂质泥岩、硅质页岩、页岩、碳质页岩、油页岩)。

三、实训任务

(1)肉眼观察黏土岩标本特征、结构、构造、矿物成分及其含量。

(2)将鉴定结果填写在实训报告中。

四、实训内容

泥岩的主要成分为黏土矿物,岩石结构很细,50%以上的粒度小于0.005mm。根据以上特征,从手标本和显微镜下鉴定黏土岩并不困难,但若准确鉴定黏土矿物还须借助一系列特殊的分析测试技术和方法,如电子显微镜法、X射线衍射法、染色法、热分析法等。

下面着重介绍黏土岩的肉眼观察的方法和内容。

(1)颜色。

黏土岩的颜色与所含有机碳、铁离子的氧化状态等有关。较纯的黏土岩呈浅色(白色、灰白色),若混入有机质呈黑色,含有高价铁时呈红色。

观察时要分别描述原生色和次生色,只有原生色才反映黏土岩形成环境的氧化还原性。

(2)矿物成分。

泥岩的矿物成分以黏土矿物为主,次为陆源碎屑物质、化学沉淀的非黏土矿物和有机质,但因颗粒细小,肉眼很难进行鉴定。在手标本中,仅能根据物理性质初步判断黏土矿物类型,如遇水体积膨胀的为蒙脱石,具强吸水性而表现“粘舌头”的为高岭石,具鳞片状并呈现丝绢光泽的为水云母,绿色-橄榄绿色粒状的为海绿石等。

其他矿物成分也可根据颜色和物理性质进行识别,不同的混入物表现出不同的特征,如钙质加稀盐酸起泡;硅质为致密、坚硬;铁质为红色或褐色;含有机质为黑色不染手;含碳质为黑色且染手。

(3)结构。

根据黏土矿物与粉砂、砂等碎屑物质的相对含量,可划分出五种类型。在手标本观察中,一般可根据断口、切面情况进行判断。

黏土结构又称为泥质结构:手触摸有油腻感,用小刀切刮时,切面光滑,常呈现鱼鳞状或贝壳状断口。

含粉砂黏土结构和粉砂质黏土结构也可分别称为含粉砂泥质结构和粉砂泥质结构:手触摸具粗糙感、刀切面不平整,断口粗糙。

含砂黏土结构及砂质黏土结构也可分别称为含砂泥质结构和砂质泥质结构:手触摸具有明显的颗粒感觉,肉眼可见砂粒,断口呈参差状。牙咬有明显砂感。

根据岩石中黏土矿物集合体形态,可分为鲕粒及豆粒结构、内碎屑结构等。

(4)沉积构造。

黏土岩中常见水平层理、干裂、雨痕等暴露成因构造及生物遗迹、滑塌变形构造等，描述方法见沉积构造有关内容。

五、实训报告

分别对本实训的岩石标本进行系统鉴定、描述，并进行命名，写出完整的实训报告并绘制素描图（见表4－5）。

表4－5　黏土岩手标本鉴定实训报告　　　____年____月____日

标本名称	主要鉴定特征				命名
	颜色	构造	成分及其含量	结构	

班级：____________　姓名：____________　成绩：____________

任务五　碳酸盐岩手标本的鉴定与描述

一、实训目的

(1)掌握碳酸盐岩结构组分的特点以及识别方法。

(2)掌握颗粒灰岩、泥晶灰岩、白云岩的岩石特征。

(3)掌握碳酸盐岩的命名方法。

二、实训用品

放大镜、稀盐酸、碳酸盐岩手标本(石灰岩、鲕状灰岩、豹皮状灰岩、生物灰岩、竹叶状灰岩、白云岩)

三、实训任务

(1)使用放大镜、稀盐酸鉴定碳酸盐岩标本特征、结构、构造、矿物成分及其含量。

(2)将鉴定结果填写在实训报告中。

四、实训内容

碳酸盐岩与陆源碎屑岩相比,存在共性,但在岩石的结构特征、矿物组成、形成环境等方面存在一定的特殊性,因此,碳酸盐岩的鉴定描述内容和方法也有其特殊性。现从手标本观察和镜下鉴定两个方面分别介绍观察描述的内容和方法。

1.颜色

碳酸盐岩的颜色多种多样,但基本可分三类:①浅色类,如白色、灰白色、浅灰色等;②暗色类,如灰色、深灰色、灰黑色、黑色等;③红色类,如红色、(暗)紫红色、红褐色等。此外还有杂色。总体上,碳酸盐岩颜色以灰色居多。

碳酸盐岩的颜色取决于矿物成分及其相对含量、颗粒、晶粒及填隙物的粒度、有机质含量、风化作用等因素。观察颜色要注意区分原生色与次生色,常以新鲜面的颜色为准。

2.碳酸盐岩的矿物成分

碳酸盐岩中最常见的矿物成分是方解石和白云石,也经常混入一些黏土、石英和长石等陆源物质。在野外工作阶段,或者手标本观察时,首先须要用浓度为5%的稀盐酸检验方解石和白云石的相对含量,在岩石表面滴上稀盐酸,由于方解石和白云石的相对含量不同,起泡程度不同,通常可以分出4个等级。

1)强烈起泡。起泡迅速而剧烈,并伴有小水珠飞溅和嘶嘶声。具此反应者属石灰岩类,方解石的含量>75%。

2)中等起泡。起泡迅速,但无小水珠飞溅和嘶嘶声,具此反应者属白云质石灰岩类,方解石75%~50%,白云石25%~50%。

3)弱起泡。气泡出现较慢较少,有的气泡可滞留在岩面上不动。具此反应者属灰质白云岩,白云石75%~50%,方解石25%~50%。

4)不起泡。长时间都无气泡出现,或仅在放大镜下可见微弱的起泡现象,但粉末有中等强度的起泡。具此反应者为白云岩类,白云石>75%,方解石<25%。

用稀盐酸检验矿物成分是概略的,因反应强度还与岩石的粒度、孔隙度、渗透性和温度有关。粒度越细,孔隙度、渗透性越好,温度越高,反应越强,起泡程度也越高。在碳酸盐岩中常含有一定量的黏土矿物,通过手标本的肉眼观察,对含有黏土矿物的石灰岩,滴稀盐酸反应起泡后，岩石表面上会残留下泥质，可以大致估计泥质含量。根据泥质含量确定石灰岩-黏土岩系列的四种岩石类型：石灰岩、黏土质石灰岩、灰质黏土岩、黏土岩。划分方法与石灰岩-白云岩系列的岩石类型划分相似。若要比较准确地确定碳酸盐岩中黏土矿物含量，应该作不溶残渣分析。

用稀盐酸检验矿物成分时，应在岩面的不同部位进行，以便确定成分分布是否均匀。滴酸后，如果反应明显沿一条细线进行，这很可能就是一条微方解石脉，应换一个部位检验。

除上述成分外，肉眼可观察的成分还有硅质矿物、海绿石、石膏和黄铁矿等，可按它们的颜色、光泽、硬度等特征进行鉴定，并估计其含量。

3. 结构组分及结构类型

碳酸盐岩的结构组分有五种类型，即颗粒、泥、亮晶胶结物、晶粒和生物格架。根据结构组分，可以确定岩石的结构类型。在手标本观察中，通常描述下列内容。

(1)颗粒结构。

由颗粒和填隙物组成，同碎屑岩相似。手标本的描述方法与碎屑岩相似，要分别对颗粒、填隙物进行描述，描述其成分、结构以及颗粒与填隙物间的关系(胶结类型和支撑方式)，并且要采用双百分数估计含量，即颗粒和填隙物的含量以及每种颗粒占全部颗粒的含量。

1)颗粒：在岩石新鲜断面上，颗粒由不同的颜色显现出来。在手标本中，须要观察和描述颗粒类型、大小、形状、分选性、磨蚀性和定向性等。有的颗粒还要描述内部结构，如砾屑的内部结构和氧化圈(有无、厚薄情况)，鲕粒、核形石的核部及同心层的圈数等。

2)填隙物：主要是区分灰泥和亮晶胶结物。一般来说，灰泥致密且多少含有一些杂质，看上去暗淡无光泽；亮晶胶结物晶粒粗，杂质很少，常呈白色或浅灰色，比较透明，有时甚至可以看到晶体解理面。在不能区分开两者时，可将它们统称为填隙物。

最后指出岩石的胶结类型、支撑方式。

(2)泥晶结构。

主要由泥组成，如同碎屑岩中的泥岩。此类岩石细腻致密，无光泽，断口平滑或呈贝壳状。

(3)生物格架结构。

具群体造礁生物格架，孔洞较大且发育，其中充填有较小的生物碎屑和砂屑等颗粒，或者充填有泥晶、亮晶方解石。

因此，描述时需指出造礁生物类型、格架间的充填物等。

(4)晶粒结构。

岩石由彼此镶嵌的晶粒所组成，断面上可见各种方向的晶体解理面，具玻璃光泽。这些解理面的大小反映了晶粒大小。据此可将晶粒进一步划分为粗晶(>0.5 mm)、中晶(0.5～0.25 mm)、细晶(0.25～0.05 mm)和微晶(<0.05 mm)等结构。

4. 沉积构造

碳酸盐岩中出现的沉积构造类型多样，除了在碎屑岩中常见的类型外，还有一些特殊的构造，如叠层石构造、鸟眼构造、示顶底构造、缝合线构造等。对构造的观察主要在野外进行，在手标本上观察具有一定的局限性。一般来说，在手标本观察中应注意层理类型、层面沉积构造等特征的描述。

5. 孔、洞、缝

碳酸盐岩的孔、洞、缝是油气水的储集空间和运移通道，是碳酸盐岩储层研究的主要内容。

尽管它们在成因上多属于派生的结构组分，但对石油地质研究的重要性是不言而喻的。

孔隙和洞穴大小有别，通常以孔径 1 mm 为界，前者小于 1 mm，后者大于 1 mm。裂缝包括构造裂缝、溶解缝、层间缝和缝合线等。在描述时，应注意观察孔、洞、缝的规模、延伸方向、形态、连通情况、发育程度、充填物质和充填类型等内容。

6. 手标本的定名

1)先按矿物成分定名。作为岩石的成分名称(如石灰岩、白云质石灰岩、灰质白云岩、自云岩)，用 50%，25%，10%三个界限便可。

2)结构命名。包括结构组分和结构类型。根据结构组分的类型及其相对含量进行命名。

3)颜色、构造等作为岩石的附加名称，也要参加岩石命名。

命名原则：

颜色＋构造＋结构＋矿物成分

如灰白色块状亮晶鲕粒灰岩、暗灰色水平层理泥晶球粒白云质灰岩、灰褐色鸟眼构造泥晶灰质白云岩、淡黄色块状粗晶白云岩、浅灰色珊瑚格架灰岩等。

7. 实例

鲕粒灰岩。

产地：辽宁本溪；层位：寒武系。

岩石呈暗紫红色，滴少量稀盐酸强烈起泡，矿物成分为方解石，质纯。有少量铁质浸染，使鲕粒呈暗紫红色。

颗粒：含量为 70%左右，几乎全为鲕粒。鲕粒大多为球形，直径 1～2mm，有的鲕粒可见白色的生物碎屑作为核部，同心层厚，且以正常鲕为主。鲕粒分布较均匀。

填隙物：约占岩石总含量的 30%，包括亮晶方解石和泥晶，以亮晶胶结物为主。亮晶胶结物呈白色，透明状，泥晶呈暗色，无光泽。

岩石总体上为孔隙-接触式胶结，具鲕粒支撑结构。岩石致密坚硬，块状构造。有时可见长形颗粒半定向排列。

定名：暗紫红色鲕粒灰岩。

五、实训报告

对以上碳酸盐岩手标本进行观察、描述，并对其命名，写出完整的实训报告(见表 4－6)。

表 4－6　碳酸盐岩标本鉴定实训报告　　____年____月____日

标本名称	主要鉴定特征			
	颜色	构造	成分及其含量	结构

班级：__________　姓名：__________　成绩：__________

任务六　偏光显微镜下碳酸盐岩的鉴定与描述

一、实训目的

(1)掌握生物结构、粒屑结构、泥晶结构的镜下特点。

(2)观察颗粒、泥晶、亮晶、晶粒、生物格架结构组分的特征和识别标志。

(3)掌握鲕状灰岩的岩石特征。

(4)学会观察和描述岩石的孔隙。

二、实训用品

偏光显微镜、岩石薄片(石灰岩、鲕状灰岩、海绿石灰岩、白云岩、竹叶状灰岩豹皮状灰岩、泥灰岩、介壳灰岩、有孔虫灰岩、叠层灰岩、球藻灰岩、白云质灰岩)。

三、实训任务

(1)使用偏光显微镜观察碳酸盐岩岩石薄片光性特征、结构、构造、矿物成分及其含量。

(2)将鉴定结果填写在实训报告中,并画出素描图。

四、实训内容

碳酸盐岩薄片在显微镜下的观察内容与手标本基本相同,是对手标本观察描述的补充。大体包括以下六个方面。

(一)矿物成分

碳酸盐岩的矿物成分主要为方解石和白云石,此外还有自生的硅质矿物(玉髓或自生石英)、海绿石、石膏、黄铁矿(可氧化成褐铁矿)和陆源碎屑等。对于矿物成分鉴定,关键是区别白云石和方解石。

1.碳酸盐矿物成分的鉴定

鉴别方解石、白云石等碳酸盐矿物的准确简便方法是染色法,即用0.1 g(100 mg)的茜素红粉末,溶解在100 mL浓度为0.2%的盐酸中,把这种溶液滴在未加盖片的岩石薄片上,稍等10～30 s后,方解石、高镁方解石、文石均染成红色;含铁白云石、铁白云石呈紫蓝色;白云石、菱镁矿、石膏等不染色。

如果用茜素红和铁氰化钾混合染色剂,便可区分方解石和白云石中铁的含量多少。此溶液的配置方法是:将1 g茜素红和5 g铁氰化钾一起溶于100 mL浓度为0.2%的稀盐酸中。按染色情况可对铁的含量进行半定量鉴定。其结果如下:

无铁方解石(ω(FeO)＜0.5%)呈红色;

铁Ⅰ方解石(ω(FeO)＝0.5%～1.5%)呈蓝紫色;

铁Ⅱ方解石(ω(FeO)＝1.5%～2.5%)呈淡蓝色;

铁Ⅲ方解石(ω(FeO)＝2.5%～3.5%)呈深蓝色;

无铁白云石不染色;

含铁白云石呈亮蓝色;

铁白云石呈暗蓝色。

上述两种染色法,以复合试剂染色效果最好,故在目前教学、生产制片中普遍采用此种染色法。

研究方解石和白云石中铁的含量，不仅可以用来反映岩石形成环境的氧化还原(Eh值)条件，而且也能指示岩石的成岩环境。

2. 自生非碳酸盐矿物的鉴定

在碳酸盐岩中常出现的自生非碳酸盐矿物有石膏、重晶石、石英、海绿石等，鉴定方法主要是根据薄片中矿物的颜色、晶形、解理、干涉色、消光类型及消光角的大小、轴性、光性等特征来进行的。鉴定的主要内容有矿物成分、自形程度、晶体大小、分布及其含量。

在观察这些矿物成分时，应特别注意石英等硅质矿物，它们既可以是陆源的，也可能是自生的。自生硅质矿物常具有环境意义，具特征是晶形完好，没有磨蚀现象，干净透明，并常见碳酸盐矿物包裹体。其产出形式有三种：

1)孤立的、完好的晶体充填于孔隙中，不交代其他矿物；

2)交代其他碳酸盐矿物(颗粒或填隙物)或者充填在裂隙中；

3)作为胶结物的形式出现在淡水潜流带或渗流带的特殊环境中，这种石英可以显示出世代现象。

3. 陆源碎屑矿物鉴定

陆源碎屑混入物主要有黏土矿物、石英、长石及重矿物等。

陆源黏土矿物粒度极细，透明度甚差，昏暗，镜下又不易鉴定，可大致估计其含量，并描述分布均匀情况。

陆源石英、长石、岩屑及重矿物碎屑的鉴定方法与碎屑岩的鉴定相同。

(二)结构组分和结构类型

碳酸盐岩的结构根据结构组分类型可分为三大类型，分别属于三大类型岩石：具颗粒结构的颗粒碳酸盐岩、具晶粒结构的晶粒碳酸盐岩和具生物格架结构的生物格架碳酸盐岩。下面分述三大结构类型的碳酸盐岩镜下鉴定方法和描述内容。

1. 具颗粒结构的颗粒碳酸盐岩

具颗粒结构的颗粒碳酸盐岩的描述内容与碎屑岩相同，也包括三个方面的内容，即颗粒本身的结构、填隙物(包括亮晶胶结物和泥)的结构及胶结类型和支撑方式。同时，也要对颗粒、填隙物、孔隙的含量进行估计，为岩石的准确定名提供组分含量的依据。

(1)颗粒的结构。

注意观察颗粒类型、粒度、含量、磨圆度、分选性等内容，其中颗粒类型特别重要，首先要区分的是盆内颗粒还是盆外颗粒。盆内颗粒是主要的，主要包括内碎屑、鲕粒、生物碎屑、球粒、藻粒等；盆外颗粒指陆源碎屑颗粒，是次要的，其识别方法如同碎屑岩中的颗粒。以下重点介绍盆内颗粒。

1)内碎屑。

注意观察内碎屑大小(长轴和短轴长度)、形状、矿物成分、内部结构、圆度、表面特征(是否带氧化圈)、分选及其在颗粒中的含量。根据大小(长轴长度)，内碎屑可分为砾屑、砂屑、粉屑、泥屑。砾屑可以具有石灰岩中的任何一种结构，但泥晶结构更常见。砂屑、粉屑粒度较细，内部通常为泥晶结构。大小均匀的砂屑易与团粒相混，可注意观察它是否具有较刚性的破碎边线或棱角，如果圆度很好，一般视为团粒，但有时需要考虑共生岩石才能作最后鉴别。粉屑和粪球粒的区别是，后者有机质含量高，在薄片中呈暗色，形状近于卵形式椭球形，大小均匀分选极好。

2)鲕粒。

识别鲕粒,最根本的要看颗粒是否有核心和同心圈结构。有些鲕粒经成岩作用改造,已不具核心和同心圈结构,只能根据颗粒大小、形态、分布状况和成岩现象等进行推断,确定是否属于鲕粒的范畴。

对于鲕粒,首先要描述鲕粒类型及其占颗粒的含量,描述各类鲕粒的形状、大小、内部结构、分布、保存情况;然后对同心层和核心分别进行描述,同心层包括圈数、厚度、矿物成分等,核心包括类型(砂屑、生物碎屑、球粒、石英碎屑等)、大小、形状等。在薄片中常见的鲕粒类型如下:

(a)正常鲕:同心层厚度大于核部的直径。

(b)表鲕:同心层厚度小于核部的直径。

(c)复鲕:在一个鲕粒中,包含有两个或两个以上的核部。

(d)偏心鲕:鲕粒核部偏离中心位置。

(e)放射鲕:同心层具有放射状结构。

(f)变形鲕:包括同生变形鲕和压溶变形鲕。对于内部结构较清楚的变形鲕,还应当描述原生鲕粒的类型。另外,鲕粒的形状往往受核部形状的制约,若鲕粒的核部为长条形生物碎屑,这种鲕粒往往是拉长的椭球形,它仍属于原生鲕粒范畴,不能作为变形鲕。

(g)残余鲕:鲕粒发生强烈的白云石化、硅化等交代作用或强重结晶作用,其内部结构被破坏,仅部分残留有原结构的特点。

(h)单晶鲕或多晶鲕:经重结晶或溶解—沉淀作用,整个鲕粒内部由单颗或多颗方解石或白云石晶体所组成。

(i)负鲕(空心鲕):鲕粒内部被选择性溶蚀,形成粒内溶蚀孔隙。

(j)藻鲕:在藻类参与下形成的鲕粒。它常常表现为密集的纤维放射状或同心层状,色暗,富含有机质。或者由在鲕粒形成过程中藻类钻孔所形成的泥晶包壳,甚至使鲕粒外形呈花瓣状。

3)生物碎屑。

应尽可能鉴定出生物的门类或种属,并估计其相对含量。生物种属主要从以下两个方面进行鉴定:

(a)生物固有的生长形态(包括单体还是群体)、大小、壳的厚度、壳的构造分层、房室、体腔、隔壁、壳饰等,当生物碎屑保存完整时,这些就是鉴定属种的重要依据。

(b)骨骼或外壳的内部显微结构,包括它的矿物成分、晶体形态、大小、排列以及结构分层等。当生物碎屑很破碎时,生物的固有生长形态已不复存在,只能根据这些特征鉴定出生物的门类。

常见的钙质生物碎屑的鉴定特征如下:

(a)有孔虫:多为多房室的壳体。个体较小,多在 0.5～2 mm。房室的排列方式可为平旋、螺旋、包旋或绕旋;形态不一,切面形态变化较大。壳体可为单层式的隐粒、微粒或玻纤结构,也可为外隐粒或微粒、内玻纤或层纤的异类双层壳结构。

(b)介形虫:双瓣壳,壳状从不足 1 mm 到数 mm。单瓣切面常呈细月牙状。具层纤或玻纤结构。

(c)三叶虫:镜下多呈散落、破碎状的骨片。切面常是飘带状、弯钩状、蛇曲状等。壳体一般较薄,内部有时有褐色裂纹。其刺为圆管状(纵切)或圆环状(横切),均为玻纤结构。

(d)腕足类:双瓣壳。一般个体较大,较厚,肉眼常常可见有壳皱、疹孔、假疹孔或壳刺。常为单层平行片状结构、倾斜片状结构。片较厚,在垂直壳面(垂直方解石片)的切面中表现为较粗的纤维状,纤维与壳面平行或斜交。腕足刺也呈长管状或圆环状,亦为平行片状结构。有的腕足类具有外片状内柱状的异类双层壳结构。

(e)台藓:群体。镜下常见单个虫室或多个虫室连成的枝状、网状等。单个虫室的横切面呈圆形、椭圆形或多角形,纵切面呈管状,内部横板可有可无。壳壁或虫室壁一般较薄。平行片状结构,片很薄,切面常呈极细的纤维状,平行壳壁排列。根据形态和极薄的片状结构、强烈褶曲,把苔藓与腕足动物相区别。

(f)软体动物:常见的有瓣鳃类(双壳)、腹足类(螺)、头足类等。个体一般较大。均为多晶结构。腹足类多为螺旋式,也有平旋式,内部无隔壁,碎片的弯曲度比瓣鳃类更大一些。头足类为直管、弯管或旋转式壳体,其最大特征是具有隔壁,壳体较薄且很均匀。

(g)棘皮类:常见的是海百合茎和海胆骨片、海胆刺等。大小不一。海百合茎多呈分散状的茎环出现,横切面呈圆形,中心有茎孔;纵切面呈长方形,有时也可见茎孔。为连生单晶结构。海胆骨片多为等轴形状,海胆横切面为圆形,常呈各种花瓣状、辐条状等,二者均为特征的网格单晶结构。

(h)海绵骨针:呈单轴、三轴或四轴的放射状,长为 0.1～0.5 mm,多晶结构。海绵骨针与破碎瓣鳃类的区别是:海绵骨针的每一射均很直,末端对称收缩变尖。

(i)粗枝藻:又称伞藻,为绿藻门的一个科。常以分节的叶状或单叶状体的形式出现。外形呈圆柱状、棒状、卵球状。大小为 1～3 mm。其上有侧枝孔。以多晶结构常见。显微镜下常见的属种为米齐藻和蠕孔藻。米齐藻,桶状,侧枝孔规则排列,直达中央茎,纵切面稍呈向外开口的漏斗形,横切面呈圆形,多晶结构。蠕孔藻,细长圆柱状,侧枝孔密而细小,且不与中央茎连通。微粒结构,常因富含有机质而不透明。

4)球粒。

球粒是一种粉砂至细砂级的、不具内部结构的、泥晶的、球形或椭球形、分选良好的颗粒。关于球粒的概念和成因尚有争议,但多数人认为生物排泄的粪球粒属于球粒范畴。粪球粒形状近卵形或椭圆形,大小均一,分选极好,有机质含量高,镜下呈暗色,是生物排泄成因的。球粒通常形成于泻湖、局限台地、潮上带一潮间带的较低能环境。

在镜下应描述球粒的形状、大小、矿物成分、内部结构、分布特点及其在颗粒中所占的含量。

5)藻粒。

藻粒包括藻灰结核(核形石)、凝块石、藻团块及藻屑。核形石一般粒径粗大,主要在手标本和野外露头上描述。镜下观察的主要目的是鉴定藻的种类(藻迹或各种微管状藻)。核形石具同心层构造,与鲕粒的区别在于:核形石一般粒径大,形状不规则,不具核心。凝块石外形不规则,不具同心层构造,边缘凹凸不平,但清晰可见,内部为泥晶方解石,有机质含量较高,颜色偏暗,但是有机质的分布常常是不均匀的,透明度也不均匀,透明度低时,内部可能见藻迹。藻团块与凝块石并无本质上的区别，只是内部和边缘粘结有其他颗粒，如生物碎屑和鲕粒等。藻屑除有藻纹层或藻绵孔外，其边缘一般较平整，出现较刚性的外貌。

对于藻粒，镜下应描述其类型、形状、大小、成分、内部结构特征、分布状况及其在颗粒中所占的含量。

(2)填隙物的结构。

填隙物主要有两部分：一是充填于颗粒之间的细粒物质(粒径一般小于 0.05 mm 或 0.1 mm)，主要为泥晶(或泥)、少量陆源黏土杂基及渗流粉砂等；二是化学胶结物，即亮晶胶结物。

1)泥晶。

泥晶与碎屑岩中的杂基相当，但它是在盆地内部与颗粒同时形成的。泥晶按其成分可分为灰泥和云泥两种，镜下特点是半透明、微褐色、质点细小。由于它们的表面能较大，在成岩过程中极易重结晶，形成相对粗大的晶体。经重结晶后形成的方解石与亮晶方解石易相混淆。

泥晶在镜下的描述内容有成分、大小、分布特点及占岩石的含量。

陆源黏土杂质与颗粒、泥晶同时沉积，易与泥晶混杂，两者不易区分，在薄片中只能根据颜色和透明度，大致估计其含量，并要描述它们的分布状况。

渗流粉砂：在淡水渗流带内，因淡水淋滤融解作用携带泥屑、粉屑、晶粒和微小的化石碎片沉积在亮晶颗粒岩的孔隙中，数量较少，可显示出微层理，是渗流带的产物。在岩溶砾中也能见到渗流粉砂。

2)亮晶胶结物。

晶体干净，透明度好。晶体界线多平直，与颗粒边缘界线清楚。晶体含量不能超过岩石总含量的 50%。多具有世代性。

对亮晶胶结物，需进一步观察其晶体形态、大小、分布及其与颗粒的关系。亮晶胶结物除了可呈栉壳状、叶片状或粒状外，也可在棘皮动物、介形虫、三叶虫等单晶或纤状结构的生物碎屑表面呈加大边(共轴增生)的形式。亮晶方解石与泥晶重结晶后的方解石易混淆。

(3)胶结类型及支撑方式。

胶结类型与岩石的孔渗性有关，对岩石的储集性能影响甚大，在储层研究中应予以高度重视。

颗粒碳酸盐岩的胶结类型与碎屑岩基本相同，主要有基底式、孔隙式、接触式及它们之间的过渡类型。与此同时，还应研究颗粒之间的支撑方式，即岩石是颗粒支撑的，还是泥晶支撑的。因为这两种支撑方式反映两种不同的水动力条件。

胶结类型和支撑方式之间存在着一定的对应关系。即孔隙式、接触式胶结的岩石，一般是颗粒支撑的，反映正常波浪和牵引流成因的；基底式胶结的岩石，若填隙物大多为泥晶，则属于泥晶支撑，反映一种低能环境或者风暴流、重力流形成的产物。

2.具晶粒结构的晶粒碳酸盐岩

晶粒是碳酸盐岩的主要结构组分之一，晶粒结构是晶粒碳酸盐岩特有的结构类型。根据晶体大小可将它们细分为砾晶(＞2 mm)、砂晶(2～0.05 mm)、粉晶(0.05～0.005 mm)和泥晶(＜0.005 mm)四个级别。也可根据自形程度细分为自形晶、半自形晶和他形晶。

在此强调一点，绝不能把晶粒与颗粒碳酸盐岩中颗粒及其之间的填隙物混为一谈，晶粒之间一般无或很少有物质，即使有少量的物质也不等同于颗粒碳酸盐岩中颗粒之间的填隙物。

在观察晶粒时，应描述下列内容：自形程度（自形、半自形、他形）、晶体的相对大小（等粒、不等粒、斑状）、绝对大小、各级别晶粒的相对含量以及它们之间的接触（平直、弧形、齿状）、包裹关系。

3. 具生物格架结构的生物格架碳酸盐岩

生物格架又称为原地生物格架，它是原地生长的群体生物，如珊瑚、苔藓、藻类等组成的坚硬的碳酸盐岩格架。

对于生物格架的描述应注意下列内容：造礁生物种类、骨架的显微结构、矿物成分、骨骼切面特征、大小及分布特点，统计生物格架在岩石中所占的含量，填隙物的成分、含量，孔隙的类型及分布特点。

（三）沉积构造

构造现象一般为宏观特征，主要在野外露头或手标本中进行观察描述。在镜下只能观察微型构造或对宏观构造做一些补充。主要内容如下。

1）显微层理。包括连续和断续的条纹状层理、微波状层理、微透镜状层理、微递变层理、微型斜层理。

2）微冲刷、充填构造。

3）鸟眼构造、示顶底构造、干裂、生物钻孔及生物扰动构造等。

4）生物碎屑、砾屑、砂屑、鲕粒等颗粒的定向排列。

5）沉积期后的构造：成岩收缩裂隙、构造裂缝、缝合线、结核等。

（四）沉积后作用

碳酸盐沉积物（岩）的沉积后作用与古沉积环境的恢复，次生孔、洞、缝储集空间的发育以及油气聚集有着密切关系。碳酸盐岩沉积后作用的类型很多，但归纳起来，主要有溶解作用、矿物的转化作用、重结晶作用、胶结作用、交代作用、压实作用以及压溶作用等。

（五）岩石综合定名

碳酸盐岩的综合定名原则与手标本的定名基本相同，只是加上镜下观察的结果，使岩石名称更加准确、可靠。基本步骤如下：

1）首先按矿物成分定名。矿物成分的命名原则按“三级命名法”，根据矿物成分的含量实行“含××”“××质”“××岩”的三级命名。

2）按碳酸盐岩的结构组分命名。根据岩石中所含结构组分类型确定结构类型，然后按结构命名原则进行命名。颗粒结构的碳酸盐岩，要考虑颗粒和填隙物（亮晶胶结物和泥晶）的类型及含量，按三级命名原则进行命名。

3）附加岩石名称。主要考虑岩石的颜色、特殊构造（如鸟眼构造）、特殊的自生矿物（如海绿石）及成岩后生作用的类型等。

4）已经习惯的名称（如竹叶状灰岩、豹斑灰岩、叠层石白云岩、瘤状灰岩等），最好沿用下去。

5）综合定名的格式：

附加岩石名称（颜色＋成岩作用类型＋特殊矿物＋特殊构造）＋岩石的基本名称（结构命名＋矿物成分命名）

例如：

灰色白云化含海绿石亮晶鲕粒灰岩；

灰色白云化鸟眼构造泥晶球粒含灰白云岩；

灰色去白云化细晶含灰白云岩；

灰色块状层孔虫生物礁灰岩。

（六）成因分析

碳酸盐岩的成因分析实际上是环境分析，对于颗粒碳酸盐岩来说，环境分析包括颗粒的形成环境、颗粒的沉积环境和碳酸盐沉积岩（物）的沉积后作用环境。其中颗粒的形成环境与颗粒的沉积环境两者可以是一致的，也可以是不一致的。颗粒形成后，若经异地搬运后沉积下来，两种环境就不一致。

1. 颗粒的形成环境

主要从颗粒的类型、大小、分选、磨圆等岩石学标志，结合古生物标志，指出颗粒形成环境的特点：水体盐度、深度、水动力强弱、水体能量高低等。

2. 颗粒的沉积环境

主要依据填隙物的性质（亮晶和泥晶的相对含量），也要考虑颗粒的类型、大小、磨圆、分选及含量等，指出颗粒沉积环境的水动力强弱。

3. 碳酸盐沉积岩（物）的沉积后作用环境

主要根据岩石的成岩变化，如胶结物的矿物成分、晶体大小、形态、分布等，孔隙的类型、分布、发育程度等，交代作用的类型、分布等，进行沉积后作用环境的判别。各环境的识别标志见本节有关内容。

（七）碳酸盐岩观察、鉴定描述的实例

实例：鲕粒灰岩。

1. 矿物成分

方解石占岩石总含量的90%以上，含少量铁质，浸染后使鲕粒颜色变红。还有少量其他矿物。

2. 结构组分及结构类型

该岩石的结构组分有颗粒、亮晶胶结物、泥晶，分别占岩石的70%，20%，10%。

(1)颗粒：颗粒类型以鲕粒为主，约占颗粒的90%以上，含有少量生物碎屑和其他颗粒（砂屑、藻粒、球粒等）。分别描述如下：

1)鲕粒：主要为正常鲕，少量为偏心鲕、表鲕和变形鲕，还有少量藻鲕。

(a)正常鲕：多而大，直径1～2 mm。同心层数多而分布密集，成分为泥晶方解石，可见少量方解石晶体切割同心层。核心成分多样，主要为棘皮类、三叶虫生物碎屑、腕足类、腹足类、砂屑等作为核心。同心层的厚度大于核心直径。

(b)偏心鲕：同心层分布疏密不均，核心偏向一侧。

(c)表鲕：同心层厚度小于核心直径，有的表鲕以棘皮类生物碎屑作为核心，仅有一层同心层环绕。

(d)变形鲕：鲕粒发生破裂或片状剥离，有的变形鲕内部结构保存较好，仍可看出由正常鲕或表鲕发生变形所致。

2)生物颗粒:含量少,主要为长条形的三叶虫碎屑,它们独立存在于岩石中。但大部分生物碎屑作为鲕粒的核心出现,已不能算一种独立的颗粒类型。

3)砂屑:含量较少,成分为泥晶方解石,具有一定的磨圆度。

(2)填隙物:包括亮晶胶结物和泥晶,以亮晶为主,约占岩石的20%,泥晶约占10%。

1)亮晶胶结物:矿物成分为方解石,干净透明度好,细晶为主,具两个世代现象:第一世代的亮晶方解石呈栉壳状结构,晶体自形程度较高,围绕鲕粒边缘呈马牙状生长;第二世代的方解石多为他形或半自形粒状结构,分布在孔隙中央,晶粒接触界线较平直。

2)泥晶:矿物成分为方解石,表面污浊,透明度差。这些泥晶多经重结晶作用形成粉-细晶,晶粒之间接触界面不规则。泥晶分布不均,局部较富集。

(3)胶结类型及支撑方式:接触-孔隙式胶结为主,局部为基底式;鲕粒支撑为主,局部为泥晶支撑。

3.显微构造

1)藻钻孔:垂直鲕粒分布,现多以被泥晶或有机质充填,呈暗色。

2)缝合线构造:破碎的鲕粒边缘见有压溶作用形成的缝合线构造。

3)微裂缝:岩石中局部发育构造微裂缝,切穿鲕粒,现已被方解石充填。

4.成岩变化

1)胶结作用:主要表现为亮晶方解石胶结作用。第一世代的亮晶方解石胶结作用有可能发生在同生—准同生期,形成于海底环境;第二世代的亮晶方解石胶结作用主要形成在埋藏成岩环境。

2)矿物的转化作用及重结晶作用:主要表现为胶结物和鲕粒同心层中的文石转化为低镁方解石,这种转化作用发生在成岩早期。重结晶作用表现为泥晶填隙物重结晶为细晶、粉晶,这种作用可能发生在成岩晚期。

3)压实及压溶作用:压实作用主要表现在鲕粒定向排列、鲕粒同心层的片状剥离、鲕粒的破碎等;压溶作用主要发生在成岩晚期,鲕粒呈缝合接触,形成缝合线构造。

5.孔隙和裂隙

鲕粒内藻钻孔多被泥晶方解石充填,鲕粒间孔隙绝大部分被亮晶胶结物和泥晶充填,仅局部见有鲕粒内部溶蚀孔。

岩石中的缝合线附近泥质、铁质相对富集,构造成因的微裂隙,也已被方解石充填。

6.成因分析

根据鲕粒的类型、粒径及内部结构特点,反映鲕粒形成于高能环境,可能为鲕粒滩或潮汐沙坝。但根据填隙物的成分,泥晶、亮晶共生,且以亮晶为主的特点,说明岩石形成于能量中等偏高的开阔台地相边缘。说明鲕粒的形成和沉积并非是同一环境。

根据成岩作用特征,该岩石沉积后作用主要表现为成岩早期的胶结作用、矿物的转化作用和重结晶作用以及成岩晚期的压溶作用、表生期的非选择性溶解作用。

7.岩石综合命名

暗紫红色泥晶-亮晶鲕粒石灰岩。

五、实训报告

选三枚薄片,对其中的颗粒和泥进行观察、描述,对所观察碳酸盐岩进行命名,并进行镜下素描，写出完整的实训报告（见表 4 - 7）。

表 4 - 7　碳酸盐岩薄片鉴定实训报告

薄片编号			
矿物成分		含量	特征描述
碎屑颗粒			
杂基			
胶结构			
结构特征			
素描图	____偏光，$d=$____mm		
综合命名			

任务七　粒度分析及其资料整理并绘制粒度图件

测定碎屑沉积物中不同粗细颗粒含量的方法称为粒度分析。粒度是碎屑沉积物的重要结构特征，它是分类命名(如砾、砂、粉砂、黏土等)的基础，是用来研究其储油性能的重要参数(如粒度中值、分选系数等)，有时也用粒度资料作为地层对比的辅助手段。

一、实训目的

(1)掌握筛析法、沉降法、薄片粒度分析法等几种常用粒度分析方法的分析原理、操作步骤及各粒级重量百分比的计算方法。

(2)掌握粒度分析资料的图解法等方法和粒度参数在沉积环境中分析中的应用。

二、实训方法

目前用于粒度分析的方法很多，从原始的手工测量到电子计算机控法的自动化仪器测量均有。最常用的分析方法有直接测量法、筛析法、沉降法、薄片法。选用的方法取决于测定颗粒的大小及岩石的胶结致密程度。

1.筛析法

筛析法适用于易溶、易分散的，不含或少含碳酸盐岩屑的碎屑岩样品。它能了解岩石粒度全貌，不适宜于胶结致密、颗粒溶蚀严重、次生加大现象明显及条纹状构造的岩石样品。

2.沉降法

沉降法主要适用于松散的粉砂-黏土细粒沉积物。

3.薄片法

薄片粒度分析测得的是一定粒度的颗粒数百分比(或测出某粒级在视域中的平均面积百分比，一个样品至少磨制 5 个样片以上，每个样片至少观测 10 个视域以上，然后取平均数)。要把颗粒数百分比换算成各粒级的重量百分比，使其与其他方法所得数据一致，以便对比与绘图等应用。

4.图像仪法及颗粒计数法

不仅适用于筛析法所适用的样品情况，而且也适用于胶结致密、溶蚀强烈及具条纹构造的样品，还适用于压裂、石英次生加大的岩石样品。它借助于偏光显微镜还可区分出矿物的边界变化及成岩作用对矿物形态的改造。

三、粒度分析的资料整理

(1)编制粒度分析数据表。

(2)编制常用的粒度图件，包括直方图、频率曲线、累积曲线、$C-M$ 图等。

(3)计算粒度参数，包括平均值和中值(M_z,M_d)、众数(M_O)、标准偏差(σ_1)、偏度(SK_1)和峰度(K_G)。

粒度分析图件编制方法和参数的计算方法参见《沉积岩与沉积相》有关内容。

四、实训内容

(1)观摩筛析法和沉降法中的移液管法的操作；

(2)熟悉几次移液管法的操作过程；

(3)根据所给数据(见表 4-8 和表 4-9)分别绘制样品 A 和样品 B 的直方图、频率曲线图、累积曲线图和累积概率曲线图，求出 M_z,M_d,M_O,σ_1,SK_1,K_G 粒度参数并进行解释，判别样品 A、样品 B 的沉积环境。

表 4-8　样品 A 的筛析记录(原重 25g)

粒径/mm	粒径 ϕ	质量/g	质量分数/(%)	累计质量分数
>2.0		2.81		
2.0～1.0		7.71		
1.0～0.5		6.18		
0.5～0.25		6.59		
0.25～0.125		0.96		
0.125～0.062 5		0.1		
<0.062 5		0.59		

表 4-9　样品 B 的筛析记录(原重 25g)

粒径/mm	粒径 ϕ	质量/g	质量分数/(%)	累计质量分数
>2.0		0.5		
2.0～1.0		0.6		
1.0～0.5		4.15		
0.5～0.25		14.44		
0.25～0.125		4.12		
0.125～0.062 5		0.1		
<0.062 5		0.09		

(4)表 4-10 是某油层的 C-M 值,试绘出其 C-M 图,解释其流水性质及有关沉积环境。

表 4-10　某油层的 C-M 值　　单位:μm

样品	1	2	3	4	5	6	7	8	9	10	11	12	13	14	15	16	17
C 值	39	44	49	60	70	62	110	125	150	200	250	300	340	400	500	520	440
M 值	15	18	16	25	30	30	50	50	60	70	100	110	120	125	250	260	200

五、计算

利用筛析记录资料作直方图、频率曲线图、算术累计曲线图及概率累积曲线图,最后采用福克和沃德的计算公式求出平均粒径和中值、标准偏差、偏度及峰度粒度参数,并分析该样品的可能沉积环境。

注意:在作直方图、频率曲线图、算术累积曲线图时,横坐标为 ϕ 值标度,由左向右,ϕ 值由小至大(由粗至细),10 mm 代表 1ϕ,纵坐标为算术标长,10 mm 代表 10%;概率累积曲线图作在另外发给的正态概率纸上。

任务八　沉积相分析实训

一、实训目的

(1)初步掌握沉积相分析的基础图件的编制方法。

(2)初步掌握相分析图的编制方法。

(3)学习岩相古地理图的综合分析方法。

(4)了解沉积相分析需要的资料。

二、实训内容

1.编制的图件

(1)××盆地古近纪始新世××组地层等厚图;

(2)××盆地古近纪始新世××组岩石类型分区图;

(3)××盆地古近纪始新世××组砂岩类型分区及砂岩等厚图;

(4)××盆地古近纪始新世××组重矿物组合分区及含量等值图;

(5)××盆地古近纪始新世××组砂岩胶结物成分分区及胶结类型图;

(6)××盆地古近纪始新世××组泥岩颜色、自生矿物、古生物化石及泥岩等厚图;

(7)××盆地古近纪始新世××组层理类型及其他构造特征图;

(8)××盆地古近纪始新世××组岩相古地理图。

这八张图件的底图可参考使用图4-1。

2.岩相古地理图分析

进行岩相古地理图综合分析并写出分析成果报告。

三、资料

(1)绘图比例尺1∶50 000。

(2)××盆地古近纪始新世××组岩性综合统计表(见表4-11)。

(3)××盆地古近纪始新世××井位分布图(见图4-1)。

四、实训方法

(一)图件编制

1.地层等厚图

依据统计表中岩层总厚度数据(见表4-11第2列),等值线间距设为50 m,用内插法绘制。

(1)构造等值线的概念。

构造等值线图是用等高线表示地下某一岩层顶面或底面的构造形态、地层厚度、砂岩厚度等在水平面上的投影图件。

等值线是值相同点的连线。构造等值线图是油气勘探和开发不可缺少的重要图件之一。

(2)编图的准备工作。

1)选择作图层位。

作图层位通常选择油气层的顶、底面或油气层附近标准层的顶、底面或可能储层的岩层厚度等,以便反映油气层的构造形态和储层的分布规律。

2)比例尺和等值距的确定。

比例尺由作图的精度要求而定,常用的有1∶5 000,1∶10 000,1∶25 000和1∶50 000等。等值距无具体规定,一般根据比例尺的大小和构造倾角大小而定,以等值线不能过密,也不能过疏为原则。

表 4-11　77××盆地古近纪始新世××组岩性综合统计表

1	2	3			4			5				6			7	8	9	10	11				12	13	14
井号	岩层总厚/m	各类岩石厚度/m			各类岩石含量/(%)			轻矿物含量/(%)				重矿物组合含量/(%)			胶结物成分	胶结类型	泥岩颜色	自生矿物	层理类型所占百分比/(%)				其他构造特征	生物化石	备注
		砂岩	粉砂岩	泥岩	砂岩	粉砂岩	泥岩	长石	石英	变质岩岩屑	喷出岩岩屑	锆英石	重矿物组合	绿帘石					水平	波状	斜坡状	斜层			
1	455	46	241	163	10	53	37	15	80			72	锆石、磷灰石、榍石、电气石	2	钙质泥质	嵌晶式	黑色	菱铁矿	60	40				介形虫	
2	495	34	40	421	7	8	85					81	锆石、石榴石、角闪石	3	钙质	嵌晶式	黑色	黄铁矿（丰富）	80	20				介形虫鱼化石	
3	300	159	105	36	53	34	13	17	83			58	锆石、磷灰石、电气石、榍石		泥质	接触式	灰黑色	黄铁矿菱铁矿	40	40	20			鱼化石	
4	350	50	108	192	14	31	55					81	锆石、石榴石、角闪石		钙质	嵌晶式	灰黑色	黄铁矿菱铁矿	30	50	20			介形虫	
5	205	110	70	25	54	34	12	30	70			38	锆石、磷灰石、电气石、榍石		泥质	接触式	灰黑色	鲕绿泥石	15	20	30	35	泥砾水下冲刷	植物碎片	
6	110	30	47	33	28	42						30	锆石、石榴石、角闪石		泥质	基底式	灰黑色	鲕绿泥石赤铁矿	10	10	60	20	水下冲刷	植物化石	

附表

1	2	3			4			5				6			7	8	9	10	11				12	13	14
井号	岩层总厚/m	各类岩石厚度/m			各类岩石含量/(%)			轻矿物含量/(%)				重矿物组合含量/(%)			胶结物成分	胶结类型	泥岩颜色	自生矿物	层理类型所占百分比/(%)				其他构造特征	生物化石	备注
		砂岩	粉砂岩	泥岩	砂岩	粉砂岩	泥岩	长石	石英	变质岩岩屑	喷出岩岩屑	锆英石	重矿物组合	绿帘石					水平	波状	斜坡状	斜层			
7	55	41	9	5	74	16	10	40			60	32	锆石、磷灰石、榍石、电气石		泥质	杂乱式	杂色褐铁矿		10	20	70			雨痕、泥裂砾石扁平面向东	
8	398	100	148	150	25	37	38	20	60	20		79	红柱石、石榴石、绿帘石	9	泥质钙质	孔隙基底式	灰黑色	黄铁矿菱铁矿	30	20	30	20		介形虫鱼化石	
9	350	54	168	138	15	48	37	10	70		20	73	普通辉石、角闪石		硅质钙质		黑色	黄铁矿菱铁矿	40	30	20	10		介形虫	
10	250	150	25	75	60	10	30	40	40				红柱石、石榴石、绿帘石	16	泥质	基底式	杂色	赤铁矿褐铁矿	10	10	40	40	波痕水下冲刷	植物碎片	
11	210	10	105	95	5	50	45		60		40		普通辉石、角闪石		硅质	基底式	灰绿色	鲕绿泥石菱铁矿	10	10	30	50	泥砾	植物碎片	

附表

1	2	3			4			5				6			7	8	9	10	11				12	13	14
井号	岩层总厚/m	各类岩石厚度/m			各类岩石含量/(%)			轻矿物含量/(%)				重矿物组合含量/(%)			胶结物成分	胶结类型	泥岩颜色	自生矿物	层理类型所占百分比/(%)				其他构造特征	生物化石	备注
		砂岩	粉砂岩	泥岩	砂岩	粉砂岩	泥岩	长石	石英	变质岩岩屑	喷出岩岩屑	锆英石	重矿物组合	绿帘石					水平	波状	斜坡状	斜层			
12	450	31	140	279	7	31	62	15	65	20		82	红柱石、石榴石、绿帘石	4	钙质	嵌晶式	黑色	黄铁矿	60	20	20			介形虫	
13	415	30	92	293	7	22	71	81					锆石、石榴石、角闪石	2	硅质钙质	孔隙基底式	黑色	黄铁矿	70	20	10			介形虫鱼化石	
14	198	18	89	91	9	45	46		70	30			红柱石、石榴石、绿帘石	12	泥质	基底式	灰绿色	鲕绿泥石赤铁矿	15	10	35	40		化石碎片	
15	350	70	52	228	20	15	65	18	70		12		普通辉石、角闪石		硅质	孔隙式基底式	灰绿色	鲕绿泥石菱铁矿	30	20	20	30	水下冲刷水下岩脉	化石碎片	
16	250	25	120	105	10	48	42						锆石、石榴石、角闪石	2	钙质	嵌晶式	灰黑色	赤铁矿菱铁矿	30	30	30	10		介形虫	
17	280	31	115	134	11	41	48						锆石、石榴石、角闪石		泥质	孔隙式基底式	灰绿色	赤铁矿鲕绿泥石	20	30	30	20		介形虫化石碎片植物化石	

附表

1	2	3			4			5				6			7	8	9	10	11				12	13	14
井号	岩层总厚/m	各类岩石厚度/m			各类岩石含量(%)			轻矿物含量/(%)				重矿物组合含量/(%)			胶结物成分	胶结类型	泥岩颜色	自生矿物	层理类型所占百分比/(%)				其他构造特征	生物化石	备注
		砂岩	粉砂岩	泥岩	砂岩	粉砂岩	泥岩	长石	石英	变质岩岩屑	喷出岩岩屑	锆英石	重矿物组合	绿帘石					水平	波状	斜坡状	斜层			
18	185	50	76	59	27	41	32						锆石、石榴石、角闪石	4	泥质	接触式孔隙式	灰绿色	鲕绿泥石菱铁矿	20	40	40				
19	365	73	219	73	20	60	20	16	84			60	锆石、石榴石、榍石、电气石		泥质	基底式	灰绿色	赤铁矿褐铁矿	20	40	40		波痕泥砾	植物碎片	
20	250	50	150	50	20	60	20	15	80	5		62	锆石、磷灰石、榍石、电气石	3	泥质	接触式孔隙式	灰绿色	鲕绿泥石	10	30	40	20	水下岩脉		
21	54	54	72	30	30	40		65		35			普通辉石、角闪石		硅质	孔隙式基底式	杂色	褐铁矿		20	20	60	波痕		
22	210	11	115	84	5	55	40	23	57	20			红柱石、石榴石、绿帘石	13	泥质	杂乱式	杂色	褐铁矿		20	30	50	雨痕泥裂砾石扁平面倾向南东		

附表

1	2	3			4			5				6			7	8	9	10	11				12	13	14
井号	岩层总厚/m	各类岩石厚度/m			各类岩石含量/(%)			轻矿物含量/(%)				重矿物组合含量/(%)			胶结物成分	胶结类型	泥岩颜色	自生矿物	层理类型所占百分比/(%)				其他构造特征	生物化石	备注
		砂岩	粉砂岩	泥岩	砂岩	粉砂岩	泥岩	长石	石英	变质岩岩屑	喷出岩岩屑	锆英石	重矿物组合	绿帘石					水平	波状	斜坡状	斜层			
23	180	47	108	25	26	60	14	20	80			50	锆石、磷灰石、榍石、电气石		泥质	接触式孔隙式	灰绿色	鲕绿泥石赤铁矿	10	10	40	40	波痕		
24	100	43	36	21	43	36	21	20	80			41	锆石、磷灰石、榍石、电气石		泥质	基底式	灰绿色	赤铁矿褐铁矿	10	40	50		泥裂	植物碎片	
25	120	18	61	41	15	51	34	10	70		20		锆石、磷灰石、榍石、电气石		泥质	基底式	杂色	褐铁矿		10	20	70	雨痕	植物碎片	

(3)作图步骤。

1)将地面井位和作图层校正好的井位按作图比例绘制在图纸上(见图 4-1)。

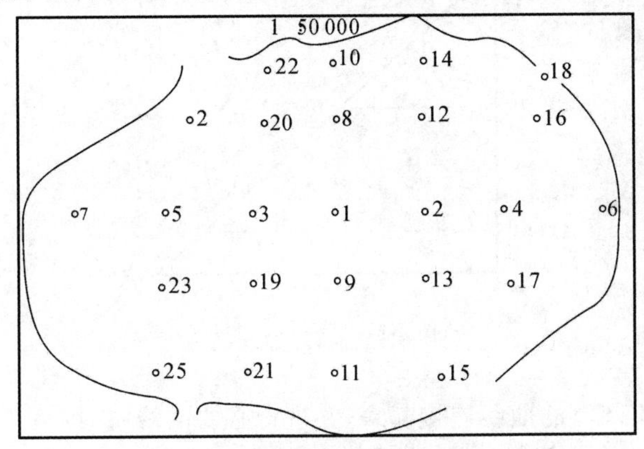

图 4-1　____盆地古近纪始新世____组井位图

2)将各井计算出的有关数据标在井位旁边(采用表 4-11 第 2 列数据)。

3)连接三角网。三角网连接前,应对作图数据进行初步分析,掌握构造的总体特征。

4)确定等高距,用内插法计算两井间的等值点,并标记。如图 4-2 中 11 井的值是 82 m,5 号井的值是 56 m,若选定值差为 10 m 绘制一条等值线,则两井之间应该有 3 条等值线(60 m,70 m 和 80 m)通过,这三条等值线位置的确定是利用相似三角形原理完成的(见图 4-3)。在 11 号井和 5 号井间画 AB 直线,自 11 号井任意引一条直线 AM,从 A 点起,将 AM 分为 26 份,令每一份代表 1 m 值差。因此,可以在 AM 上找到值为 60 m,70 m 和 80 m 的各点,将 M 点与 5 号井连接,得一三角形,自 60 m,70 m 和 80 m 各点作三角形底边即 MB 的平行线与 AB 线相交,各交点即为三条等值线通过两井间连线的具体位置。其余各井之间的等值点,也用同样的内插法得到。

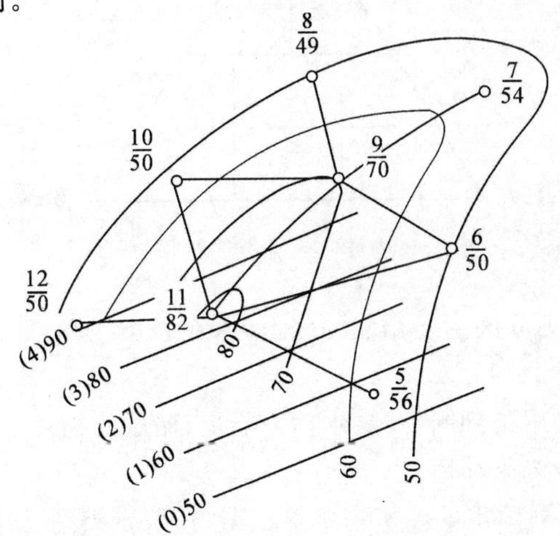

图 4-2　等值线绘制方法示例图

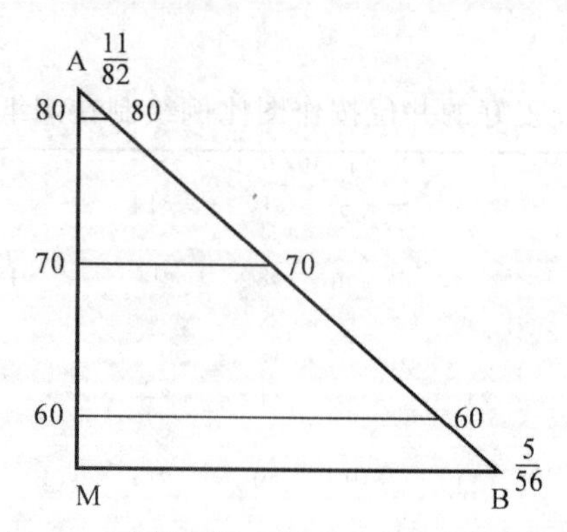

图 4-3　利用相似三角形原理确定等值线图

5)将相同的值点用圆滑的曲线连接起来，并进行必要的修整，标注相应的等值线值即完成该图的绘制。

地层等厚图主要用于判断古地势的高低。

2. 岩石类型分区图

依据岩石类型含量(见表 4-11 中第 4 列)数据，分别统计各井砂岩、粉砂岩和泥岩各自的百分比数，即每种岩石类型占砂岩、粉砂岩和泥岩的百分数(表 4-11 中已列出)然后在岩类三角图上投点(见图 4-4)，确定所属岩类编号，再将岩类编号写在井号的上方：

$$\frac{\text{岩类编号}}{\text{井号}}$$

然后将相同的岩类编号圈入同一个区，即编成了岩类分区图。

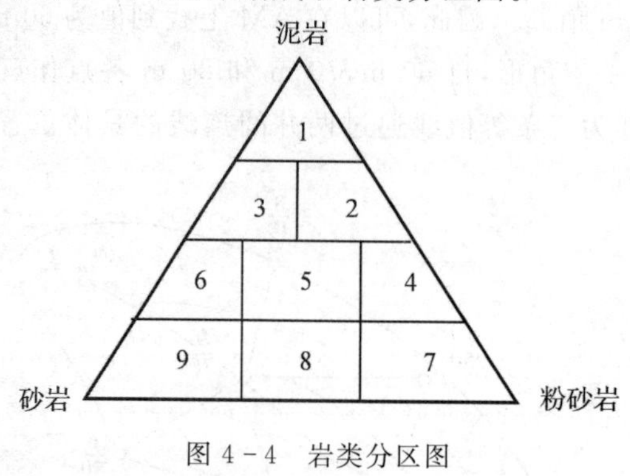

图 4-4　岩类分区图

需要提醒的是，在岩类分区图上相邻的岩类区，在岩类三角图上也必须相邻，这是判断岩类分区图正确与否的标准。

岩石类型图的主要作用是判断物源、水动力能量、储层的物理性质等。

3. 砂岩类型分区及砂岩等厚图

依据表 4-11 中第 5 列给出的轻矿物含量数据，在砂岩类型三角图上投点(见图 4-5)，确定砂岩类型的编号，并标在井号的上方：

$$\frac{\text{砂岩类型号}}{\text{井号}}$$

然后把相同编号的砂岩类型圈入同一个区，即构成砂岩类型分区图。

编制砂岩等厚图应用表 4－11 中第 3 列的砂岩厚度数据，其等值线间距为 20 m。根据分析结果，在盆地边缘注明主要物源方向及次要物源方向，符号如下：

主要物源方向：　　　　　　次要物源方向：

砂岩类型图的主要作用是判断物源方向、分析储层物性。砂岩等厚图主要用于判断储层厚度、物源方向等。

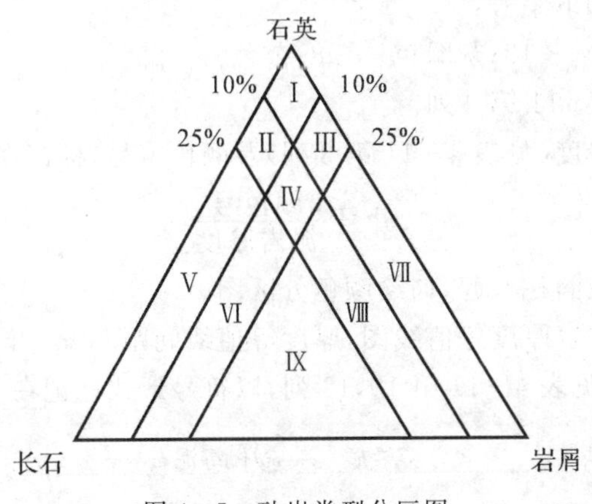

图 4－5　砂岩类型分区图

4. 重矿物组合分区及含量等值线图

利用表 4－11 中第 6 列资料。

(1)重矿物组合分区图。

依表 4－11 中第 6 列给出的重矿物资料按下列原则进行编号：

锆石、磷灰石、榍石、电气石：Ⅰ(花岗岩重矿物组合)；

锆石、石榴石、角闪石：Ⅱ；

红柱石、石榴石、绿帘石：Ⅲ(变质岩重矿物组合)；

辉石、角闪石：Ⅳ(安山岩、玄武岩)；

利用这些组合号勾绘重矿物组合分区图，该图主要用于判断母岩类型。

(2)重矿物组分含量等值线图。

把重矿物数据标记在平面图上，标记方法如下：

$$井号\ \frac{锆石含量}{绿帘石含量}(组合号)$$

分别勾绘锆石(5%)、绿帘石(2%)含量等值线，根据本图所示成果，初步分析并标出主要及次要物源方向，判断母岩的性质。该图主要用于判断物源方向。利用随搬运距离的增加，抗风化能力强的重矿物的相对含量逐渐增加，而抗风化能力弱的则以相对减少的原理进行判断。

5. 砂岩胶结物成分分区及胶结类型图

胶结物资料见表 4－11 中第 7，8 两项，将资料内容标在平面图井号旁：

$$井号\ \frac{胶结类型}{胶结物成分}$$

该图绘制方法同岩类图。应用胶结物成分资料，把相同成分圈为一区即成图。

砂岩的胶结成分及胶结类型与其储油物性关系密切，这幅图对分析储层有利地区有实际意义。

6. *泥岩颜色、自生矿物、生物化石及泥岩等厚图*

泥岩的颜色基本能反映岩层在沉积时的氧化还原程度。黑色表示还原环境；红色表示氧化环境；绿色表示介于二者之间，属弱还原环境。当然，结合自生矿物、生物化石和其他沉积特征，更便于指明沉积相。

习惯上将颜色进行如下编号：

黑色——12；灰黑色——13；灰绿色——8；杂色——25；

颜色资料见统计表 4-11 第 9 列。

标记方式为将泥岩厚度（见表 4-11 第 3 列）及颜色编号，标记在井号的右侧：

$$井号\ \frac{颜色号}{泥岩厚度}$$

把相同颜色号的区域圈在一起，勾绘颜色分区图。

利用泥岩厚度勾绘泥岩厚度等值线图，厚度等值线间距 50m。该图主要用于判断水深。

自生矿物、生物化石见表 4-11 第 10，13 列，以符号形式标记在井点旁。符号图例如下：

黄铁矿　　菱铁矿　　鲕绿泥石　　赤铁矿

褐铁矿　　0，介形虫　　鱼化石　　C 植物碎片

该图的作用是判断氧化还原条件、水深、物源、水体盐度等。

7. *层理类型及其他构造特征图*

该图不画等值线，只标记在井号旁即可。

层理类型的分布和变化特征是分析和推断水动力条件的重要依据。层理类型的含量，见表 4-11 中第 11 列；其他构造特征，见表 4-11 中第 12 列。

各项数据均用点圆图表示，在井点左侧以 5mm 为半径作一圆，各层理含量按面积表示在圆上，标示方式见图 4-6。

图 4-6　点圆图标示方式

1—水平层理；2—波状层理；3—斜波状层理；4—斜层理

其他构造特征，均表示在井点右侧。图例如下：

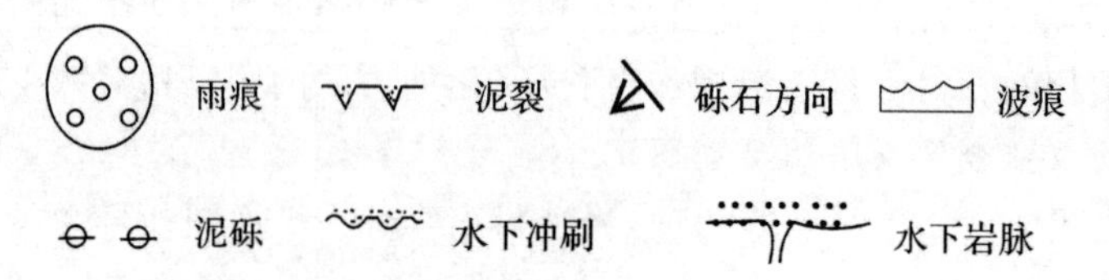

泥砾的存在表明流体的底冲刷严重。

以上七种基础图件的数量，没有硬性规定。这七种是常用的图件类型，实际工作中依据该

地区资料的丰富程度来决定。

8.岩相古地理图

编制岩相古地理图要充分应用各项基础资料，但又不是基础图件的叠加，而应当突出生油和储油的有利地区。

本实训要求在岩相古地理图上表示以下内容：

(1)以地层等厚度图作为编图背景，依据地层的分布范围，落实盆地边界(底图已给出)，标出母岩区岩石性质，主要及次要物源方向，图例如下：

(2)以泥岩颜色图为基础、综合其他相标志划分相带，可以划分出下述六个相带：

Ⅰ.深湖相　　Ⅱ.较深湖相　　Ⅲ.还原浅湖

Ⅳ.氧化浅湖相　　Ⅴ.滨湖相　　Ⅵ.三角洲相

(3)确定生、储油有利地区及较有利地区并涂以合适的颜色：

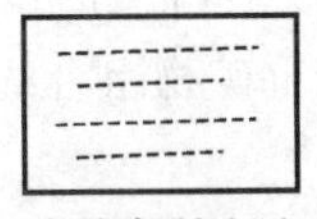
生油有利地区

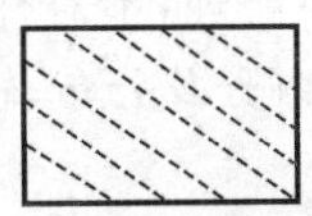
生油较有利地区

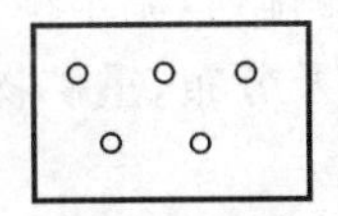
储油有利地区

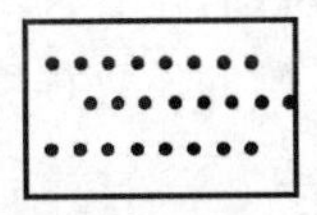
储油较有利地区

(二)岩相古地理图的综合分析

岩相古地理图的综合分析从下列几方面入手：

(1)确定盆地类型的依据(沉积相的主要标志)；

(2)确定母岩成分和物源方向的依据；

(3)亚相带划分依据(见表4－12)。

表4－12　沉积相带划分及生储评价综合表

资料 相	地层厚度	层理及其他构造	岩性组分	自生矿物及生物化石	相带形态及其分布特点	黏土岩颜色	生储油条件及评价

五、沉积相分析

1.物源分析

目的：确定沉积物来源方向，侵蚀区或母岩区位置，搬运距离及母岩性质。

对象：碎屑组分及结构和构造等。

(1)砂岩砾岩的成分及其分布。

表明砂岩砾岩的粒度、成分、厚度及其含量变化等，是确定物源方向的基本手段。

砾岩主要分布在盆地边缘，接近物源区，砾石成分可直接反映物源区母岩成分。研究砾石的排列特点可恢复介质类型和水流方向。物源方向与古水流方向常常一致。

同样，研究砂层中的流水型斜层理，也可有效地获得古水动力条件及物源方向的资料，盆地边缘靠近主要物源区砂岩最发育，向盆地内部变薄减少。

综合应用砂岩中的各种组分，编制砂岩类型分区图，也有助于恢复母岩性质及物源方向，近母岩区长石和岩屑增加，石英相对减少，为岩屑砂岩和长石砂岩类；向盆地内过渡为石英砂岩类，明显的变化方向即为物源方向。

(2)碎屑重矿物组分及分布。

利用碎屑重矿物组分及含量变化，追溯物源和恢复母岩早已被广泛应用，尤其对世界古近纪-新近纪盆地是最有效的。

稳定重矿物抗风化能力强、分布广，远离母岩区含量相对升高，不稳定重矿物正相反。通过分析稳定和不稳定组分在平面上的分布和变化，进而恢复物源方向及母岩性质(重矿物分区及含量等值线图)。

(3)物源的综合分析。

1)母岩的性质：砾石成分，砂岩中的岩屑，重矿物组合，轻重矿物的标型特征以及石英的阴极发光灯等。间接资料是重力、磁法、电法等物探资料。

2)物源方向及母岩位置：砾石排列，流水型斜层理，不对称波痕，槽、沟模等构造标志。统计分析资料是：砂、砾的发育程度及分布，重矿物组分及分布，轻重矿物组合的含量变化等。

3)物源类型。

(a)主要物源：几种资料符合程度好，影响范围大，持续时间长；

(b)次要物源：几种资料基本符合，少数不甚一致，影响范围小，持续时间短；

(c)推测物源：几种资料符合程度差，或资料不足，或根据不足。

2.编制××盆地古近系始新统××组地层等厚图

(1)方法如下：

1)把表4-11中第2列的岩层厚度标注在井号旁；

2)分析沉积趋势，确定最厚处，即初步确定等厚线的走向；

3)间距为5 m；

4)勾绘等厚图。

(2)作用：反映盆地轮廓、范围、隆起和坳陷，凸起和凹陷以及物源方向及河流流向等。

3.编制××盆地古近系始新统××组岩石类型分布图

(1)方法如下：

1)依据表4-11中第4列内容，将各井的岩石含量在岩类三角图上投点，确定该井所属岩类编号，将岩类编号写在井号之上。

2)将相同编号的岩类圈入同一个区，即构成此图(注：在岩类三角形图上相邻的岩类，在分区图上也相邻)。

3)岩类三角形图(百分比"△"图)内视具体情况划分为若干块，以能清晰地表示出制图单元岩石类型变化特点为原则，力求少分，对亚块进行编号。

(2)作用：反映物源方向和分布趋势，是划分相带的依据。

4.砂岩类型分区及砂岩等厚图

作用：反映砂体、砂岩富集区，砂岩尖灭界限，以及古水流方向、物流方向和三角洲位置等。

5.重矿物组合分区及含量等值线图

(1)方法如下：

1)物源方向:绿帘石2%、锆石5%,用内插法。

2)母岩性质:把具有相同组合号的井圈入同一区,即构成组合分区图。

(2)作用:利用重矿物绿帘石、锆石的抗风化能力从而导致随搬运距离的增加其含量变化的特点,判断物源的方位;物源区母岩类型的推断依据之一。

6.胶结物成分分区及胶结类型图

(1)方法如下:

1)将表4-11中第7,8两列内容,标在井号旁。

2)过渡类型中间通过。

(2)作用:储油及能量。

7.泥岩颜色、自生矿物、生物化石及泥岩等厚图

方法及作用如下：

1)将表4-11中第9列用颜色编号写在井号的分子上,把相同编号的圈入一区,成图。

作用:反映陆上、过渡、水下三种沉积环境的大致范围,是划分相带和有利生油相带的依据。

2)将表4-11中第10,13列资料用符号的形式标注在井号旁。

作用:划分相带和鉴别环境的标志。

3)将表4-11中第3列泥岩厚度数据标注在井号旁,作泥岩等厚图,间距50 m。

作用:沉积中心。

8.层理类型及其他构造特征图

(1)方法:将所有层理类型看作100%,用一个圆表示;根据附表中每层理类型所占百分比,在圆上画出“饼”即可;其他构造直接用符号表示。

(2)作用:反映水动力条件,为相带的划分提供依据。

9.岩相古地理图

(1)方法:岩相古地理图是在分析上述各图的基础上完成的。借用数学的思维,基本上是对上述所解读出的结论进行的“交集”处理。

(2)作用:预测可能的生烃岩、储集岩和盖层的分布状况。

项目五 地球物理测井实训

任务一 测井认识实习

一、实训目的

(1)认识测井仪器,了解测井仪器系统的组成。

(2)认识常规测井曲线图件,熟悉认知测井原始曲线的方法学会看懂测井曲线图,掌握常规测井的种类。

(3)认识常规测井资料处理成果图件,了解测井能够解决哪些地质问题。通过测井认识实习,获取感性认识,为进一步学习各种测井方法打下基础。

二、实训装置和资料

(1)TYSC-QB轻便数字测井仪;

(2)常规测井曲线图和成果图。

三、实训任务

(1)认识 TYSC-QB轻便数字测井仪;

(2)学会看懂常规测井曲线图和成果图。

四、实训仪器简介及实训内容

(一)TYSC-QB轻便数字测井仪简介

TYSC-QB轻便数字测井仪是渭南煤矿专用设备厂研制和生产的,是在引进美国蒙特公司数字测井仪技术的基础上经不断改进、创新、完善的第三代国产数字测井仪器。它具有体积小、重量轻、易于运输、价格便宜等特点,适合野外,特别是山区或地形较为复杂的地区使用,是工程勘探测量中较为理想的设备,可以解决许多较为复杂的地质问题。

仪器主要分为两大部分:地面仪器和井下仪器。地面仪器包括测井控制面板、测井绞车、采集计算机、现场采集打印机。井下仪器包括密度三侧向探管、声波探管、选择伽马探管、井温井液电阻率探管、电测探管。测井绞车分为2 000 m绞车、1 000 m绞车、500 m绞车和300 m绞车四种型号。配置直径4.75 mm四芯铠装电缆。

1.仪器基本参数

(1)使用电源:交流220V±10%,50 Hz。

(2)消耗功率:仪器小于300 W,绞车小于1 100 W。

(3)探管外径:ϕ45～ϕ60 mm。

(4)一次性采集深度不小于2 000 m(5 cm采样间隔)。

(5)采样间隔:1 cm,2 cm,5 cm,10 cm(出厂时设置为5 cm)。

(6)现场曲线记录:LQ－1600K 打印机、实时打印曲线。

(7)记录线宽度:380 mm。

(8)曲线最大幅度:340 mm。

(9)曲线比例:1∶500,1∶200,1∶50。

(10)曲线深度:计算机自动对齐。

2. 工作条件

(1)环境温度:地面仪 0～40℃,井下仪 0～75℃。

(2)探管耐压:20 MPa。

(3)相对湿度:25 ℃时 80%。

(4)电缆绝缘:大于 10 MΩ/200 V。

(5)测井提升速度:小于 1 500 m/h。

(6)连续工作时间:大于 8 h。

3. 测量参数

测量参数见表 5－1。

表 5－1　测量参数

测量参数	测量范围	测量精度
声波时差	555～125 μs/m	±5 μs/m
声幅	0～500 mV	—
密度	1.1～2.8 g/cm³	±0.03 g/cm³
井径	60～260 mm	±10 mm
电阻率	1～4 kΩ·m	±5%
天然放射性	0～1 000 API	±10%
自然电位	－2 000～＋2 000 mV	±5%
井液电阻率	2～200 Ω·m	±2%
井温	0～75 ℃	±0.5℃
井斜	0～80°	±0.2°
井斜方位角	0～360°	±5°
0.1 m 电位电阻率	1～2 kΩ·m	±5%
0.1 m 梯度电阻率	1～200 Ω·m	±5%
极化率	0.1%～20%	±10%
0.5 m 梯度电阻率	1～4 kΩ·m	±5%
0.5 m 电位电阻率	1～4 Ω·m	±5%

4. 主要配套仪器

(1)轻便测井仪器主控箱(内含绞车控制器)。

(2)轻便电测仪。

(3)密度探管:ϕ45 mm×2 500 mm。

(4)声波探管:ϕ50 mm×1 795 mm。

(5)井温、井液电阻率探管:ϕ 45 mm×1 297 mm。

(6)天然三侧向探管:ϕ45 mm×1 852 mm。

(7)井径探管:ϕ45 mm×1 811 mm。

(8)电极系探管:ϕ45 mm×2 400 mm。

(9)放射源:Cs-137/75 mLi。

5.公用仪器

(1)测井绞车:2 000 m。

(2)采集机。

(3)数据处理机。

(4)LQ-1600K 打印机。

(5)天、地滑轮。

(6)测井电缆:4-H-185A3/16。

(7)电缆连接器。

(8)井径刻度环。

(9)密度刻度模块:有机玻璃模块(1.27 kg/m^3),铝模块(2.57 kg/m^3)。

6.测井绞车

测井绞车是测井的提升设备。井下仪器的升降、供电及信号传输均要通过电缆绞车来完成,测井绞车功能与工作特性直接影响着测井质量。TCXJ 系列测井绞车具有操作简单、各种参数数字显示、直观可靠等特点。测量精度高(小于 10^{-3} m)。其主要组成部分有四芯铠装电缆、绞车和绞车控制器等。

铠装电缆(4-H-185A3/16)技术参数:

(1)缆芯:四根 7×0.20 mm 铜线。

(2)拉力强度:1 350 kg (20 ℃)。

(3)最高工作温度:149 ℃。

(4)电缆外径:ϕ 4.75 mm。

(5)电缆耐压:200 V。

(6)缆芯电阻:84.3 Ω/km(20 ℃)。

(二)实训内容

(1)观察测井地面仪器、下井仪器、绞车、井口滑轮等各个组成部分;

(2)将测井仪器各个部分连接,组成一个完整的测量系统;

(3)给仪器供电,进行简单操作,观察仪器工作情况;

(4)观察常规测井曲线图,认识各种常规测井曲线;

(5)观察常规测井资料处理成果图,认识测井资料处理得到的各种参数。

五、测井曲线图和成果图

(一)常规测井曲线图

由于测井内容不同或者测井中发生各种情况不同,测井曲线图上的曲线排列也有所不同。但在正常情况下,测井曲线的排列有一定的顺序。

图 5-1 所示是油田常用的一种测井曲线图格式,由四个记录道组成。

第一道用来记录主要反映岩性变化的测井曲线,包括自然电位曲线、自然伽马曲线和井径曲线;第二道用来标记测井深度,称为深度道;第三道用来记录孔隙度测井曲线,包括声波曲线、密度曲线和中子曲线;第四道用来记录电阻率测井曲线,包括深侧向曲线、浅侧向曲线和冲洗带电阻率曲线。

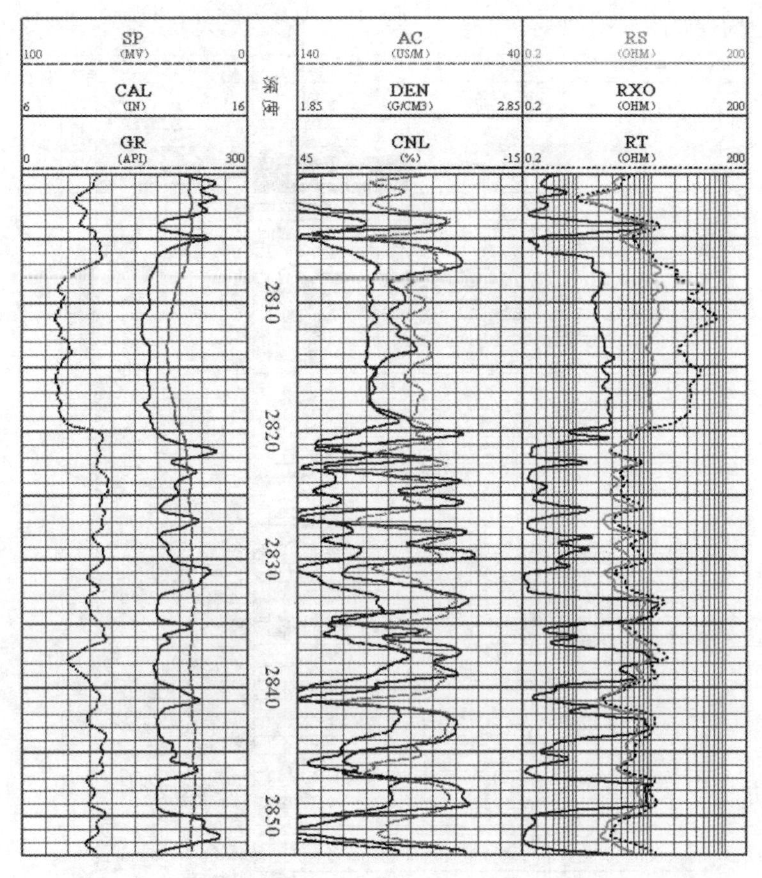

图 5－1　某井实测测井曲线图

（二）测井资料计算机处理成果图

由于所用的分析程序不同，所以不同的分析程序输出不同的地质参数，成果图上显示的参数曲线也不尽相同。

以单孔隙度测井分析程序（*POR*）的成果图为例，图中包括下列地质参数曲线：泥质（黏土）含量（*CL*，*SH*）、渗透率（*PERM*）、视地层水电阻率（*RWA*）、地层含水饱和度（*SW*）、井径差值（*CALC*）、视泥浆滤液电阻率（*RMFA*）、地层总孔隙度（*PORT*）、含水孔隙度（*PORW*）、冲洗带含水孔隙度（*PORF*）。

（1）左边为层号、解释结论和深度标号。

（2）第一曲线道：地层特性，渗透率（*PERM*）。

（3）第二曲线道：油气分析，视地层水电阻率（*RWA*）和含水饱和度（*SW*）。

（4）第三曲线道：可动油气分析，视泥浆率液电阻率（*RMFA*）、地层总孔隙度（*PORT*）、地层含水孔隙度（*PORW*）、冲洗带含水孔隙度（*PORF*）。

（5）第四曲线道：岩性分析，泥质含量（*SH*）和地层有效孔隙度（*POR*）。

（6）最右侧为井壁取心，井壁取心的岩性和含油性。

第三曲线道中，三条孔隙度曲线重叠可分析含油气性质：含油气孔隙度为 *PORT*－*PORW*，根据此差值的大小，可判断含油气的多少；差值 *PORF*－*PORW* 为可动油气孔隙度，由于泥浆侵入，*PORF* 在油层会大于 *PORW*，二者之差为被泥浆挤走的油气体积，也就是可动油气饱和度的大小，如图 5-2 所示。

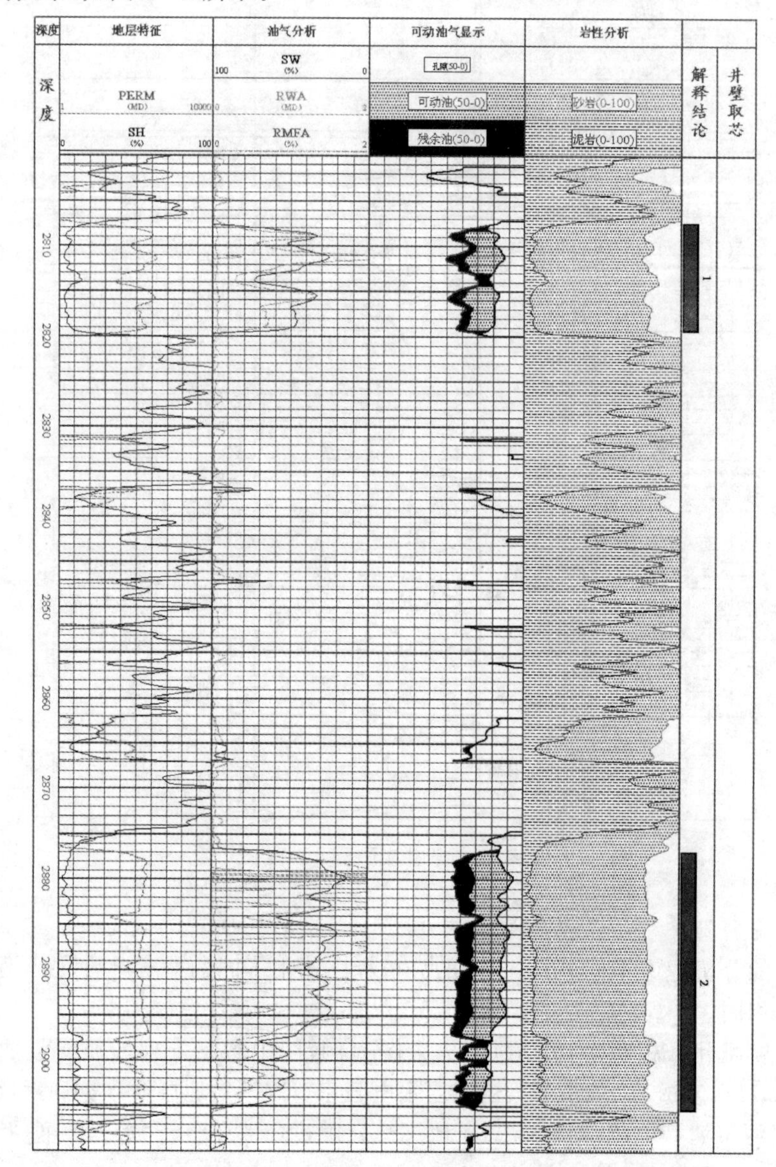

图 5-2　油田常用的一种测井成果图示例

六、实训报告内容及要求

(1)实训目的和任务；

(2)测井仪器系统的组成；

(3)常规测井方法的种类和特点；

(4)常规测井曲线、成果曲线的种类和特点。

七、思考题

常规测井能够解决哪些地质问题？

任务二　测井数据采集

一、实训目的及要求

（一）实训目的

(1)在学习《地球物理测井技术》课程基础上，通过测井数据采集实训，进一步了解测井仪器系统的组成和测量原理。

(2)掌握 TYSC－QB 轻便数字测井仪的操作方法。

(3)学会正确采集和记录测井资料，加深对测井专业知识的理解，培养解决实际问题的能力。

（二）实训要求

(1)认识实验的重要性，充分做好有关准备工作。

(2)遵守学校纪律和各项规章制度，严格按照计划进度和要求认真地进行实验。

(3)通过实训，熟悉地球物理测井系统的组成和测井操作流程。

(4)通过实训，能够正确采集和记录实际测井资料。

(5)保质保量按时完成实训任务；实训结束后及时写出实训报告，要求报告完整和整洁。

三、实训装置

TYSC－QB 轻便数字测井仪。

四、实训内容

(1)将测井仪器各个部分连接，组成一个完整的测量系统；

(2)给仪器供电，检查仪器的工作状况；

(3)操作绞车；

(4)测量并观察测井曲线；

(5)撰写实训报告。

五、TYSC－QB 轻便数字测井仪操作方法

（一）面板功能及操作

TYSC－QB 轻便数字测井仪的所有井下探管均与控制面板配合进行测井。其主要功能是将探管的串行数据，通过同步鉴别电路与井下探管同步工作。数据采样由主 CPU 来完成，通过数字滤波、移位等简单计算，将测井数据转换成相应的物理量。同时，绞车 CPU 在深度采样脉冲的控制下，通过与采集计算机的通信、应答，将主 CPU 采集的数据及当前测量深度通过标准的 RS232 串行口一并送往采集计算机进行记录。

该系统主要包括三部分：地面操纵部分、绞车部分和井下测量部分。其中地面操纵部分又分为主控制面板和电法面板。主控制面板中又包括测井控制和绞车控制两部分。

1. 测井控制

此开关主要应用于密度三侧向探管和井径探管。其目的是利用探管内部的推靠电机将推靠臂打开，使探管贴靠井臂。使用时将此开关分别置推或收，校下推靠按扭，推靠指示灯亮，当推靠指示灯熄灭后，表示推、收工作完成，松开按扭。开关复位置“测”。

2. 显示选择

开关状态共五种：电压 1、电流 1、速度、电流 2、电压 2，见表 5－2。

表 5－2　电压电流显示

开关状态	探管选择	数字显示	
		显示项目	显示内容
电压 1	1	声波探管电压	180V
	2	密度探管电压	200V
	3	井温探管电压	100V
电流 1	1	声波探管电流	60mA
	2	密度探管电流	40mA
	3	井温探管电流	40mA
速度	—	绞车速度	M/min
电流 2	—	绞车电流	A
电压 2	—	绞车电压	V

3. 数字显示

主要显示仪器测量时的测量参数。其参数意义与通道选择开关的选择位置有关，见表 5－3。

4. 探管选择

由于不同的探臂所采用的采集程序和供电方式是有区别的，利用此开关来完成上述工作。采集参数参照表 5－3。

表 5－3　采集参数

操作开关	工作方式	探管选择	通道选择	数字显示	备注
状态	字检	7	1	4 095	面板校验检查
			2	2 000	
			3	1 000	
			4	500	
			5	200	
			6	100	
状态	模拟	4	—	电测仪	
状态	测井	1	3	声波幅度	声波探管
			4	三收时差	
			5	双收时差	
			6	单收时差	

续表

操作开关	工作方式	探管选择	通道选择	数字显示	备注
状态	测井	2	1	侧向电压	密度三侧向探管
			2	井径	
			3	侧向电流	
			4	自然伽马	
			5	长源距	
			6	短源距	
			7	侧向电阻率	
			8	侧向电导率	
状态	测井	3	1	井下温度	井温探管
			2	泥浆电阻率	
状态	关				停止供电

(二)绞车控制及操作

(1)启动。

绞车电机加电。使用时,按下此按扭 2 s 以上,指示灯亮,启动成功。松开按钮。

(2)停止。

绞车电机断电。使用时,按下此按扭 2 s 以上,指示灯熄灭,绞车断电。

(3)调速方式。

两种方式,开关置上方时为恒速方式,反之为调速方式。建议测井时,使用调速方式,利于电机控制。

(4)采样方式。

两种方式,开关置上方为深度采样,反之为时间采样。

(5)绞车控制。

此开关共有五种状态,即上升、制动、停车、制动、下降。使用时,开关在制动位置要作短暂停留后,方可上升或下降。

(6)调速。

控制绞车速度。绞车启动前应旋至最小,显示选择置“速度”。使用时应慢慢提速,调到所需的速度。

(7)深度显示。

显示探管当前所在深度。

(8)深度预置。

主要应用于探管的井口对零和深度预置停车。将拨码开关拨至某一深度后,按下深度预置按扭即可。此时,深度显示所显示的数字应与拨码数字一致。使用深度预置停车时,应将深度预置开关置“关”。

(9)速度调节。

绞车参数参照表 5 - 4。

表 5-4 绞车参数

绞车规格	变速档	调速范围/($m \cdot h^{-1}$)	提升能力/N	转速比
500 m	400	0～400	3 700	350
	1 000	0～1 000	1 360	183
	2 000	0～2 000	720	59
1 000 m	400	0～400	5 000	350
	1 000	0～1 000	2 000	183
	2 000	0～2 000	1 000	59
2 000 m	400	0～400	7 660	312
	1 000	0～1 000	3 430	126
	2 000	0～2 000	1 370	76

注意事项：

(1)绞车在换挡操作时，应将定位销拔起，旋转约 90°后方可进行换挡操作，建议正常使用时，将绞车变速挡置 1 000 挡即可。

(2)绞车排缆头上方同样有一个定位销，测井时，应将定位销拔起，旋转约 90°。运输时复位。

六、实训报告内容要求

(1)实训目的和任务；

(2)TYSC-QB 轻便数字测井仪工作流程；

(3)TYSC-QB 轻便数字测井仪操作方法；

(4)测井数据整理、绘制测井曲线图；

(5)对测量结果进行分析。

七、思考题

在测井数据采集过程中应该注意哪些问题？

任务三　岩电参数测量

一、实训目的及要求

(1)了解岩电参数的物理意义。

(2)学会在实训室内测量岩电参数。

(3)积极钻研,遵守实训室的各项规章制度。

二、实训仪器

CMM-C型高温高压岩心多参数测量系统、ϕ25岩心样品、TH2810B型LCR数字电桥、游标卡尺。

三、实训原理

岩电参数是测井资料处理解释中十分重要的一组参数,包括a,b,m,n。

1942年,Archie提出了利用测井资料定量计算储集层含油饱和度的方程,即测井中的Archie公式,其基本形式如下:

$$F=\frac{R_0}{R_w}=\frac{a}{\phi^m} \quad (公式1)$$

$$I=\frac{R_t}{R_0}=\frac{b}{S_w^n} \quad (公式2)$$

式中 R_0——100%饱和地层水的岩石电阻率;

R_w——地层水电阻率;

ϕ——岩石有效孔隙度;

a——与岩性有关的岩性系数;

m——胶结指数;

F——地层因素,它是100%饱和地层水的岩石电阻率$R_{与}$所含地层水电阻率R_w的比值;

R_t——岩石真电阻率;

b——岩性有关的系数;

n——饱和度指数;

S_w——岩石含水饱和度;

I——电阻增大系数,它是含油气岩石真电阻率R_t与该岩石100%饱含地层水时的电阻率R_0的比值。

在岩电实验中测量出a,b,m,n的值,就可以利用上述Archie公式计算出地层的含油饱和度。

四、CMM-C型高温高压岩心多参数测量系统介绍

(一)仪器构成

根据各系统的主要功能,仪器主要由以下各部分组成。

(1)岩心夹持器系统:仪器由25 mm夹持器组成,夹持器主要组件有不锈钢筒体、橡皮筒、锥套、内探头、形变支架和测量柱塞组成。

(2)温度系统。

(3)围压系统。

(4)孔渗测量系统:主要由孔渗控制阀和标准室构成,负责岩心孔隙度和气体渗透率测量。

(5)液体流动实验系统:由传感器、流量黏度传感器和计量泵构成,负责岩心液体渗透率、含水饱和度的建立和测量。

(6)电阻率测量系统:由电桥仪和相应的接口电路构成,负责测量测量岩心的电阻、测量流体电阻率和岩心轴向形变。

(7)声波测量系统:由纵横波测量探头、高压发生器和数字示波器构成,负责测量岩心纵横波时差。

(8)形变测量系统:由千分表和位移传感器构成,负责测量岩心的轴向形变,计算岩心总体积变化。

(9)操作面板集成:是上述各系统测量管阀、压力源及电源开关、仪器仪表的汇集处,为岩心测量人员提供实验操作及控制条件。

(二)仪器功能

仪器能模拟地层高温高压下一机联测孔隙度、气体渗透率、岩石形变、液测渗透率、电阻增大系数、含水饱和度、束缚水饱和度、纵横波速度等参数。所有参数采用电脑自动采集,大大地减小人为因素影响;围压、温度控制,全部采用电脑自动控制,最大限度地减小实验劳动强度,控制稳定可靠、安全。

高温高压纵横波联测探头:采用高温纵波和横波换能器同时组合在发射和接收探头内,并在探头中心提供流体通道,可以在流动实验过程中测试纵横波时差;采用纵波发射纵波接收,横波发射横波接收,纵横波首波信号强,纵横波同时接收,横波首波易于识别。

声波时差测量仪:采用双通道 250 MHz 数字存储示波器作为纵横波信号采集,600 V 发射电压,发射能量高,确保低密度岩心声波时差的测量;采集的声波信号可随时存储、回放、比较和再次处理。

(三)面板操作

1.开启系统

图 5-3 所示为 CMM-C 型高温高压岩心多参数测量系统开启系统,系统开启必需遵循如下步骤:

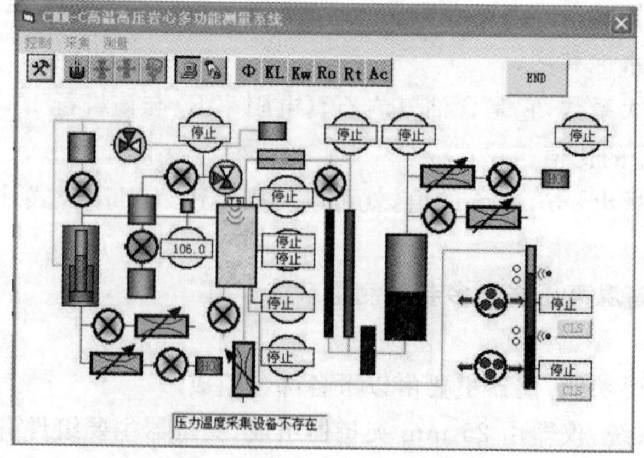

图 5-3 CMM-C 型高温高压岩心多参数测量系统开启系统

(1)启动计算机。

(2)仪器正面的总电源开关跳板向上,即可开启总电源。

(3)启动 CMM 控制程序,如果外设设备没有开机,请打开相应设备电源,启动时系统要检查压力温度设备(模数转换器)、电阻仪设备和蠕动泵设备。

(4)打开气瓶,低压调压阀调到 0.8～0.9 MPa。

(5)检查温控仪设定温度。如果本次实验不需加温请向温控仪设定 0℃,避免温控仪加热。

(6)最后开启仪器右边的控制电源。

2. 关闭系统

系统关闭应遵循如下步骤:

(1)临时关闭系统。

即只关闭 CMM 控制程序,CMM 主机的温度围压继续工作。只需单击 CMM 控制程序的 END 键。临时关闭系统时间不能太长,此时所有阀门将关闭,CMM 主机将不受计算机控制和监测。

(2)意外关闭系统。

如停电和计算机系统故障引起的系统关闭,停电停机后所有阀门将关闭,夹持器围压将无法卸掉,岩心不能取出,此时请关闭气瓶,待 0.8 MPa 的低压气卸掉后,围压控制阀将自动打开,夹持器围压也将自动卸掉,此时方可取出岩心。

(3)正常关闭系统。

1)卸掉围压,取出实验岩心,装入一不锈钢块在夹持器内,并装好孔渗柱塞,防止意外加压损坏胶套。

2)关闭所有围压控制阀。

单击 CMM 控制程序主窗体右上角窗体关闭键,结束 CMM 控制程序;

关闭仪器右边的总电源、控制电源、计量泵电源和气瓶。

(四)DS-5000 系列数字存储示波器

1. 示波器基本配置

(1)TRIGGER。

LEVEL:调节触发电平为 1.00 V。

(2)MENU。

触发方式:边沿触发;

信号源选择:EXT/5;

边沿类型:上升;

触发方式:普通;

耦合:直流。

(3)HORIZONTAL。

Position:调节波形水平位移,使首波在显示窗体中心,首波时间显示在右下角;

SCALE:调节波形水平扫描宽度,一般为 1～5 μS。

(4)VERTICAL。

Position:调节波形垂直位移,使 CH1 波在显示窗体上半;

SCALE:调节波形垂直幅度,根据岩心信号幅度调节,一般为 2 mV~1 V;

CH1:表示调节横波的信号;

CH2:表示调节纵波的信号;

OFF:显示和关闭 CH1,CH2,MATH,REF 曲线。

(5)ACQUIRE。

获取方式:平均;

平均次数:2~256;

采样方式:等效采样。

(6)STORAGE:波形存储到示波器内。

(7)AUTO:自动幅度和扫描宽度,建议不要使用。

(8)RUN/STOP:启动采集/停止采集。

2. Scope Kit for DS5000 软件

软件界面如图 5-4 所示。

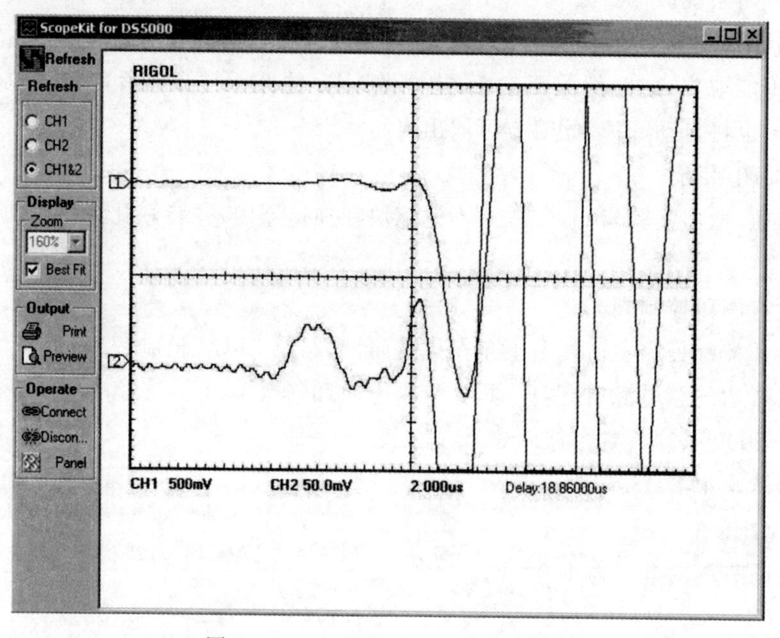

图 5-4 Scope Kit for DS5000 软件

(1)Operate-Connect:电脑与示波器联机。

(2)Refresh:获取示波器数据。

(3)Operate-Panel:软件控制示波器。

(4)Operate-Discon:取消电脑与示波器联机。

五、实训步骤

单击参数测量命令区之 Rt 弹出岩心电阻增大系数测量参数选择窗体(见图 5-5)。

(1)通过浏览选择岩心档案数据库。

(2)选择岩心编号。

看岩心的长度、直径、深度等基本参数是否正常。

(3)在孔隙度参数栏内选择与被测岩心温度和围压相匹配的孔隙体积。

(4)单击开始测量键,弹出 R_t 测量确认窗体。

(5)再次确认岩心编号、岩心长度、岩心直径、岩心孔隙体积。

(6)单击确定键,开始 R_0 测量。仪器会提示装岩心,加围压。

(7)连接夹持器出水口到油水计量管上入口,连接排驱接口到柱塞排驱口,调节仪器左侧内部驱替节流阀流量,保证从岩心内流出的液体能及时送到计量管内计量。

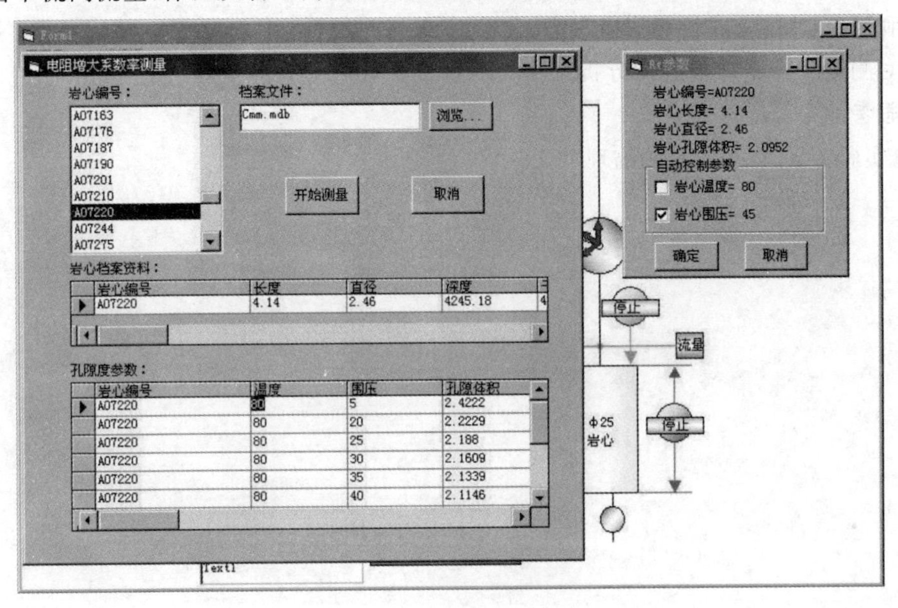

图 5-5　电阻增大系数率测量

(8)油水流量计初始化,并处于自动跟踪状态。

(9)然后弹出 R_0 监测窗体。

(10)在监测图上能看到二极法测量的岩心电阻和电阻率曲线,当电阻率稳定不变时,方可保存电阻率结果。保存结果在“岩心编号 Rt”的缺省文件中。

(11)双击坐标轴可改变坐标值,便于观察曲线是否稳定。

(12)然后弹出 SW-I 监视窗体,可动态监视 b 和 n 的回归值。

(13)开启计量泵,先用 0.05 mL/min 流量的速度驱油。

(14)待驱动压力由高变低,并且不出水后,逐渐增加压力,直到再也不出水,结束实训。

(15)用 Excel 打开数据文件,并用乘幂关系回归 n,b 结果。

(16)实验后的岩心取出放在被驱油中保存,用于相对渗透率测量。

(17)测量完毕,可选择新的岩心号,确定后,自动卸围压,提示取岩心,将夹持器清理干净,装入新的岩心,开始新岩心测量。

(18)注意:初次实验,要让管线内充满油,防止水相流体驱入岩心,造成饱和度计量误差。

(19)注意:如果流粘曲线明显偏高,表明流粘传感器毛细管被堵,必须停下实验清洗毛细管,否则流粘传感器将被永久损坏。

(20)注意:经常清洗入口过滤器,防止过滤器被堵。

(21)加围压后可能有地层水从夹持器顶出口流出,并让其流入计量管内。

(22)高温测量,可在常温下预热到 90 ℃,再放到夹持器内加热,可缩短加热时间。

(23)出口排驱气流量大小以能及时驱赶出岩心出口的液体为准,不能太大。

六、实训报告内容要求

(1)实训目的和任务;

(2)岩电参数测量原理;

(3)利用 Archie 公式计算岩电参数;

(4)对测量和计算结果进行分析。

七、思考题

岩电实验中 a,b,m,n 值的物理意义是什么?

任务四　定性划分储集层并定量解释

一、实训目的与要求

(1)通过对测井曲线特征的分析和认识,掌握定性划分砂泥岩剖面储集层的基本方法。

(2)应用阿尔奇公式,进行储集层基本参数计算。

(3)掌握地球物理测井的主要测井方法的原理及曲线应用。

(4)正确划分出储集层和非储集层,对砂泥岩剖面能区分开较明显的油水层。

(5)能对测井曲线进行正确读数,简单地计算出孔隙度、饱和度等储集层参数。

二、实训场地、用具与设备

测井实训室或一般的教室,长直尺、铅笔、橡皮、计算器和测井教材。

三、实训内容

1.测井曲线图的认识

图 5-6 所示是某井砂泥岩剖面综合测井图实例。图中共有 4 道测井曲线:

(1)第一道是深度栏:通常的深度比例尺为 1∶200 或 1∶500。

(2)第二道主要为反映岩性的测井曲线,包括。

1)自然电位测井曲线——曲线符号为 SP,记录单位 mv。

2)自然伽马测井曲线——曲线符号为 GR,记录单位 API。

3)井径测井曲线——曲线符号为 CAL,记录单位 in 或 cm。

(3)第三道是反映岩层电阻率的测井曲线,包括:

1)浅侧向测井曲线——曲线符号为 LLS,测量原状地层电阻率为 R_i,记录单位 Ω·m。

2)深侧向测井曲线——曲线符号为 LLD,测量原状地层电阻率为 R_t,记录单位 Ω·m。

(4)第四道也是反映岩层电阻率的测井曲线,包括:

1)中感应测井曲线——曲线符号为 ILM,测量原状地层电阻率为 R_i,记录单位 Ω·m。

2)深感应测井曲线——曲线符号为 ILD,测量原状地层电阻率为 R_t,记录单位 Ω·m。

2.测井曲线特征

(1)砂泥岩剖面的测井曲线特征。

砂泥岩剖面中的储集层主要是砂岩、粉砂岩以及少数砾岩,个别地区可能还有薄层碳酸盐岩储集层。在储集层上下的围岩通常都是厚度较大而稳定的泥页岩隔层。

定性划分岩性是利用测井曲线形态特征和测井曲线值相对大小,从长期生产实践中积累起来的划分岩性的规律性认识。

解释人员首先掌握岩性区域地质特点,如井剖面岩性特征、层系和岩性组合特征及标准层特征等。其次,要通过钻井取心和岩屑录井资料与测井资料作对比分析,总结出用测井资料划分岩性的地区规律。表 5-5 为砂泥岩剖面上主要岩石的测井特征,在应用表中总结的特征时不能等量齐观,而应针对某一具体岩性找到有别于其他岩性的一、二种主要特征。例如在淡水泥浆砂泥岩剖面,目前的测井方法中微电极、自然电位、密度测井、中子测井以及自然伽马测井曲线是划分岩性的主要方法。而在盐水泥浆砂泥岩剖面中,自然伽马和中子伽马变得非常有用,电阻率和井径也可作一般参考。

一般采用常规测井系列,便可准确地将砂泥岩剖面中的渗透性地层划分出来。常用的测井方法有 SP,GR,ML,CAL。

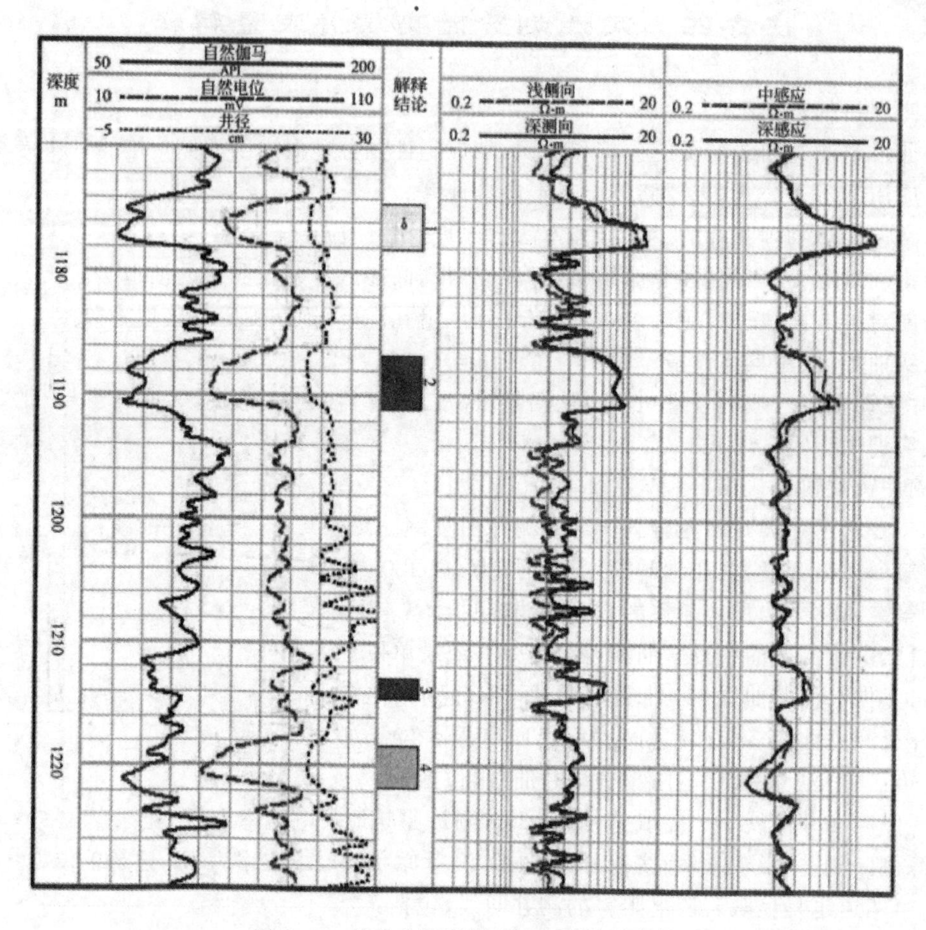

图 5-6　某井砂泥岩剖面综合测井图实例

1)自然电位曲线 SP:

(a)以比较纯的泥页岩为基线。

(b)砂岩储集层 SP 曲线的典型特征:①$R_{mf}>R_{w}$($C_{mf}<C_{w}$),负异常;②$R_{mf}<R_{w}$($C_{mf}>C_{w}$),正异常。

(c)对同一地层水系的地层,取决于地层的泥质含量和 R_{mf}/R_{w} 比值,随泥质含量增加,自然电位异常幅度减小。

2)自然伽马曲线 GR:通常情况下,泥页岩在自然伽马测井曲线上显示最高值,纯砂岩地层在自然伽马测井曲线上显示最低值。砂岩地层随其中泥质含量增加,伽马曲线值逐渐增大。

3)微电极测井曲线 ML:微电极系测井曲线径向探测深度浅,在渗透性地层处受泥饼影响大。在微梯度和微电位视电阻率重叠曲线上,渗透性地层处有明显的正幅度差,渗透性越好,正幅度差越大。根据微电极测井曲线划分渗透性地层的一般原则是:当 $R_{a}\leqslant 10R_{m}$,具有较大的幅度差时,则为渗透性好的地层;当 $R_{a}=(10\sim 20)R_{m}$,具有较小的幅度差时,则为渗透性较差的地层;当 $R_{a}>20\ R_{m}$,且曲线呈尖锐的锯齿变化,幅度差大小、正负不定时,则为非渗透性致密地层。

4)井径曲线CAL:在砂泥岩剖面中,在渗透性地层处由于泥饼的存在,实测井径值一般小于钻头直径,且井径曲线较平直,因此,可参考井径曲线来划分渗透层。具体特征总结见表5-5。

表5-5　砂泥岩剖面测井曲线特征

岩性	自然电位	自然伽马	微电极	电阻率	井径	声波时差
泥岩	泥岩基线	高值	低、平值	低、平值	大于钻头直径	大于300
页岩	近于泥岩基线	高值	低、平值	低、平值较泥岩高	大于钻头直径	大于300
粉砂岩	明显异常	中等值	中等正幅度差异	低于沙岩	小于钻头直径	260～400
砂岩	明显异常	低值	明显正幅度差异	中等到高,致密砂岩高	小于钻头直径	250～450
煤层	异常不明显	低值	无幅度差异	高阻	接近钻头直径	350～450

(2)碳酸盐岩剖面的测井曲线特征。

1)碳酸盐岩剖面岩性特征。

在碳酸盐岩剖面中,主要的矿物成分有方解石、白云石,硬石膏、石膏、盐岩也经常出现。碳酸盐岩剖面常见矿物的主要物理性质见表5-6。

表5-6　碳酸盐岩剖面常见矿物的主要物理性质

矿物	体积密度/($g \cdot cm^{-3}$)	热中子俘获截面	骨架声波时差	中子含氢指数/(%)	电磁波传播时间/($\mu \cdot s/m^{-1}$)	光电吸收截面指数/Pe
方解石	2.71	7.1	153	0	9.1	5.08
白云石	2.87	4.8	137	0～2.5	8.7	3.14
硬石膏	2.96	12.45	164	−1	8.4	5.05
石膏	2.32	18.5	171	50	6.8	3.99
盐岩	2.17	754.2	230.3	−2	7.9～8.4	4.65

硬石膏、石膏、盐岩一般孔隙不发育,因而无储集性和渗透性,不能作为储集层。从表5-6可以看出,利用岩石光电吸收截面指数、体积密度、声波时差和热中子俘获截面能够较好地区分碳酸盐岩剖面的岩性。

碳酸盐岩剖面的测井解释任务,就是从致密的围岩中找出孔隙性、裂缝性的储集层,并判断其含油性。碳酸盐岩剖面电阻率一般较高,自然电位效果不好。为了区分岩性和划分储层,一般使用自然伽马测井曲线。

3.划分储集层的基本要求

基本要求:划分渗透层的目的是为了逐层评价可能含油气的一切层位,因此,一切可能的含油气层都要划分出来,而且要适当划分明显的水层。具体要求如下:

1)估计为油层、气层、油水同层和含油水层的储集层都必须分层解释。

2)厚度半米以上的电性(测井曲线)可疑层(即指从测井曲线上看有油气的地层)或录井显示为微含油级别以上的储集层必须分出。

3)选择出作为确定地层水电阻率 R_w 的标准水层(厚度大、岩性纯、不含油)要划分出来。

4)录井、气测有大段油气显示而测井曲线显示不好的储集层,应选取一定层位,尤其是该组储层的顶部层位，进行分层。

5）当有多套油水系统，油层组包括若干水层时，只解释最靠近油层的水层。

6）对于新区探井，应做细致工作，对各个储层均应酌情选层解释，以使不漏掉可能有油气的地层。

4. 正确划分出储集层的方法

(1)砂泥岩剖面。

通常是自然电位(SP)曲线的异常确定渗透层的位置，用微电极曲线确定分层界面，分层前，应将井场收集的井壁取芯、气测显示等有关油气显示的资料标注在综合测井曲线图上，并根据邻井的测井和试油等资料对本井的油水关系作出初步估计。分层时应注意：

1）确定分层的界面深度时，应左右环顾，照顾到分层线对每条测井曲线的合理性。

2）分层的深度误差不应大于 0.1 m。

3）渗透层中，凡是 0.5 m 以上的非渗透性夹层（泥岩或致密层），应将夹层上、下的渗透层分两层解释。

4）岩性渐变层顶界（顶部渐变层）或底界（底部渐变层）分层深度应在岩性渐变结束处。

5）一个厚度较大的渗透层，如有两个以上解释结论，应按解释结论分层。

6）在同一解释井段，如果油气层与水层岩性、地层结构和孔隙度基本相同，则油气层的电阻率是纯水层的 3～5 倍。纯水层的自然电位异常最大，油气层异常明显偏小，油水同层介于油、水层之间。并且厚度较大的油水同层，自上而下电阻率有明显减小的趋势。

(2)碳酸盐岩剖面。

碳酸岩盐剖面储集层相对于致密的围岩具有低阻、低自然伽马以及孔隙度测井反映孔隙度较大的特点。碳酸盐岩剖面中的储集层具有“三低一高”的规律，即低电阻率、低自然伽马、低中子伽马和高时差。一是先找出低阻、高孔隙显示，然后去掉自然伽马相对高值的泥质层，其余地层则为渗透性地层；二是根据自然伽马低值找出比较纯的碳酸盐岩地层，再去掉其中相对高阻和低孔隙显示的致密层段，剩下的地层即为渗透性地层。

5. 测井曲线读数

分层以后，要从有关的主要测井曲线将代表该储层的测井曲线读数，以便计算孔隙度、饱和度等地质参数，在厚度较大的储集层中按测井曲线变化确定几个取值区，对每个取值区对应读数计算。几种主要测井曲线取值区的最小厚度如下：

1）各种孔隙度测井≥0.6 m；

2）侧向测井≥0.6 m；

3）感应测井，低阻≥0.6 m，高阻层≥1.5 m。

每种测井曲线分层和取值要符合其方法特点，例如声波测井扣除致密夹层，选用与渗透层相对应部分的平均值。电阻率测井曲线则扣除致密夹层，选用与渗透层相对应部分的极大值的平均值。另外，注意孔隙度与电阻率测井曲线对应取值的原则。因为要用两者结合计算地层的含水饱和度，两者当然应该是对应深度上同一地层或同一取值区的读数。

岩层含油性的定性判断，主要依据井曲线的测井曲线特征，而电性特征是岩石物性、岩性和含油性的综合反映。因此在判断地层的含油性时，一般应将测量井段首先按照地层水矿化度的不同分为不同的解释井段，然后才有可能对每一个解释井段在充分考虑其岩性特点的前提下进行含油性解释。

由于地下地层的复杂性和仪器的局限性，上述原则是一般性的。要做到正确地解释，一方面应多收集资料，认真分析曲线，另一方面还要了解区域性特点和规律，积累经验。

6.计算孔隙度、饱和度等参数

读数以后，还要做一些定量计算，常用的公式：

纯岩石地层的孔隙度：

声波孔隙度：

$$\phi=\frac{\Delta t-\Delta t_{ma}}{\Delta t_{f}-\Delta t_{ma}} \quad \text{（公式 1）}$$

密度孔隙度：

$$\phi=\frac{\rho_{b}-\rho_{ma}}{\rho_{f}-\rho_{ma}} \quad \text{（公式 2）}$$

中子孔隙度：

$$\phi=\frac{\phi_{N}-\phi_{N_{ma}}}{\phi_{Nf}-\phi_{N_{ma}}} \quad \text{（公式 3）}$$

含水饱和度：

$$S_{w}=\sqrt[n]{\frac{abR_{w}}{\phi^{m}R_{t}}} \quad \text{（公式 4）}$$

式中 Δt——当前层的声波时差；

Δt_{ma}——岩石骨架的声波时差，对于砂岩骨架，主要矿物为石英，其声波时差为 55.5 μs/ft；

Δt_{f}——为地层水的声波时差，189 μs/ft（623 μs/m）；

ρ_{b}——岩石的体积密度，单位 g/cm^{3}；

ρ_{ma}——岩石骨架的密度，单位 g/cm^{3}；

ρ_{f}——岩石孔隙流体的密度，单位 g/cm^{3}；

ϕ_{N}——中子孔隙度测井输出值；

$\phi_{N_{ma}}$——岩石骨架含氢指数测井输出值；

ϕ_{Nf}——孔隙流体含氢指数测井输出值；

S_{w}——含水饱和度；

R_{w}——地层水电阻率；

R_{t}——地层岩石真电阻率；

ϕ——地层的有效孔隙度；

m——胶结指数，取决于岩石颗粒的胶结类型和胶结程度；

a——岩性系数；

b——与岩性有关的系数；

n——饱和度指数，与油（气）、水在孔隙中的分布状况有关。

不同岩石的 a,b,m,n 值是不同的，一般需要通过岩电实验得到。对于常规孔隙性地层，通常取 $a=b=1$；$m=n=2$。

五、实训报告

实训报告格式见表 5-7：

表 5－7　实训报告格式

储层序号	顶部深度/m	底部深度/m	厚度/m	测井曲线读数					孔隙度	含油饱和度
				SP	GR	DT	R_t	R_{xo}		

(1)对所给砂泥岩剖面的综合测井图独立分层，对储集层从上到下进行编号，对油气水层进行识别。

(2)在报告中说明分层及解释的依据。

(3)分别对储集层进行读数,并求出孔隙度 ϕ 和含水饱和度 S_w(已知 $R_w=0.5$)。

六、思考题

(1)划分储集层的基本要求有哪些?

(2)自然电位测井的原理和地质应用是什么?

(3)自然伽马测井的原理和地质应用是什么?

(4)微电极测井的原理和地质应用是什么?

(5)如何利用常规测井曲线划分砂泥岩剖面储集层?

任务五　利用综合方法估计地层泥质含量

一、实训目的

通过实际计算，巩固掌握利用多种测井资料确定泥质含量的方法。

(1)理解泥质含量的定义；

(2)掌握自然伽马测井计算泥质含量的方法；

(3)掌握自然电位测井计算泥质含量的方法；

(4)了解利用岩心分析资料、中子测井、交会图法、电阻率法确定泥质含量的方法。

二、实训要求

自编程序，在计算机上计算出地层泥质含量 φ_{sh}。

三、实训场地、用具与设备

计算机中心，尺子、橡皮、铅笔、计算机和测井教材；

四、实训内容

1. 泥质含量 φ_{sh}

泥质是指颗粒直径小于 0.01 mm 的碎屑物质。泥质含量，也叫作泥质体积分数，是指泥质的体积占岩石总体积的比值：

$$\varphi_{sh}=\frac{V_{泥}}{V_{岩}}\times 100\%$$

2. 确定 φ_{sh}的重要性

为了简化计算，通常假设地层为不含泥质的纯岩石，但实际上地下岩石很少是纯岩石，而且由于黏土矿物特殊的物理、化学性质，其对各种测井资料的影响常常不能忽略。当泥质含量 φ_{sh}超过 5%～10%时，利用测井资料及时的孔隙度就必须进行泥质校正，泥质含量 φ_{sh}是对孔隙度进行泥质校正的必须参数。泥质的存在在各种测井资料上都有反映，因此，从理论上说，各种测井资料都可以用来计算泥质含量 φ_{sh}。计算泥质含量 φ_{sh}的方法很多，下面仅介绍几种常用的方法。泥质含量 φ_{sh}的确定，在泥质砂岩储集层的定量解释中具有重要意义。

当岩石含有泥质时，各种测井曲线均或多或少地受到泥质的影响，其影响的程度受 φ_{sh}的决定，评价岩石的特性时，只有已知 φ_{sh}，才知道由于泥质带来的影响，从而将泥质的影响校正掉。

一般而言，用自然伽马测井值或自然伽马能谱测井值或自然电位测井值来求取泥质含量效果最好。但自然伽马要求储层中除了泥质外，其他物质不含放射性矿物。自然电位要求地层水电阻率保持不变，且储层中的泥质与相邻泥岩的成分相同。用其他方法计算泥质含量则要求更为苛刻的条件，如电阻率方法要求储层的孔隙度和含水饱和度均要很小，中子和声波方法则要求孔隙度很小。

3. 确定泥质含量 φ_{sh}的方法：

(1)自然伽马指示法。

当地层骨架不含放射性矿物时，地层的自然放射性强度主要取决于地层中的泥质含量。

在这条件下，可以利用自然伽马测井资料，按下述公式计算泥质含量：

$$\varphi_{sh}=\frac{2^{I_{sh}\cdot GCUR}-1}{2^{GCUR}-1} \quad \text{（公式 1）}$$

$$I_{sh}=\frac{GR-GR_{min}}{GR_{max}-GR_{min}} \quad \text{（公式 2）}$$

式中　GR——目的层自然伽马强度测量值；

GR_{min}——纯岩石层段自然伽马强度测量值；

GR_{max}——纯泥岩层段自然伽马强度测量值；

I_{sh}——泥质指数；

$GCUR$——与地层有关的经验参数，可以通过试验确定，随地层的地质年代而改变，对新地层（第三系地层）$GCUR$ 常取 3.7，老地层 $GCUR$ 常取 2.0。

公式 2 中的 GR 可以相应换成自然伽马能谱测井中的钍、钾以及体积光电吸收截面等测井曲线的读书值。当岩层中含有钾的盐岩、骨架含有放射性矿物或长石时，用钍曲线计算泥质含量 φ_{sh} 最好。

(2)自然电位指示法。

当地层水矿化度与钻井液矿化度不同时，泥质含量增加，渗透性地层的自然电位将减小。由于很多因素都可能使自然电位减小，因此，用自然电位计算的泥质含量为泥质含量的最大值。计算公式如下：

$$\varphi_{sh}=1-\frac{PSP}{SSP} \quad \text{（公式 3）}$$

式中　PSP——泥质砂岩与纯泥页岩交界面处的总的电化学电动势；

SSP——厚的含水纯砂岩地层的静自然电位。

当以非渗透泥页岩处自然电位 SP_{sh} 为基线时，分别读出泥质砂岩和厚的含水纯砂岩地层的自然电位值 SP 和 SP_{sd}，则有：

$$SSP=SP_{sd}-SP_{sh}\text{；}PSP=SP-SP_{sh}$$

则：

$$\varphi_{sh}=\frac{SP_{sd}-SP}{SP_{sd}-SP_{sh}}$$

(3)电阻率法。

$$\varphi_{sh}=\left(\frac{R_{sh}}{R_t}\right)^{1/b},\ b=1.5 \quad \text{（公式 4）}$$

(4)中子法。

$$\varphi_{sh}=\frac{\phi_N}{\phi_{Nsh}}$$

式中　ϕ_N——当前层的视中子孔隙度读数；

ϕ_{Nsh}——泥岩层的视中子孔隙度读数。

(5)岩心刻度法。

将实验室获得的粒径较小的颗粒（一般粒径小于 0.063 mm）所占的体积百分比与泥质指示曲线建立统计关系，进而可基于该统计关系利用测井资料计算地层的泥值含量。如某油田根据岩心资料建立了如下统计关系：

$$\varphi_{sh} = 100.02 \times \Delta GR^{-0.032} \quad \text{(公式 5)}$$

$$\Delta GR = \frac{GR - GR_{min}}{GR_{max} - GR_{min}} \quad \text{(公式 6)}$$

(6)交会图法。

以中子-密度测井交会图为例，通过对图 5－7 所示的石英点(Q)、水点(W)和泥岩点(SH)构成的三角形进行分解，依据资料点所落入三角形中的位置，可以推测出来泥质含量。或者利用下式进行计算(依据点到直线的距离计算方法)：

$$\varphi_{sh} = \frac{|A\phi_N + B_{\rho_b} + C|}{|A\phi_{Ncl} + B_{\rho_{cl}} + C|} \quad \text{(公式 7)}$$

式中，$A\phi_N + B_{\rho_b} + C = 0$ 是石英点(Q)和水点(W)连线的直线方程。依据任意两点的直线，用石英点(ϕ_{Nma}, ρ_{ma})和水点(ϕ_{Nf}, ρ_f)两个点的参数可以推出：

$$A = (\rho_{ma} - \rho_f) \qquad B = (\varphi_f - \varphi_{ma}) \qquad C = \phi_{Nma}\rho_f - \phi_{Nf}\rho_{ma}$$

故有

$$\phi_{sh} = \frac{|\phi_N(\rho_{ma} - \rho_f) + (\phi_{Nf} - \phi_{Nma})\rho_b + \phi_{Nma}\rho_f - \phi_f\rho_{ma}|}{|\phi_{Nsh}(\rho_{ma} - \rho_f) + (\phi_{Nf} - \phi_{Nma})\rho_{sh} + \phi_{Nma}\rho_f - \phi_f\rho_{ma}|} \quad \text{(公式 8)}$$

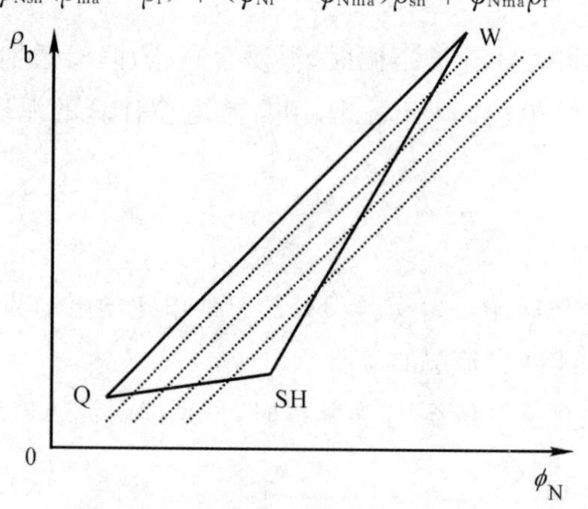

图 5－7　中子—密度测井交会图

当然，也可以用中子-声波、声波-密度交会图的类似方法求 V_{sh}。如果解释层段上没有纯泥岩层时，上述交会图法所定出的泥岩点位置并不代表实际的泥岩参数，导致用交会图方法估计的泥质含量比实际值偏大。

上述几种方法计算的泥质含量往往都有一定的条件，当条件满足时，计算的泥质含量为近似结果，当条件不满足时，计算的泥质含量均可能偏高，所以在实际处理时，最后选取其中的最小值作为接近实际的泥质含量。

五、实训报告

(1)说明用测井曲线计算地层泥质含量的方法与主要步骤。

(2)编程并处理：分别按 5 种方法求泥质含量 V_{sh}，并取极小值作为该层的泥质含量 V_{sh}。附所编写的程序和计算结果。根据表 5－8 某井测井解释数据表的数据进行编程。

(3)已知条件：$GR_{min}=50$，$GR_{max}=110$，$SP_{min}=0$，$SP_{max}=100$，$b=1.5$，$R_{sh}=5$，$\phi_{Nsh}=$

30 pu，$\rho_{sh}=2.54$，$\rho_{ma}=2.65$，$\rho_f=1.0$，$\phi_{Nf}=100$，$\phi_{Nma}=-4$。

表 5-8　某井测井解释数据表

DEPTH	SP	MSFL	LLS	LLD	RHOB	NPHI	GR	DT	CAL
2 680.98	88.5	4.8	9.09	10.84	2.55	17	103.17	73.13	11.99
2 682.09	83.4	2.02	6.58	8.21	2.07	20	108.25	77.75	14.19
2 683.01	70	1.58	5.71	7.17	1.59	24	107.81	81.81	15.59
2 684.02	80	1.92	5.96	7.48	1.96	23	108.75	81.21	14.79
2 685.04	84.3	2.98	6.81	8.28	2.3	20	105.08	78.38	12.03
2 686.05	78.5	9.6	7.15	8.22	2.59	19	112.19	77.13	10.59
2 687.07	36	14.18	10.93	11.73	2.64	17	98.44	72.4	9.82
2 688.09	26.5	19.38	18.13	19.14	2.58	17	85.54	70.73	9.49
2 689	25.2	68.94	50.06	51.54	2.5	11	53.48	65.94	9.26
2 690.02	27	55.81	45.66	45.83	2.52	10	64.06	65.31	9.16

六、思考题

(1)自然电位测井计算泥质含量 ϕ_{sh} 的方法是什么?

(2)自然伽马测井计算泥质含量 ϕ_{sh} 的方法是什么?

任务六　含泥质复杂岩性地层综合测井处理

一、实训目的

综合所学习的测井解释与数据处理知识，掌握一般含泥质复杂岩性地层测井数据处理的步骤和方法。

二、实训要求

用C语言编程，调试通过，并能计算出正确的结果。

三、实训场地、用具与设备

计算机中心，计算机，测井教材。

四、实训原理及内容

(一)实训原理

测井数据处理与解释的主要任务就是依据“四性”关系，用测井所获得的地层的各种“物理参数”，定量地计算出地下地层的岩性(V_{ma1},…,V_{maN})、储集性(孔隙度 ϕ 和渗透率 κ)以及含油性(饱和度 S_w)。当储层含有泥质时，还要求取泥质含量，对测井数据进行泥质校正。

对于含有泥质骨架，由两种矿物构成且矿物含量随深度变化的复杂岩性地层，其体积模型如图 5-8 所示。这种泥质储层测井处理的过程如图 5-9 所示。其基本思路就是用几种方法分别计算出独立的泥质含量 φ_{sh}，然后取最极小值作为该深度的泥质含量。对测井数据进行泥质含量校正，然后利用两种孔隙度组合求出孔隙度和两种矿物的含量，再恢复为含泥质地层，计算出实际地层的孔隙度和矿物含量。在计算过程中所设计的参量和模型的变化如图 5-8 所示。

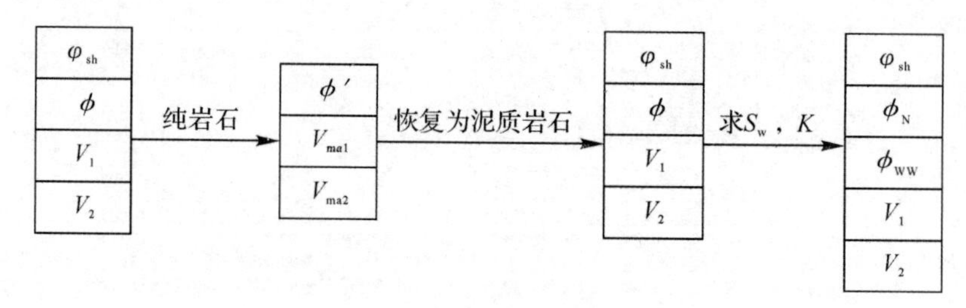

图 5-8　体积模型与计算过程中的变化

实际上求上述四种体积含量的方法有两种：

(1)三种孔隙度测井联立解方程(矩阵方法，计算的核心是求逆阵)，解出 ϕ,φ_{sh},V_1,V_2。

(2)独立方法计算泥质含量，两种孔隙度测井组合，解出纯岩石模型的各个部分的体积分数。

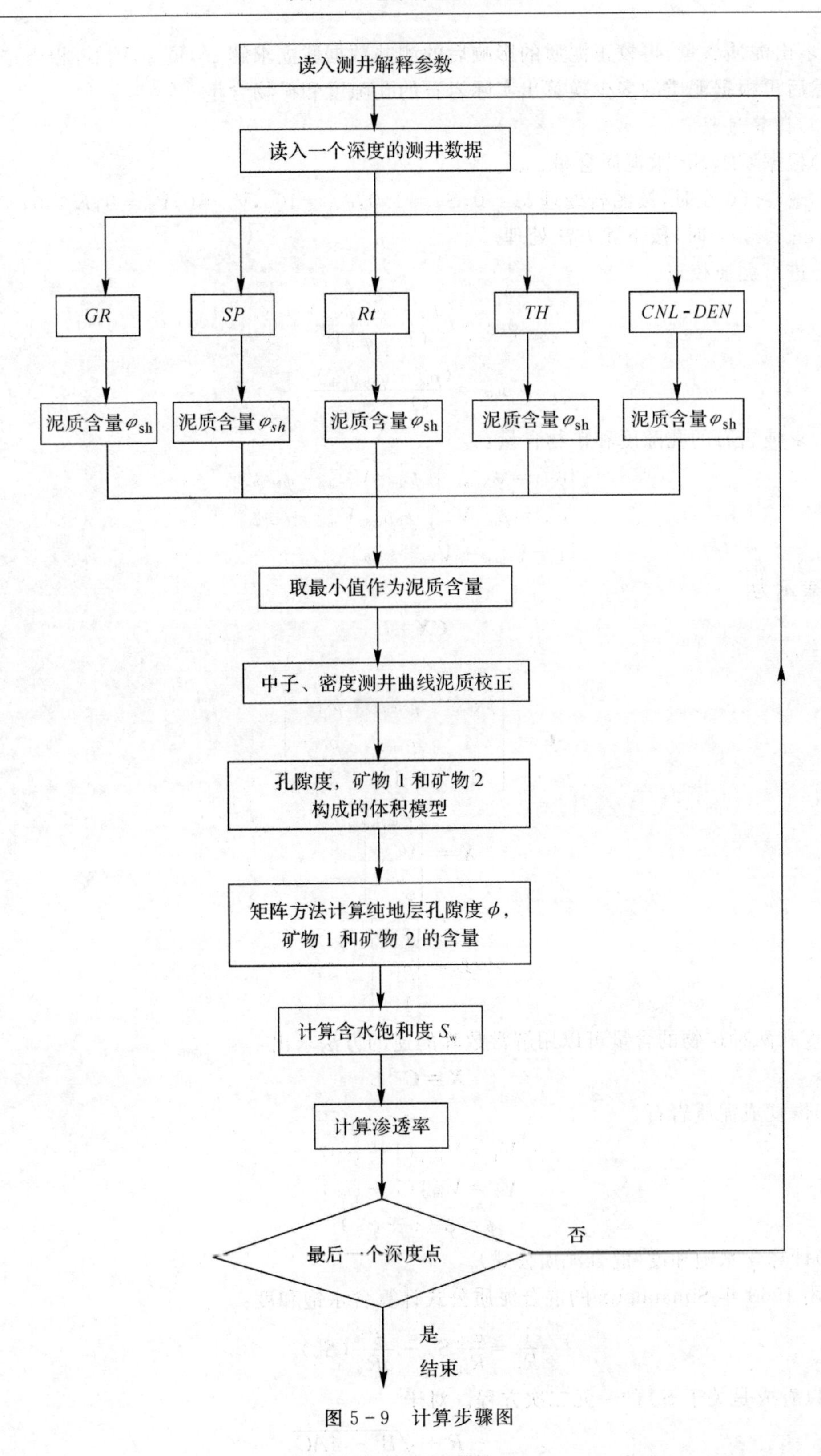
读入测井解释参数
读入一个深度的测井数据
GR
SP
Rt
TH
CNL-DEN
泥质含量φ_{sh}
泥质含量φ_{sh}
泥质含量φ_{sh}
泥质含量φ_{sh}
泥质含量φ_{sh}
取最小值作为泥质含量
中子、密度测井曲线泥质校正
孔隙度，矿物1和矿物2
构成的体积模型
矩阵方法计算纯地层孔隙度ϕ，
矿物1和矿物2的含量
计算含水饱和度S_w
计算渗透率
最后一个深度点
否
是
结束

图5-9　计算步骤图

先求出泥质含量，再校正泥质的影响后的测井数据联立求解 φ'，V_{ma1}，V_{ma2}，相当按纯岩石计算，然后再根据泥质的多少换算出实际岩石的孔隙度和矿物含量。

（二）计算过程

（1）根据 GR，SP 求泥质含量 φ_{sh}。

当 $\varphi_{sh} \geqslant 50\%$ 时，按泥岩处理，$\varphi=0$，$S_w=1.0$，$\varphi_{sh}=100$，$V_1=0$，$V_2=0$，$K=0$；

当 $\varphi_{sh}<50\%$时，按下述方法处理。

（2）进行泥质校正。

$$\phi_{NC}=\frac{(\phi_N-\varphi_{sh}\phi_{Nsh})}{(1-\varphi_{sh})}$$

$$\rho_{bC}=\frac{(\rho_b-\varphi_{sh}\rho_{bsh})}{(1-\varphi_{sh})}$$

（3）求纯岩石的孔隙度和矿物含量：

$$\begin{cases}\phi_{NC}=\phi_{Nma1}+\phi_{Nma2}V_{ma2}+\phi_{Nf}\phi' \\ \rho_{bC}=\rho_{ma1}V_{ma1}+\rho_{ma2}V_{ma2}+\rho_f\phi' \\ 1=V_{ma1}+V_{ma2}+\phi'\end{cases}$$

用矩阵表示为

$$\boldsymbol{CX}=\boldsymbol{L}$$

其中

$$\boldsymbol{C}=\begin{bmatrix}\phi_{Nma1} & \phi_{Nma2} & \phi_{Nf} \\ \rho_{ma1} & \rho_{ma2} & \rho_f \\ 1 & 1 & 1\end{bmatrix}$$

$$\boldsymbol{X}=\begin{bmatrix}V_{ma1} \\ V_{ma2} \\ \phi'\end{bmatrix}$$

$$\boldsymbol{L}=\begin{bmatrix}\phi_{NC} \\ \rho_{bC} \\ 1\end{bmatrix}$$

则孔隙度和两种矿物的含量可以用解常数阵的逆的方法求出：

$$\boldsymbol{X}=\boldsymbol{C}^{-1}\boldsymbol{L}$$

（4）恢复成泥质岩石。

$$V_1=V_{ma1}(1-\varphi_{sh})$$

$$V_2=V_{ma2}(1-\varphi_{sh})$$

$$\phi=\phi'(1-\varphi_{sh})$$

（5）计算含水饱和度（混合泥质公式）。

利用 1963 年 Simandoux 的混合泥质公式计算含水饱和度：

$$\frac{1}{R_t}=\frac{\varphi_{sh}}{R_{sh}}S_w+\frac{\phi^m}{aR_w}(S_w^2)$$

可以看成是关于 S_w 的一元二次方程。对于

$$S_w=\frac{-R+\sqrt{B^2-4AC}}{2A}$$

A,B,C 分别上述一元二次方程的系数。当 $a=1.0, m=2.0$ 时，A,B,C 分别为

$$A=\frac{\phi^2}{R_2}$$

$$B=\frac{\varphi_{sh}}{R_{sh}}$$

$$C=-\frac{1}{R^t}$$

(6)计算渗透率。

$$S_{wi}\phi=0.005$$

$$S_{wi}=0.005/\phi$$

$$K=-250\frac{\phi^3}{S_{si}}$$

(三)已知条件及编程说明

(1)输入测井解释参数，请自己赋值(　)。

(2)输入测井曲线数据，按上述顺序放入数据文件：

depth, R_t, R_{xo}, SP, GR, Φ_N, ρ_b

Log. dat 中，请直接打开读取，共设计了五个深度点。

(3)输出计算结果放入文件中，自己命名：

Depth, φ_{sh}, V_1, V_2, φ, S_w, K

由于常数矩阵 C 在整个计算过程中保持不变，所以在输入测井数据及其他计算之前先求出 $\boldsymbol{C}$ 的逆矩阵。

$$\boldsymbol{C}=\begin{bmatrix} -4 & 0 & 100 \\ 2.65 & 2.71 & 1 \\ 1 & 1 & 1 \end{bmatrix}$$

求逆的算法和代码由教师给出。

(4)将求逆子程序 Inverse(n,c)放入自己主程序之后。

五、实训报告

(1)绘出体积模型：泥＋孔隙＋石英＋方解石。

(2)绘出所编程序的具体流程图。

(3)编程调试并获得正确结果，并对结果进行分析，加以说明。

(4)如果地层中含有油气，请说明油气校正的处理思路。

六、思考题

泥质含量 φ_{sh} 的计算机处理过程是什么？

项目六　磁力仪操作实训

任务一　磁力仪的认识

一、实训目的

掌握磁力仪的结构组成和基本概况。

二、实训仪器

PM－2质子磁力仪由四部分组成，分别为主机、传感器、探杆、测量线。

三、实训过程

（一）理论基础知识

地壳中各种岩石和矿物的磁性是不同的，油气勘探中采用磁力仪测定地面上各部位的磁力强弱以研究地下岩石矿物的分布和地质构造，称作磁力勘探。

由于地球本身就是个大磁体，所以对磁力的预测值应进行校正，求出只与岩石和矿物磁性有关的磁力异常。一般铁磁性矿物含量愈高，磁性愈强。在油气田区，由于烃类向地面渗漏而形成还原环境，可把岩石或土壤中的氧化铁还原成磁铁矿，用高精度的磁力仪可以测出这种磁异常，从而与其他勘探手段配合，发现油气田。

磁法勘探按照测量的位置的不同，分为地面磁测、海洋磁测和航空磁测。磁力测量的异常特征在区域大地构造单元划分（稳定大地构造单元和不稳定大地构造单元）、盆地基底的内部结构、盆地基底岩性与起伏、盆地基底断裂、盆地沉积盖层岩性分布解释等方面有着广泛的应用。

20世纪50年代末期松辽盆地的航空磁测异常表明，根据磁测异常分布，松辽盆地可划分为六个构造单元，中央坳陷区的沉积盖层最厚，为正磁力异常，其中的隆起（大庆长垣）为负磁力异常，被定为最有希望的油气聚集区。

（二）仪器概述

1.概述

质子磁力仪（见图6－1）属于众多磁力仪中的一个精度较高的分支，它即使对较弱磁性物进行测量，如地球的磁场，仍能取得较高的分辨率和精度，所以即使对地球磁场微弱的变化，也能够测知。它的工作原理是利用氢质子在磁场中的旋进现象进行测量的。在传感器中，充满了含氢的液体，这些氢质子在被仪器强制极化之前，处于无规律的排列状态。当人为对其加上一个极化信号后，质子将做旋进运动。极化信号消失后，质子的旋进将主要受到外界磁场的影响并会逐渐消失，通过对受旋进影响的传号器中频率的测量，来测知外界磁场的大小。不断对这个动作进行循环，即可持续测量。该仪器磁场测量精度为±1nT，分辨率高达0.1nT，完全符合原地矿部发布的《地面高精度磁测工作规程》要求。

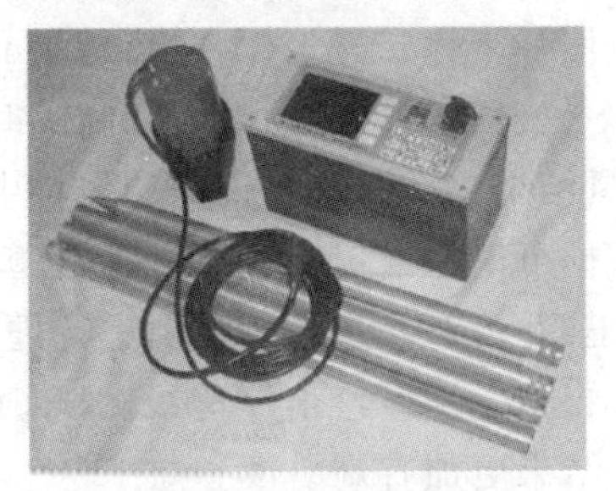

图 6-1　质子磁力仪

(1)应用范围：

1)矿产勘查，如铁矿、铅锌矿、铜矿等；

2)配合矿区勘探，研究矿体的埋深、产状和连续性，研究矿体的形状、大小，估计矿床规模；

3)石油、天然气勘查，研究与油气有关的地质构造及大地构造等问题；

4)普查、详查、地质填图；

5)航空及海洋磁测的地面日变站；

6)断层定位；

7)考古；

8)水文；

9)工程勘查，如管线探测等；

10)地震前兆监测、火山观测以及其他环境及灾害地质工作；

11)小型铁磁物体的探测等。

(2)主要特点：

1)可进行地磁场总场测量及梯度测量(水平梯度或垂直梯度，需增配专用探头及探头架)；

2)可外接 GPS，存储测点坐标值；

3)可用于野外作业，也可用作基站测量；

4)内置实时时钟，测量结果连同测量时刻一并存储，还能定时测量、存储；

5)大屏幕显示，全中文界面，自动显示磁场强度曲线，操作简单；

6)既可全量程自动调谐，也可人工调谐；

7)轻便便携，整套系统使用背包背带，一人即可完成全部测量任务；

8)具有 USB，RS-232C 两种计算机接口；

9)专业地质软件可绘制等值线图、剖面图等；

10)内存大，可存 24 万个测点，带掉电保护功能；

11)硬质铝合金外壳，专用防水接头，可适用于恶劣环境，防震、防雨；

12)信号质量适时监控，信号质量下降可及时发现，以便采取措施补救。

(3)系统描述：

本质子磁力仪利用质子旋进的原理，来测量地球磁场的磁场总量绝对值。它可以利用以下两种模式进行工作。

1)单点模式：只使用一个传感器进行工作，它检测传感器所在位置的地球磁场总量的绝对值。

2)自动模式:自动模式只使用一个传感器工作,它可以使仪器在设定的时间开始,以固定的间隔时间重复自动测量。其中仪器开始工作的时间和间隔时间可以通过软件来设置。这个功能主要是用于日变修正。测量结果将会贮存在仪器的内存中,当关机或更换电池时,数据不会丢失。测量完毕回到室后,数据可以通过传输线下载至计算机中进行进一步处理。用软件可以将所测得数据进行日变修正,并可对修正后的数据进行进一步处理。文件为文本格式,用户可以使用其他软件进行处理,将测量结果绘出等值线图、剖面图等专业图,以供进一步分析使用,也可绘制出三维图使测量结果更加直观易读。

(4)技术指标。

1)测量范围:25 000～80 000 nT。

2)测量精度:±1 nT。

3)分辨率:0.1 nT。

4)梯度范围:5 000 nT/m。

5)存贮数据:245 760 个读数。

6)存贮时间:10 年。

7)液晶显示:320 dpi×240 dpi 图型液晶。

8)电脑接口:USB 口,可直接作为 U 盘使用(WIN XP 直接驱动)RS－232C 串口(300～119 200 波特率可选)。

9)电源电压:内置可充电 4AH 锂电池。

10)主机尺寸:232 mm×100 mm×145 mm。

11)传感器:直径 70 mm,长 140 mm。

12)主机重量:包括电池 1.9 kg。

13)传感器:0.8 kg。

14)温度范围:－10～＋50 ℃。

2. 仪器组成

PM－2 质子磁力仪由四部分组成,分别为主机、传感器、探杆、测量线。下面分别介绍。

主机为带有显示、键盘及插座的长方铝合金箱,在主机的左边中部有一 4 芯插座为传感器信号输入插座。在主机面板右上方有一充电、USB 及 GPS 接口 9 芯插座,仪器面板左边为液晶显示屏,在靠近屏幕右边处有 5 个黄色的按键,上面没有印字,这 5 个按键为功能键,操作时的功能为屏幕显示按钮中所标注的功能。图 6－2 所示为传感器(探头)接口。

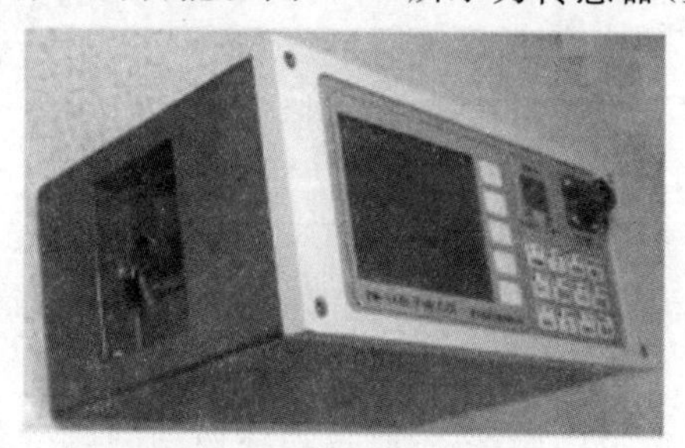

图 6－2　传感器(探头)接口

图 6-3 所示为仪器面板图。

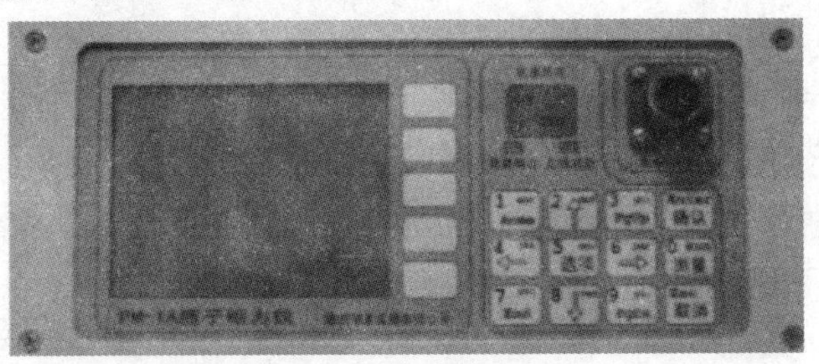

图 6-3　仪器面板

如图 6-3 所示，在面板上有红色电源开关键，按一下即可开机，再按一下为关。面板右下部分为键盘区，有 12 个键，包括数字 0～9 及取消、确定键。

3. 仪器液晶屏幕上显示的主界面说明

主界面如图 6-4 所示。

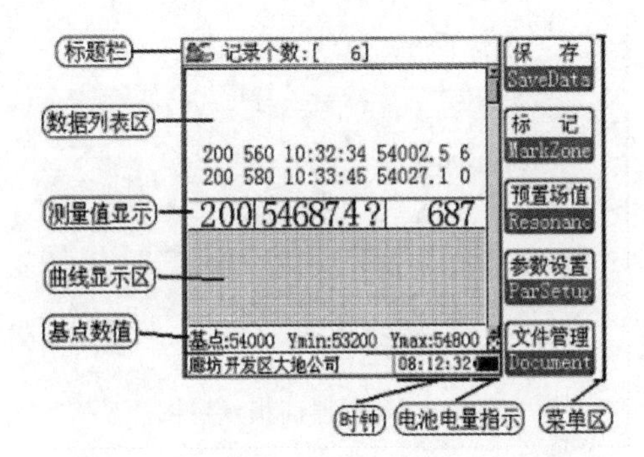

图 6-4　仪器液晶屏幕上显示的主界面

下面对各个显示部分进行说明。

【标题栏】显示当前已经测量并保存的数据个数。

【数据列表区】显示最后保存的 7 条测量记录，格式如下：

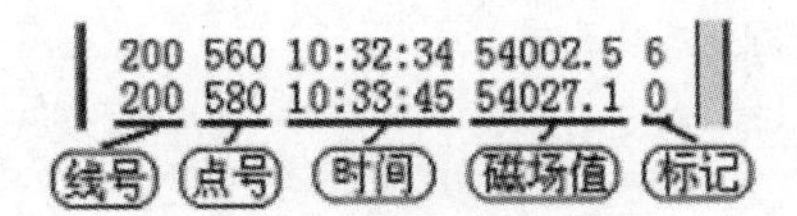

【测量值显示区】显示点号、测量值、异常值(测量值-减去基点的差值)，格式如下：

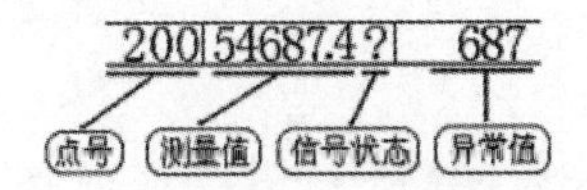

【曲线显示区】用保存的数据画曲线，实时显示曲线，以便更好地了解异常。

【基点数值】显示当前的基点值，Ymin 为曲线显示的最小值边界，Ymax 为曲线显示的最大值边界，调整 Ymin 及 Ymax 的数值可使曲线的某段显示更为明显，在主界面状态下按【选项键】可以输入基点，Ymin，Ymax 的值。【时钟】显示仪器内部时钟，包括小时、分钟、秒。【电池电量指示】显示电池电量，分为四格。如果电池电量图标为空芯，一定要马上为电池充电。

【菜单区】为快捷功能按钮，一共有 5 个按钮显示，对应屏幕旁边的 5 个按键。如果按对应按键，则执行按钮所显示的功能。

4. 仪器面板说明

图 6 - 5 所示为仪器面板示意图，左边为仪器的液晶显示屏，在显示屏右边有 5 个黄色未印字的按键，这 5 个按键为仪器的功能键，所代表功能为液晶显示屏显示的按钮规定。仪器右边为键盘区，键盘区上部为红色电源开关，电源开关下部为两个指示灯，分别为电源指示灯（红色，当仪器打开时亮）、工作状态灯（绿色，按键及测量时亮）。再下面为数字区，有 0～9 数字键及【确定】【取消】键。快捷键定义【0】键在不输入数字时为测量键，在主界面下按【0】就执行测量操作。【1】键为点号输入键，在主界面下按【1】将弹出点号输入对话框。【5】键为基点及纵标设置键，在主界面下按【5】将弹出基点及纵标设置输入对话框。【7】键为读取 GPS 坐标键，在主界面下按【7】将弹出 GPS 读取对话框。仪器面板右上角为充电及传输接口，用于对仪器充电及读取 GPS 数据。GPS 连接线为专用线，用于连接 GARMIN76（或 72）型 GPS，其他型号需定制。

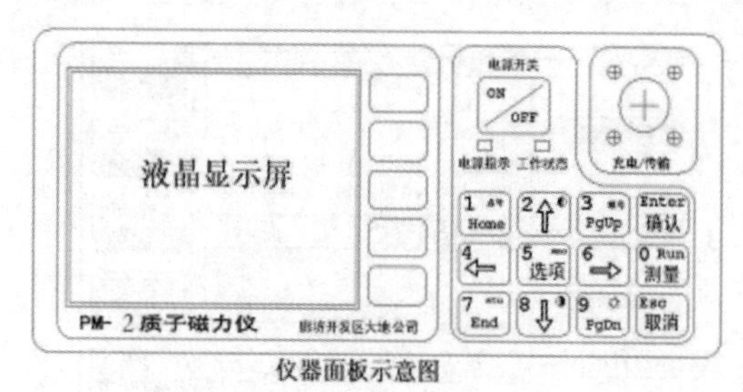

图 6 - 5 仪器面板示意图

四、思考题

（1）质子磁力仪主要使用在哪些方面？

（2）质子磁力仪仪器由哪些部分组成？

任务二　磁力仪的基本操作

一、实训目的

掌握磁力仪的基本操作。

二、实训仪器

PM-2质子磁力仪，由四部分组成：主机、传感器、探杆、测量线。

三、实训过程

（一）磁力仪基本操作

1. 参数输入界面

参数输入界面如图6-6所示。

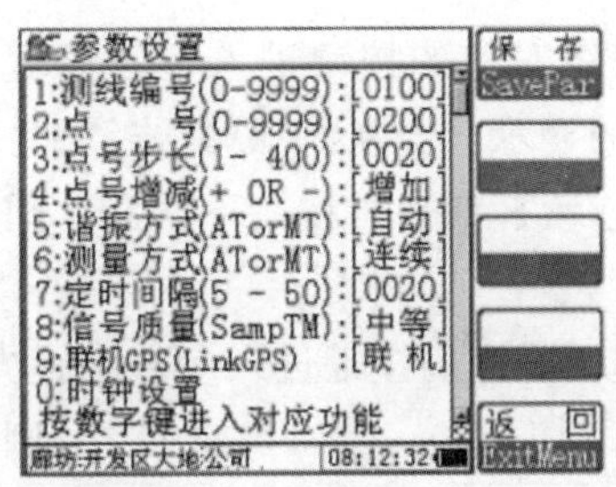

图6-6　参数输入界面

（1）线号输入。

在主界面下按【参数设置】按钮对应的按键进入参数设置界面，按照屏幕提示按【1】键即可输入测线编号。测线编号最多4位数，比如要输入220，则按【2】【2】【0】键后，按【确认】键即可输入，参数设置界面中测线编号一项中测线编号就会变为[0220]了，如果要保存参数一定要按【保存】按钮对应的按键，如果按【返回】按钮，对应的按键则不保存。

（2）点号输入。

在主界面下按【参数设置】按钮对应的按键进入参数设置界面，按照屏幕提示按【2】键即可输入点号信息。点号编号最多4位数，比如要输入1 080，则按【1】【0】【8】【0】键后按【确认】键即可输入，参数设置界面中点号一项就会变为[1080]了，如果要保存参数，一定要按【保存】按钮对应的按键，如果按【返回】按钮，对应的按键则不保存。

（3）点号步长输入。

在主界面下按【参数设置】按钮对应的按键进入参数设置界面，按照屏幕提示按【3】键即可输入点号步长。点号步长最多3位数，比如要输入100，则按【1】【0】【0】键后按【确认】键即可输入，参数设置界面中点号步长一项就会变为[100]了，如果要保存参数，一定要按【保存】按钮对应的按键，如果按【返回】按钮，对应的按键则不保存。

（4）点号增减。

在主界面下按【参数设置】按钮对应的按键进入参数设置界面，按照屏幕提示按【4】键一次，则屏幕显示的点号增减一项的显示就会在【增加】【减少】之间变化，例如，显示为【增加】，按一下【4】键，那么显示就会变为【减少】，如果再按一下【4】键，则显示又会变为【增加】。点号增减的作用：如果点号增减为【增加】时，那么当保存测量数据后，点号则加上【点号步长】的值。

如果点号增减为【减少】时，那么在保存测量数据后，则点号减去【点号步长】的值

例：当前点号为【120】、点号步长为【20】、点号增减为【增加】，那么在主菜单中测量完毕，按【保存】按钮后，则当前的点号将变为【140】。例：当前点号为【120】、点号步长为【20】、点号增减为【减少】，那么在主菜单中测量完毕，按【保存】按钮后，则当前的点号将变为【100】。

(5)谐振方式。

在主界面下按【参数设置】按钮对应的按键进入参数设置界面，按照屏幕提示按【5】键一次，则屏幕显示的谐振方式一项的显示就会在【手动】【自动】之间变化，例如，显示为【手动】按一下【5】键，那么显示就会变为【自动】，如果再按一下【5】键，则显示又会变为【手动】。一般在正常测量时，谐振方式应设置为【自动】，在干扰大或梯度大时，可设置为【手动】，在做日变测量时也应设置为【手动】。

(6)测量方式。

在主界面下按【参数设置】按钮对应的按键进入参数设置界面，按照屏幕提示按【6】键一次，则屏幕显示的测量方式一项的显示就会在【单点】【连续】之间变化，例如，显示为【单点】，按一下【6】键，那么显示就会变为【连续】，如果再按一下【6】键，则显示又会变为【单点】。

(7)定时间隔。

在主界面下按【参数设置】按钮对应的按键进入参数设置界面，按照屏幕提示按【7】键即可输入定时间隔值。定时间隔范围为 5～50s，比如要输入 10，则按【1】【0】键后按【确认】键即可输入，参数设置界面中点号步长一项就会变为[10]了，如果要保存参数一定要按【保存】按钮对应的按键，如果按【返回】按钮对应的按键则不保存。

(8)信号质量。

在主界面下按【参数设置】按钮对应的按键进入参数设置界面，按照屏幕提示按【8】键一次，则屏幕显示的信号质量一项的显示就会在【不好】【中等】【很好】之间变化，例如，显示为【不好】按一下【8】键，那么显示就会变为【中等】，再按一下【8】键，则显示会变为【很好】，如果再按一下【8】键，则显示又会变为【不好】。正常测量时用【中等】就可以，如果作为日变站，那么就可以选取【很好】，如果干扰或梯度大，那么就应选择信号质量【不好】进行测量。

(9)连接 GPS。

在主界面下按【参数设置】按钮对应的按键进入参数设置界面，按照屏幕提示按【9】键一次，则屏幕显示的连接 GPS 一项就会在【断开】【联机】之间变化，例如，显示为【断开】，按一下【9】键，那么显示就会变为【联机】，如果再按一下【9】键，则显示又会变为【断开】。

(10)时钟设置。

在主界面下按【参数设置】按钮对应的按键进入参数设置界面，如图 6-7 所示。

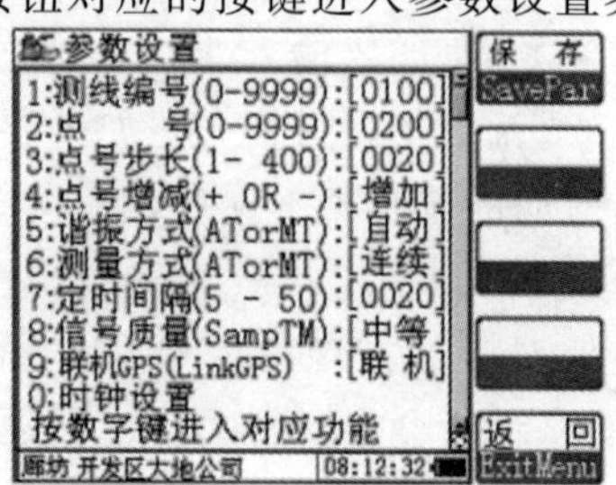

图 6-7 参数设置界面

然后按【0】键，屏幕弹出时钟设置对话框，屏幕显示如图 6 - 8 所示。

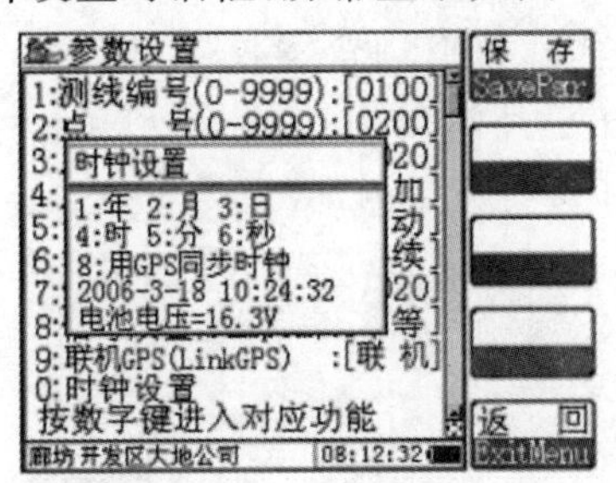

图 6 - 8　时钟设置

按【1】键为设置年份，屏幕弹出年份输入对话框如图 6 - 9 所示。

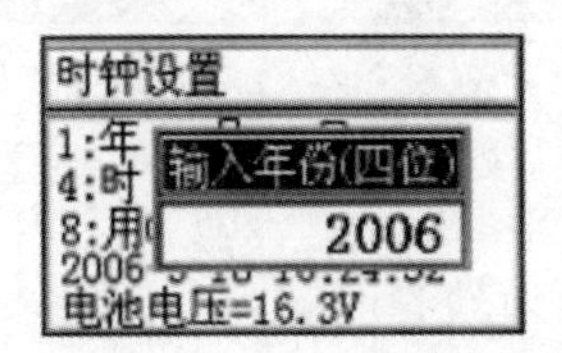

图 6 - 9　年份输入

注意年份要输入 4 位，比如要输入 2006 年，应输入【2】【0】【0】【6】后按【确认】键。如图 6 - 9 显示，可以分别手工输入年、月、日、时、分、秒。仪器也可以用 GPS 进行对时。在屏幕显示时钟设置对话框时，按【8】键，屏幕显示如图 6 - 10 所示。

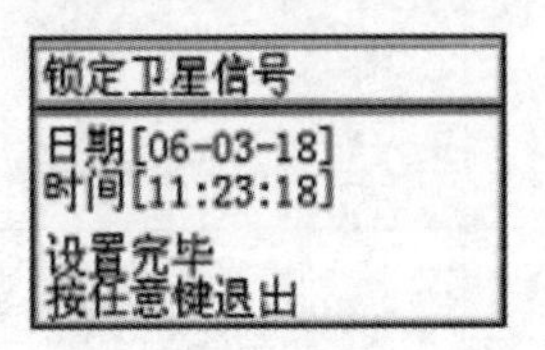

图 6 - 10　GPS 对时

如果屏幕显示设置完毕，按任意键退出，就说明已经对好时钟了，这时按任意键就可返回上一层屏幕。如果屏幕显示 GPS 格式错误，那么就按照 GPS 说明书进行输出格式的设置，GPS“NMEA”，输出设置为：XX. XXXX（4 digits），GPS 卫星信息、航点/航线、GAEMIN Properitary的复选框为空。设置完时钟后就可以用【取消】返回参数设置界面。

2. 文件管理

文件管理界面如图 6 - 11 所示。

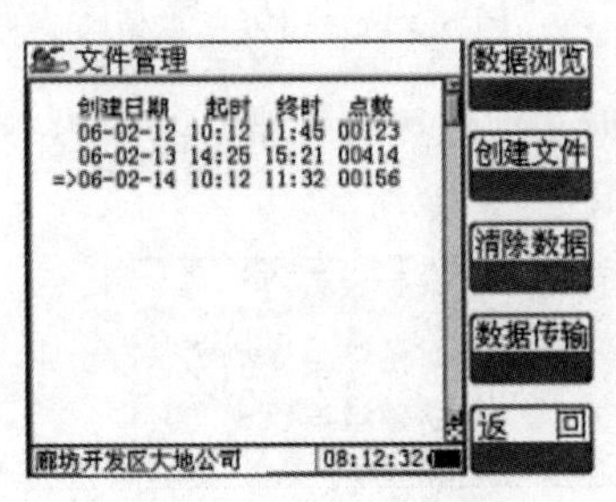

图 6 - 11　文件管理界面

在主界面下按【文件管理】按钮对应的按键，进入文件管理界面，文件管理可以对已保存的数据进行浏览、传输、清除等操作。数据浏览本仪器可保存 15 个文件，每个文件可以保存 16 384 个记录。文件管理中列出已经储存的文件。可以用【↑】【↓】键进行选择，选中的文件可按【确认】键或【数据浏览】按钮进行数据浏览（见图 6-12）。

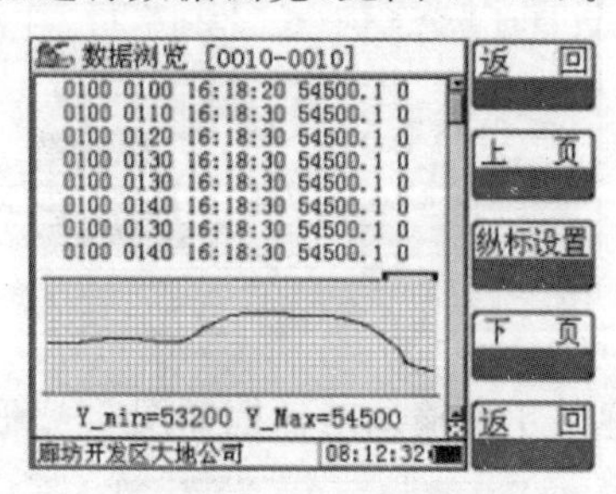

图 6-12 数据浏览

数据浏览界面如图 6-12 所示，数据列表为每页 7 条，对应曲线上[ ]所对应部分，用【PgUp】【PgDn】键进行数据浏览，数据列表前后翻页，标题栏[0010-0010]表示一共 10 页，当前页为第 10 页。每页为 7 条数据。

3. 纵标设置

纵标设置是为了更好地观察曲线形态而设定的，人为规定显示的最大值及最小值（见图 6-13）。

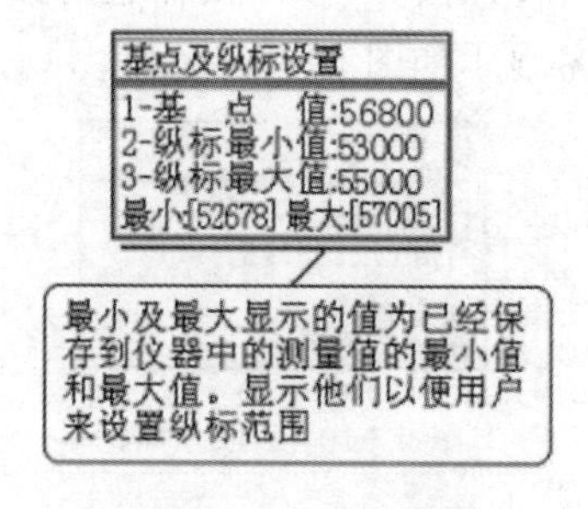

图 6-13 基点及纵标设置

按数字键【1】，屏幕变为如图 6-14 所示。

图 6-14 输入基点值

这时用数字键即可输入，比如当前地区的正常总场值为 56 800，则按数字键 5，6，8，0，0 后按【确认】键即可。屏幕则变为如图 6-15 所示。

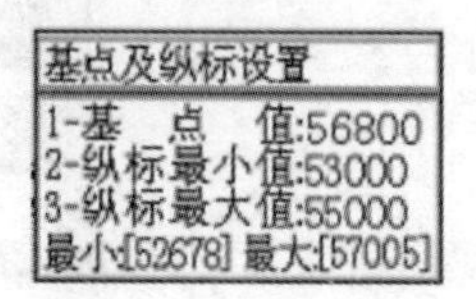

图 6-15 设置纵标

也可进行纵标设置。按【2】可输入纵标最小值。按【3】可输入纵标最大值。根据测量的数据调整纵标范围,可使显示的曲线更清晰易读。

4. 创建文件

按创建文件按钮,将建立一个新文件,根据提示建立即可,本仪器最多可以建立15个文件。

5. 清除数据

按清除数据按钮,将清除仪器内保存的所有数据,清除后自动建立一个新文件。

6. 数据传输

把仪器所带的数据传输线先与仪器连接好,再把另一头插入PC的USB口,然后打开仪器电源,按此选项,PC机将发现一个以PM-2为卷标的移动存储器(即U盘)在Windows【我的电脑】可以打开,数据文件名为FILE_1. TXT至FILE_15. TXT,把文件拷贝到计算机里就可以了。

注意:不要向仪器内拷贝数据。

四、思考题

在磁力仪基本操作过程中要特别注意哪些操作?

任务三　磁力仪的实际操作步骤和磁测工作

一、实训目的

掌握磁力仪的实际操作和野外磁测工作。

二、实训仪器

PM－2 质子磁力仪由四部分组成，分别为主机、传感器、探杆、测量线。

三、实训过程

（一）实际操作步骤实例

1. 点测方式

按仪器面板上电源开关，电源指示灯（红色）亮，屏幕显示如图 6－16 所示。

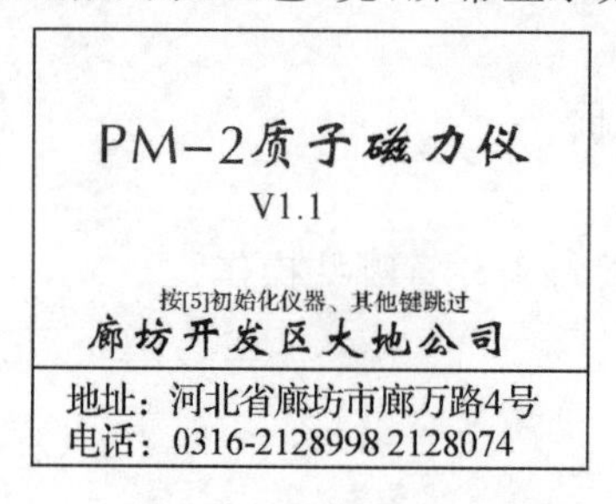

图 6－16　屏幕显示

等几秒钟或按任意键，则仪器进入主界面，如图 6－17 所示：

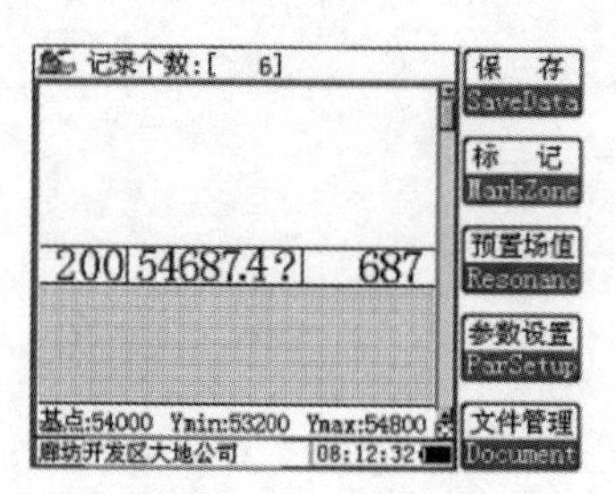

图 6－17　主界面

主界面显示区域的说明在前面章节已经介绍。测量前应查看仪器当前的谐振值也就是预置场值是否正确。查看方法：按屏幕右侧显示的【预置场值】的按钮边所对应的黄色按键。如按下，则屏幕弹出一显示框，如图 6－18 所示。

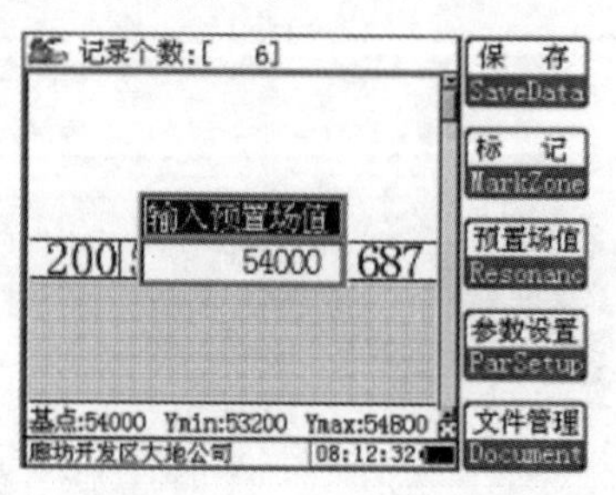

图 6－18　弹出显示框

如果预置值正确，则按键盘的【确认】返回，如果不正确就用数字键输入，比如当地的正常场为 53 670，那么就依次按键盘上的 5，3，6，7，0，然后按【确认】键返回。输入中如有输入错误可用【取消】键退格，或按【确认】键以后重新输入。检查完预置场值，就可以进行测量，按键盘上的【测量】键后，工作状态指示灯(绿色)亮 4s 钟后，屏幕上的测量值显示区就会显示测量值了。如果此测点测量的值比上一测量点值差距比较大，建议再测量一次，观察重复性。如果重复性好，再转到下一点进行测量。

测量值显示区说明如下：

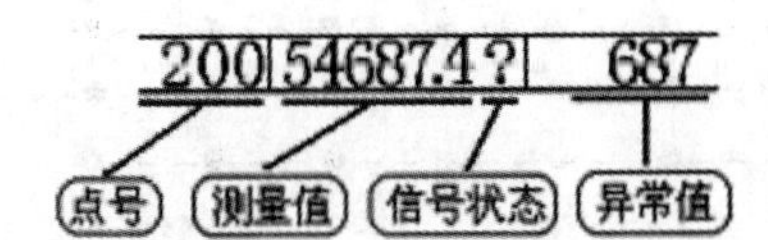

如果信号状态出现问号，说明质子旋进信号不稳定，在干扰强或场值梯度大的地方容易出现。如果数据重复性满足要求的话，出现问号也没问题。如果要保存数据则按【保存】按钮，所对应按键即可保存。如果测量值旁边出现问号，则不容许保存。不过如果当前标记为 6(未知)，则可保存数据。此点测量完毕后，保存数据，就可到下一点进行测量了。在正常情况下，用仪器的自动谐振方式即可进行测量，不过在梯度大或干扰大的地区测量，就会出现问题，这时可改为手动谐振，并应把信号质量项改为【不好】，这样仪器会更好地读取正确的磁场值。

为了方便用户了解当前测量的情况，本仪器显示差值，即用当前点的测量值减去基点的值。比如当前测点的测量值为 53 678，基点值为 54 000，那么将在异常值显示的位置上显示[－322]。表示当前点的总场值比基点少 322nT。

2. 连续测量方式

当仪器作为日变站时，应用连续测量方式。在参数设置中把【测量方式】设置为【连续】，把【谐振方式】设置为手动，【时间间隔】设置为所需的时间 5～50s 可选，【信号质量】选为【很好】，按保存按钮，回到主菜单，按【测量】键若干次如果读数稳定，按【保存】按钮即可开始连续测量。如果要停止测量可按任意键。

注意：【预置场值】要设置好，信号质量才会好，读数重复性才会好。经验：可先用单点测量，自动调谐方式测量若干次，读数稳定时的预置场值即为正确的预置场值。

(二)磁测工作方法

磁法勘探工作包括四个阶段：

1)设计阶段；

2)施工阶段；

3)数据处理阶段；

4)解释分析和成果报告编写阶段。

1. 工作设计

设计内容：任务目的及要求，地质和地球物理特点，工作方法和技术，技术经济指标和生产管理，拟提交的成果资料。

1)测区和比例尺和测网的确定。(见图 6-19 和表 6-1)

2)磁测精度的评价和确定。

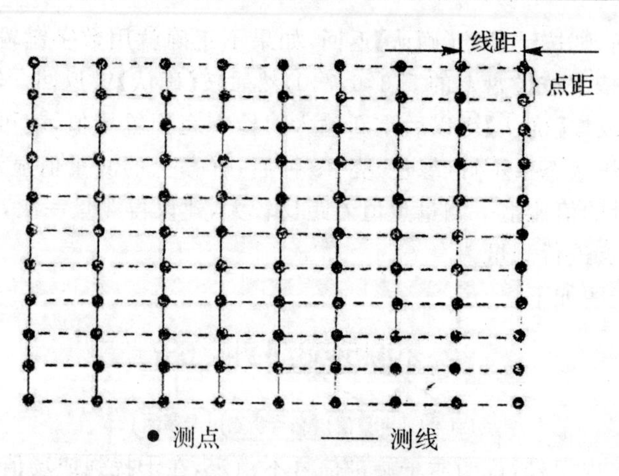

图 6-19　测网布置图

表 6-1　不同比例尺点、线距

比例尺	长方形测网		正方形测网
	线距/m	点距/m	
1∶50 000	500	50～200	500 m
1∶25 000	250	25～100	250 m
1∶10 000	100	10～40	100 m
1∶5 000	50	5～20	50 m
1∶2 000	20	4～10	20 m
1∶1 000	10	2～5	10 m
1∶500	5	1～2	5 m

2.野外施工

地面磁测：

(1)基点和基点网的建立；

(2)日变观测；

(3)测线磁场观测；

(4)质量检查。

3.观测结果的计算整理及图示。

(1)观测结果的整理计算。

(2)磁测图示方式(见图 6-20～图 6-22)。

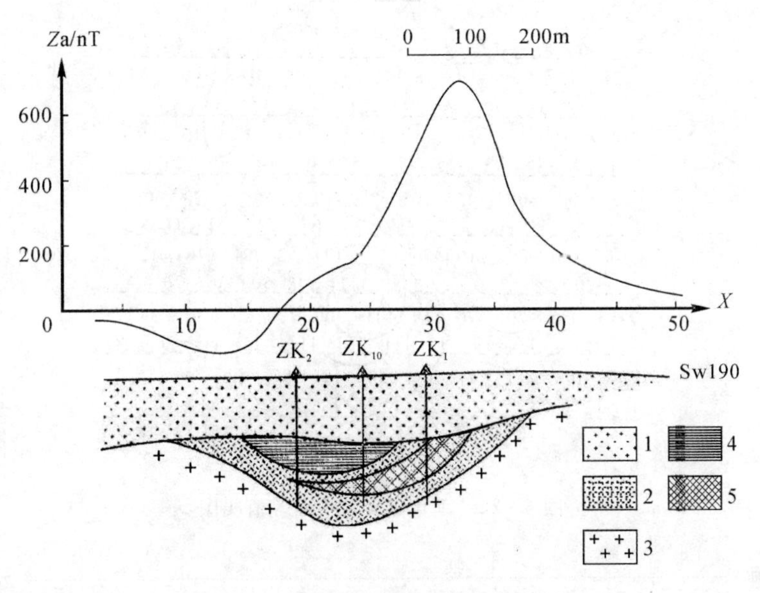

图 6-20　磁异常综合剖面图

1—表土；2—矽卡岩；3—闪卡岩；4—灰岩；5—铁矿

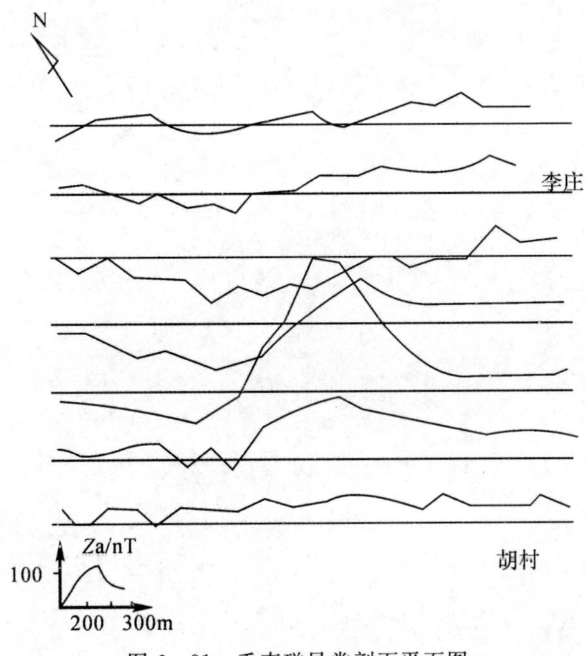

图 6-21　垂直磁异常剖面平面图

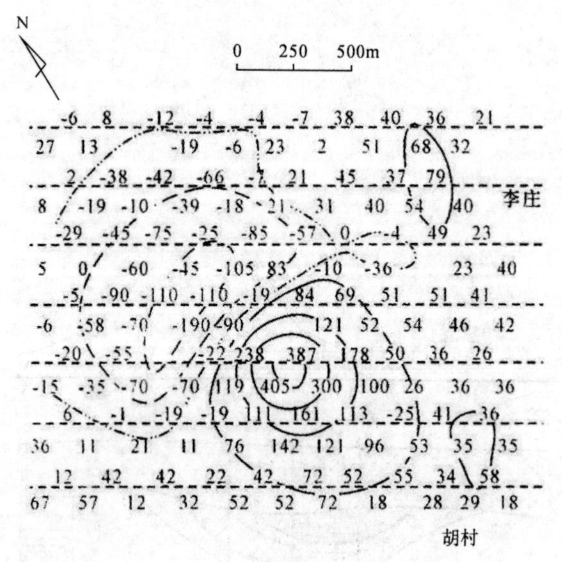

图 6-22　垂直磁异常平面等值线图

四、思考题

(1)单点测量和连续测量的应用有何区别?

(2)野外磁测的工作阶段能否调换?为什么?

项目七 油层物理基本实训

油层物理基本实训是石油工程系各专业学科学习的重要组成部分，它通过各种实训手段对岩石进行认识和鉴别、对岩心物理性质和流体物理性质进行测定和分析。因此，油层物理基本实训的主要目的是使学生掌握认识鉴别岩石和测定并分析岩心及流体的各种物理参数的方法和技能，从而能够根据所学原理设计实训，正确选择和使用仪器；其二是锻炼学生观察现象、正确记录数据和处理数据、分析实训结果的能力，培养严肃认真、实事求是的科学态度和作风；其三是验证所学的原理，巩固、加深对某些所学理论原理的理解，提高学生对专业基础课知识灵活运用的能力。

为了达到上述目的，必须对学生进行正确的严格的基本操作训练并提出明确的要求，实训过程的基本要求如下。

1.实训前的准备

实训前必须充分预习，了解所要做实训的目的，掌握实训所依据的基本理论，明确要求进行的测量、记录的数据，了解所用仪器的构造和操作规程，做到心中有数。

2.实训过程

1)进入实训室后到指定的实训台，先按仪器使用登记本检查核对仪器。

2)不了解仪器使用方法时，不得乱试；不得擅自拆卸仪器，仪器装置安装好后，必须经过实训技术人员检查无误后，方能进行实训。

3)遇有仪器损坏，应立即报告，检查原因，并登记损坏情况。

4)严格按实训操作规程进行实训，不得随意改动，若确有改动的必要，事先应取得实训技术人员的同意。

5)记录数据要求完全、准确、整齐、清楚。所有数据均应记录，不要只记认为合理的数据；尽量采用表格形式记录数据。应注意养成良好的记录习惯。

6)充分利用实训时间，观察现象，记录数据，分析和思考问题，提高学习效率。

7)实训完毕，应将实训原始记录数据交指导教师审查，审查合格后，方能结束实训；如不合格，需补做或重做。

8)整理好仪器，在仪器使用登记本上写明仪器使用情况并签名，经实训技术人员检查后方可离开实训室。

3.数据的处理和实训报告

1)搞清数据处理的原理、方法、步骤及数据应用的单位，仔细地进行计算，正确表达数据结果。处理实训数据应每人独立进行。

2)实训报告内容可分为目的、原理、实训步骤、实训数据、结果处理、作图及讨论等项目。

数据尽可能采用表格形式，数据处理和作图的要求应按“误差及数据处理”的相关规定进行。讨论内容包括对过程中特殊现象的分析和解释、实训结果的误差分析、对实训进一步改进的意见和想法以及实训后的心得和体会等。

实训报告是整个油层物理实训中重要的一项工作。在写报告过程中要善于思考、钻研问题、耐心计算、认真写作，反对粗枝大叶、错误百出、字迹潦草，应使每份报告都合乎要求。

任务一　原油基本特征的观察和测定

一、实训目的

石油的物理性质取决于它的化学组成和演化历史，石油不但没有固定的化学组成而且演化史也非常复杂，不同地区、不同层位、同一层位不同构造部位的原油，其物理性质也不相同。本次实训的目的是使学生通过鉴定原油的基本特征，能够掌握原油物理性质的测定方法，并培养学生具有认真、诚心的科学态度。

二、实训用品

1.仪器

萤光灯、馏程测定仪、韦氏相对密度天平、恩氏黏度计。

2.用品

试管、烧杯(50～250 mL)、漏斗、滤纸、停表。

3.试剂药品

氯仿、四氯化碳、二硫化碳、石油醚、甲醇、苯、正庚烷(正己烷)、氧化铝、硅胶、盐酸。

三、实训任务

1)通过肉眼观察和实训了解原油的基本物理性质及组分；

2)分析原油物理性质和参数在原油的生成、运移、演化等方面的作用。

四、实训内容

颜色:原油颜色的深浅取决于胶质-沥青质的含量。一般胶质-沥青质含量越高颜色越深。

荧光性:原油中饱和烃不发荧光，不饱和烃及其衍生物才发荧光。低分子量轻芳烃呈天蓝色，随着分子量加大荧光色调加深，胶质一般呈浅黄-褐色，沥青质一般呈褐-棕褐色。

溶解性:石油主要是以烃类为主的有机化合物的混合物，难溶于水，但可溶于许多有机溶剂中。

黏度:黏度是表示原油流动性能的重要参数。度量黏度的参数因测定的装置和计量单位的差别，分别称为绝对黏度[或动力黏度，单位为 Pa·s(帕·秒)]、运动黏度[单位为 m^2/s(平方米每秒)]和恩氏黏度(或相对黏度)。石油的黏度是一个很重要的参数，在油田的开采和集输方面很重要。

五、实训方法

1.颜色

观察原油颜色，一般观察在透射光照射下的颜色，即将样品朝光源方向，观察试管中对着眼睛一侧的颜色。若原油色深，透明度差，可摇动原油样品，观察留在试管壁上原油薄膜的颜色。

一般不观察反射光下的颜色，即向着光源一侧试管壁的颜色。因为反射光颜色常有萤光颜色干扰。

2.荧光性

取上述原油一小滴，分别置于①号试管中，加入 4 mL 氯仿，摇动试管；待完全溶解后，倒

1/2 于②号试管中，在其中再加 2 mL 氯仿摇匀；将②号试管中的溶剂，倒 1/2 于③号试管中，再加 2 mL 氯仿并摇匀，比较①②③号试管的荧光强度。

3. 溶解性

取 12 支试管，分别装入 2 mL 的氯仿（$CHCl_3$）或四氯化碳（CCl_4）、苯（C_6H_6）、甲醇（CH_3OH）和水（H_2O），于各试管中分别加入一滴原油，摇匀后，观察比较溶剂颜色深浅及其荧光性。

4. 黏度

恩氏黏度的测定是在一定温度（t）下，使 200 mL 的待测原油通过标准孔，测其流出时间；再以此时间与同体积蒸馏水在 20℃时流出的时间（称为水值，常为 51 s）做成比值即得，以 E_t^{20} 表示之。由恩氏黏度查表可得相应的运动黏度。运动黏度乘以该温度时原油的相对密度，即为动力黏度。

运动黏度测定的仪器是一组毛细管黏度计的一支。每支仪器必须有黏度计常数。毛细管黏度计各支扩张部分的内径不同，供试验不同黏度的原油时选用。测定时，当 A 管中油样液面向下流动至 a 刻线处开始记时。当液面流至 b 刻线时停止记时。在温度 t 时运动黏度 U_t（厘沱）按下式计算：

$$U_t = ct_t$$

式中　c——黏度计常数，$10^{-6}\ m^2$；

　　　t_t——油样平均流动时间，s。

六、记录并思考

认真做好实训记录并比较三种原油优劣（见表 7－1），分析原油的物理性质和化学性质的关系。

表 7－1　原油肉眼观察记录表

观察项目 原油样品	颜色 （在透射光下）	荧光性		溶解性	
		①号试管			
		②号试管		$CHCl_3$	
		③号试管			
		①号试管			
		②号试管		苯	
		③号试管			
		①号试管			
		②号试管		甲醇	
		③号试管			
		①号试管			
		②号试管		水	
		③号试管			

任务二　岩石含油性的鉴定

一、实训目的

用简易方法鉴定岩石是否含油。

二、实训用品

岩石样本、水、酒精灯、试管、盐酸、三氯甲烷($CHCl_3$)、四氯化碳(CCl_4)、二硫化碳(CS_2)。

三、实训任务

通过原油的物理性质测定岩石标本是否含油,并分析物理性质与原油成分之间的关系。

四、实训内容

(1)利用原油难溶于水的性质,采用浸水法确定原油是否含油;

(2)使用加热法测定岩石样本;

(3)利用石油易溶于有机溶剂的性质,测定岩石样本;

(4)利用石油的荧光性测定岩石样本。

五、实训方法

1.浸水法

将样品置于水中,如岩样不亲水或于水中见有油膜,则该样品含油。或是滴水于样品上,水不渗入而呈珠滚下,亦可确定为含油。

2.加热法

将试样研碎晾干,使其所含水分蒸发然后用牛角匙取岩样 1/3 勺(约 1g)放入试管中,在酒精灯上均匀加热,如试样含油则见管壁上有油珠或油膜附于管壁并可闻及石油沥青味。

3.有机溶剂法

有机溶剂常用的有三氯甲烷($CHCl_3$)、四氯化碳(CCl_4)、二硫化碳(CS_2)等。

(1)砂岩含油测定。

将研碎晾干的试样置于试管,加入 1～2 mL CCl_4,摇动后观察。如岩样中含油或沥青类物质则原来无色透明的溶剂因溶解石油而变为淡黄、棕黄、黄褐或褐色的溶液,如肉眼看不出溶液色调,则可用滤纸把溶液过滤然后观察滤纸是否有残迹。

(2)碳酸盐岩含油测定。

将岩样磨碎,加入稀盐酸。若含油及沥青类物质,则碳酸盐岩加盐酸后放出的 CO_2 气泡被油膜所包裹。以上测定不易观察时,可将稀盐酸处理后的岩样加入 CCl_4 或其他有机溶剂,观察其溶液颜色,若为黄褐等色调或在滤纸上留下黄、褐色残迹,则可证明该样品含有油或沥青类物质。

(3)岩石中含有淡色石油鉴别。

取 1/3 勺岩样,加入丙酮,再加入水。若含油,则呈乳状混浊溶液。

4.萤光法

借助石油在紫外光照射下发出萤光的特点,可利用萤光灯鉴定是否含油。

(1)萤光灯直接照射。

一般在野外自然露头或井下所取岩心、岩屑中如含油丰富则利用油的直观特征可以鉴别是否含油。当自然露头风化较久或井下岩层因含油饱和度低,含油岩层薄,而于岩屑中难于判断时,可将样品或岩屑用紫外线直接照射,石油会发出特殊的蓝色,轻质油的荧光为浅蓝色,含胶质多的石油呈绿色和黄色。但应注意除石油及沥青类物质发光外，在岩屑中也常遇到另一些发光物质，如石膏、石英、方解石、盐岩、油页岩、重晶石等，应从荧光色调及其他特点上加以区别(见表7－2)。

表7－2　几种荧光发光物质对比

发光物质	荧光色调	鉴别特点
石英(蛋白石)	灰白	坚硬、加酸不起泡
方解石	乳白	结晶完好、菱形解理、加酸起泡
石膏	亮天蓝、乳白	无色半透明、硬度小、加酸不起泡
盐岩	亮紫	无色、透明、晶形完整、具咸味

(2)紫外光灯照射。

将1/3勺岩样加入1～2 mL的CCl_4(或是$CHCl_3$等有机溶剂)，在紫外光灯照射下观察其萤光特点，以确定其含油与否。

亦可将CCl_4溶有石油沥青的溶液滴在瓷盘上晾干，或者直接滴在装有岩粉的乳钵中，在紫外光灯照射下观察。据发光的不同形状可估计沥青类的含量。

六、实训报告

实训报告格式见表7－3。

表7－3　岩石含油性鉴定实训报告　　　＿＿年＿＿月＿＿日

鉴定特征 原油标本号	主要鉴定特征							其他特征
			有机溶剂法			荧光法		
	浸水法	加热法	加入CCl_4	加入稀盐酸HCl	加入丙酮	荧光灯照射	紫外光灯照射	

班级：＿＿＿＿＿＿＿＿　　姓名：＿＿＿＿＿＿＿＿　　成绩：＿＿＿＿＿＿＿＿

任务三　砂岩的粒度组成分析

一、实训目的

(1)知识目标:进一步加深对粒度概念的理解,了解岩石的骨架构成。

(2)能力目标:

1)掌握筛析法,且能熟练操作整个过程;

2)通过粒度组成分析学会划分储层,评价储层。

(3)素质目标:

1)加强学生的团队意识、责任意识和协作能力;

2)锻炼学生的表达能力和沟通能力。

二、实训用品

振筛机、研磨机、烘箱、天平、漏斗、橡皮锤、瓷钵、三角瓶、岩心、盐酸、电源。

三、实训原理

粒度组成是指构成岩石的各种大小不同的颗粒的含量,通常以百分数表示。粒度组成是储层岩石的一个重要特性。储层岩石的许多性质,如孔隙度、渗透率、密度、比面、表面性质等都与它有关,在地质上根据粒度组成可以判断地层沉积的地质和古地理条件。

1. 材料的选择

(1)筛子的选择。相邻筛子筛孔孔眼相差$\sqrt{2}$与$\sqrt[4]{2}$的级差,相邻筛子的孔眼面积的比值约在1.2～1.41的范围。

(2)选择50 g碎岩石。

(3)选择电子称。

2. 实训原理

把选用的筛子按筛孔从大到小排列好,取处理好的砂子50 g放入最上面的筛子中,开动振筛机(见图7-1)振动15 min,按不同的粒级将它们分开。取下筛子,把每个筛子中的颗粒小心地倒到纸上,逐份称量,算出质量分数和累积质量分数(适用于直径0.05 mm以上的颗粒组分)。

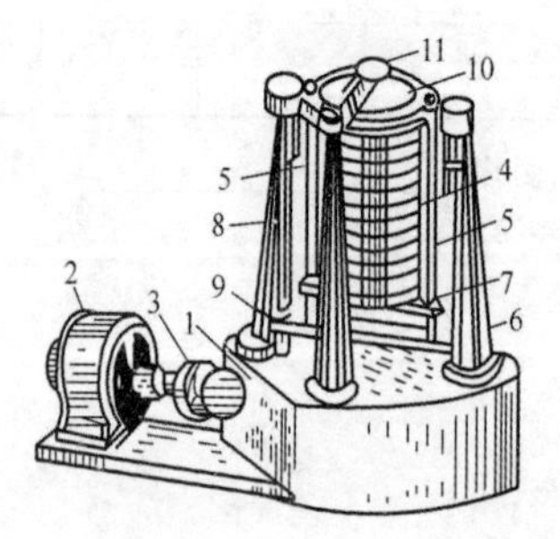

图7-1　振筛机

1—机座;2—电动机;3—联接器;4—筛子;5—导柱;

6—底盘;7—横梁;8—立柱;9—底梁;10—顶盖;11—撞击器

四、实训步骤

1. 选样

取样应考虑到岩样的代表性，不要取样品中特殊的一角。将代表某种岩心的样品进行抽提除油。

2. 样品处理

根据薄片鉴定的结果，针对各种不同的胶结物，用不同的方法对胶结物进行处理。

1）对于碳酸钙胶结，可配制5%～10%的盐酸，浸泡岩石，待作用结束，倒出残液，然后再加入同样浓度的盐酸，继续处理，反复操作，直至加的新酸不起泡为止。然后用清水洗净烘干。如有 $CaCO_3$ 白云岩化现象，可以加较浓的盐酸，并可稍加热。

2）对于泥质胶结，用清水浸泡，并可放置在电热板上稍加热，用软橡皮锤稍加研磨。

3）冲洗泥质部分：首先解散颗粒，对于均匀样品可用研磨机研磨，当电动机带动转子旋转后，应调节控制手轮，使转子与磨体之间的间隙配合适当，一般以0.1 mm左右为宜。然后，将打碎的小块岩样与水混合，从加样漏斗缓慢地加入，直到砂粒全部松解开，最后可在镜下检查松颗粒的质量。不适于机器研磨的样品，用手工研磨，即用橡皮锤在瓷钵内研磨，研磨到样品颗粒完全松解开，一般研磨到加水比较清亮即可。其次称取样品。将解散成颗粒的样品烘干，用电子天平称取30 g或50 g，甚至100 g岩样。最后溢流冲泥。将称量的样品放入1 000 mL的三角瓶中，保持流量在130 mL/min以下的杯口溢流量进行冲洗，每隔半小时轻微搅拌一次。直到瓶中上半部的水变的透明为止。然后取出冲洗管，静置数分钟后，倒去瓶中大部分水。并将样品转移到瓷碗中，放在烘箱中烘干。冲洗管为内径0.51 mm的毛细管。更换毛细管必须测量杯口流量。保持杯口的流速相当于将0.01 mm直径的泥质颗粒从瓶口溢流去所需要的实训速度。

3. 筛析

1）将冲洗好的样品移入烘箱内，在107 ℃恒温3 h，冷却后即可振筛。

2）称量冲出的干岩样重量 W，倒入预先准备好的标准筛内（标准筛自上而下孔径由大到小排列）并放在振筛机（见图7-1）上振筛15～20 min，使各粒级岩样通过一定筛号的筛子将岩样分开。

3）将各筛子中样品，在电子天平上称重 W_i，要求砾石以上的重量（第一个筛子内的重量）不超过总重量的25%。

五、数据处理

1）计算：每一层筛子上岩样的质量分数为 $G_i=\dfrac{W_i}{W}$。

2）绘图：绘制粒度组成分布曲线图。

六、注意事项

1）选择好筛子后进行排列时，一定要注意筛孔直径大小的排序；

2）筛析完毕后取样品称量时，注意倒取样品的方法及动作幅度，不要将颗粒洒出去，影响粒度组成的精确度；

3）称量时注意去皮。

七、思考题

提高本实训精度的措施有哪些？

八、作业

完成实训报告。

任务四　储层岩石孔隙度的测定(气测法)

一、实训目的

(1)知识目标:

1)巩固孔隙度的概念及岩石的组成;

2)掌握测定孔隙度的基本方法及思路。

(2)能力目标:

1)掌握气测法,且能熟练操作整个过程;

2)能够通过物性参数的大小分析出岩石的物性的好坏。

(3)素质目标:掌握实训技巧,培养学生认真、细心和求实的态度。

二、实训用品

气体孔隙度仪一台、氦气或氮气一瓶、标准钢块、游标卡尺一把、盒式气压计一只、干燥器一个(存放岩样用)。

三、实训原理

孔隙度是指岩石中孔隙体积 V_p(或岩石中未被固体物质充填的空间体积)与岩石总体积 V_T 的比值。储层的孔隙度越大,能容纳流体的数量就越多,储集性能就越好。

$$\phi=\frac{V_p}{V_T}\times100\%=\left(\frac{V_T-V_3}{V_T}\right)\times100\%=\left(1-\frac{V_3}{V_T}\right)\times100\%$$

气体孔隙度仪的工作原理:

该仪器是一种测定岩样的颗粒体积和孔隙体积的仪器。它是利用气体膨胀原理,即玻义尔(Boyle)定律测定的。已知体积(标准体积)的气体,在确定的压力下向未知室作等温膨胀,状态稳定后可测定最终的平衡压力,平衡压力的大小取决于未知室体积的大小,而未知体积的大小可由玻义尔定律求得。

该仪器可用两种气体测定,即氦气或氮气。一般砂岩可用氮气测定,对于较致密的灰岩和孔隙较小的岩样可用氦气测定。

根据玻义尔定律,气测孔隙度测定原理如图 7-2 所示。气体在已知体积 V_k 和测试压力 p_k 下等温膨胀到未知室(体积为 V)中,膨胀后测量最终平衡压力 p,这个平衡压力取决于未知体积量,未知体积可以用玻义尔定律求得。

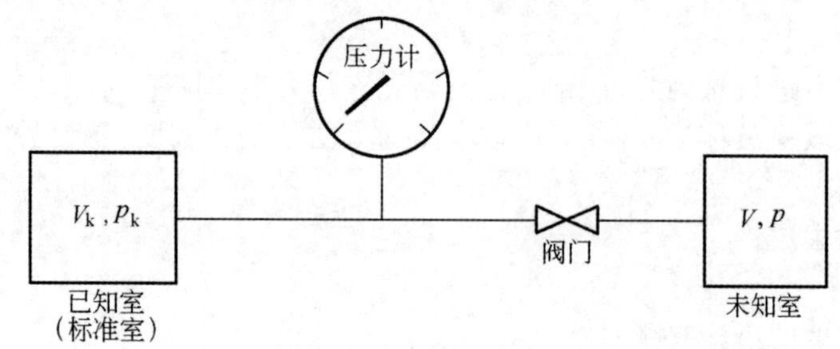

图 7-2　气测孔隙度测定原理图

$$V_k p_k = Vp + V_k p$$

$$V = V_k \frac{p_k - p}{p}$$

对于低压真实气体，在弹性容器中作等温膨胀，考虑到器壁的压变性，忽略一些次要因素，由下式计算未知体积：

$$V = V_k \frac{p_k - p}{p} + \frac{p + p_a}{p} G(p_k - p)$$

式中　V ——未知室空间体积，cm^3；

　　V_k ——已知室空间体积，cm^3；

　　p_K ——已知室的原始压力，MPa；

　　p ——平衡压力，MPa；

　　p_a ——当地当时大气压，MPa；

　　G ——体系的压变系数，cm^3/MPa。

由此可知，在体系一定时，即 $V_k p_k G$ 一定时，待测体积只是平衡压力 p 的函数。“气测孔隙度仪”就是测定平衡压力 p 。

四、实训步骤

1)接通仪器电源，预热 30 min。

2)测量各个标准钢块和岩样的外表尺寸，分别计算出钢块的体积。由于岩样的外表不是很规则，所以在测量外表尺寸时应注意：用千分卡尺在三个不同位置上测量其长度和直径，取其算术平均值作为计算长度和直径。

3)检查所有阀门是否都处于关闭状态(关好所有阀门，包括岩心夹持器上盖)。

4)开高压气瓶阀门，将气瓶上的减压器出口压力调到 0.8～1 MPa。

5)开气源阀，开供气阀及测量阀，用调压器将压力调到初始压力 p_k(要求 p_k 在 0.5～0.7 MPa)。

6)关闭供气阀，使压力保持 1 min，如不下降，开放空阀排气后即可进行以下各项。

7)关闭测试阀，开岩样杯上盖，将Ⅰ号和Ⅱ号标准钢块放入样品杯，并将样品杯上盖旋紧密封。

8)打开供气阀，待标准室压力稳定(0.7 MPa)后，关闭供气阀，然后记录标准室初始压力值 p_k。

9)打开测量阀，气体膨胀到岩样杯，压力读数下降，待压力稳定后记录此时的平衡压力 p_1。

10)开放空阀，关测试阀，开岩样杯取出Ⅰ号标准钢块，让样品杯内只有Ⅱ号标准钢块，然后密封岩样杯，关闭放空阀，重复步骤 8)和 9)，记录平衡压力 p_2。

11)开放空阀，关测量阀，开岩样杯取出Ⅱ号标准钢块，放入Ⅰ号标准钢块，然后密封岩样杯，关放空阀，重复步骤 8)和 9)，记录平衡压力 p_3。

12)开放空阀，关测量阀，开岩样杯取出Ⅰ号标准钢块，让岩样杯内没有任何标准块，密封岩样杯，关放空阀，重复步骤 8)和 9)，记录其平衡压力 p_4。

13)开放空阀，关测量阀，开岩样杯放入待测岩样，密封岩样杯，关放空阀，重复步骤 8)和 9)，记录装上岩样后的平衡压力 p_5。

至此，一块岩样测定完毕，如果要继续测定多块岩样，只要重复步骤13)就可以了。

14)测试完成后，关闭高压气瓶阀，放空系统内所有压力，然后关闭所有阀门。切断电源，结束实训。

五、数据处理

1)将测量的参数填入表7-4。

2)根据孔隙度测定仪所测得的参数计算出V_3。

3)根据测量的岩样长度和直径(取不同测量位置的平均值)计算岩样的总体积V_T。

4)计算孔隙度ϕ。

$$\phi=\frac{V_P}{V_T}\times 100\%=\left(\frac{V_T-V_3}{V_T}\right)\times 100\%=\left(1-\frac{V_3}{V_T}\right)\times 100\%$$

表7-4 气体法岩石孔隙度测定测量参数记录表

序号	项目	符号	测量值
1	岩样编号	N_0	
2	大气压/MPa	p_a	
3	岩样长度/cm	L	
4	岩样直径/cm	D	
5	初始压力/MPa	p_k	
6	岩样杯中装入Ⅰ,Ⅱ号标准钢块时的平衡压力/MPa	p_1	
7	取出Ⅰ号标准钢块时的平衡压力/MPa	p_2	
8	Ⅰ号标准钢块的体积/cm³	V_{01}	
9	取出Ⅱ号放入Ⅰ号标准钢块时的平衡压力/MPa	p_3	
10	Ⅱ号标准钢块的体积/cm³	V_{02}	
11	岩样杯中无标准钢块时的平衡压力/MPa	p_4	
12	岩样杯装入岩样时的平衡压力/MPa	p_5	

六、注意事项

1)调节压力应耐心细致，以保证测试精度，“平衡”后压力值稳定若干秒后再读数。

2)岩样夹持器放入岩样或钢块标样后，为保证测试精度，压把应压下到最底位置，此时应检查岩样室密封口无泄漏，如有泄漏可调节夹持器底端螺母。但不应调得过紧，造成压把压下困难。

3)实训过程中如有问题及时报告老师。

七、思考题

(1)气测孔隙度的基本原理是什么？

(2)通过实训你有何收获和体会？

八、作业

完成实训报告。

任务五　储层岩石比面的测定

一、实训目的

(1)知识目标：

1)巩固比面的概念；

2)掌握测定比面的基本方法及思路。

(2)能力日标：

1)掌握比面的测定方法及原理过程，且能熟练操作整个过程；

2)能够通过物性参数的大小分析出岩石物性的好坏。

(3)素质目标：掌握实训技巧，培养学生认真、细心和求实的态度。

二、实训用品

BMY-2岩石比面测定仪、氮气瓶、秒表、量筒、烧杯

三、实训原理

所谓比面是指单位体积岩石内颗粒的总表面积A，或单位体积岩石内总孔隙度的内表面积，即

$$S=14\sqrt{\frac{\phi^3}{(1-\phi)^2}}\sqrt{\frac{A}{L}}\sqrt{\frac{H}{Q}}\sqrt{\frac{1}{\mu}}$$

式中　S——岩石比表面积，cm^2/cm^3；

A——岩石颗粒总表面积或岩石孔隙的总内表面积，cm^2；

V——岩样体积，cm^3。

从上式看出，单位体积岩石中细颗粒愈多，它的比面就愈大，反之，就愈小。多孔介质一个最本质的特性就是固体颗粒的比表面很大，比如1 m^3中粒砂岩中孔道的表面积在20 000 m^2以上。这就使得渗流摩擦阻力很大。从很多方面来看，这个性质决定了多孔介质中流体的动态。

岩石比面的大小与岩石其他物性(渗透率、孔隙度、吸附能力等)有关，特别是与渗透率、孔隙度的关系很大，它们存在有如下关系：

$$S=14\sqrt{\frac{\phi^3}{(1-\phi)^2}}\sqrt{\frac{A}{L}}\sqrt{\frac{H}{Q}}\sqrt{\frac{1}{\mu}}$$

式中　S——以岩石骨架体积为基准的比面，cm^2/cm^3；

ϕ——岩样的孔隙度，百分数；

A和L——岩样的截面积和长度，cm^2和cm；

H——空气通过岩心稳定后的压差，cm水柱；

μ——空气的黏度，10^2 mPa·s；

Q——通过岩心的空气流量，cm^3/s。

从上式不难看出，孔隙度ϕ通过实训测得，横截面积A和长度L可以用游标卡尺直接量出，黏度μ由查表得到，只要通过比面测定仪测出空气通过岩样的压差H和相应的流量Q，便可算出岩样的比面。

本实训用的仪器如图 7-3 所示。它主要由马略特瓶 1，岩心夹持器 2 和水压计 3 组成，当通过漏斗 4 向马略特瓶注水时，开关 5 必须打开以便放空瓶内空气。瓶内注满水后，关闭开关 4 和 5，测定时，打开开关 6(并用它来控制流出的水量)，在静水压力作用下，水面下降使马略特瓶内造成负压(即岩心的一端也为负压)，此时在大气压的作用下，气体通过岩心进入马略特瓶内排水，同时在水压计上显示出压力差。当压力差稳定时，则说明通过岩样的空气量也达到稳定，该气体量便等于从瓶中流出的水量。

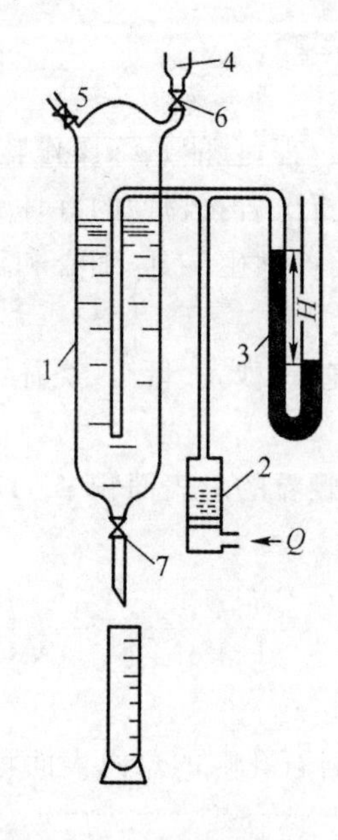

图 7-3　比面测定仪

四、实训步骤

1)测定岩样必须保证是干燥的，用游标卡尺量出岩样的长度和直径 D，计算岩样的截面积。

2)将量好的岩样放入岩心夹持器，打开环压阀加环压，岩样与夹持器之间应确保气体不能窜流。

3)打开放空阀，然后再向马略特瓶内灌水，大约灌 2/3 便停止，关上进液阀，然后再关放空阀。

4)准备好秒表，打开流量控制阀，并用它来控制流出的水量，待压力计的压力稳定在某一 H 值后，测量一定时间 t 内流出的水量 V，用同样的方法至少测定三个水流量和与之相应的 H 值。

5)关上流量控制阀，关上气源阀，打开放空阀。

五、数据处理

(1)横截面积：

$$A=\frac{\pi D^2}{4}$$

(2)流量：

$$Q=\frac{V}{t}$$

(3)比面：

$$S=14\sqrt{\frac{\phi^{3}}{(1-\phi)^{2}}}\sqrt{\frac{A}{L}}\sqrt{\frac{H}{Q}}\sqrt{\frac{1}{\mu}}$$

六、注意事项

1)向仪器中注入液体时，打开进液阀，同时必须打开放空阀，否则马略特瓶内会憋压。

2)取流量时，必须是压差计稳定不变时，否则流体流出的流量和空气进入岩心的流量不等。

七、作业

完成实训报告。

任务六　储层岩石渗透率的测定

一、实训目的

(1)知识目标：

1)巩固达西定律及渗透率的概念；

2)掌握测定渗透率的基本方法及思路。

(2)能力目标：

1)掌握渗透率的测定方法及原理过程，且能熟练操作整个过程；

2)能够通过物性参数的大小分析出岩石物性的好坏。

(3)素质目标：掌握实训技巧，培养学生认真、细心和求实的态度。

二、实训用品

GP－2气体渗透率测定仪(见图7－4)、氮气瓶、岩心、游标卡尺、温度-黏度对照表。

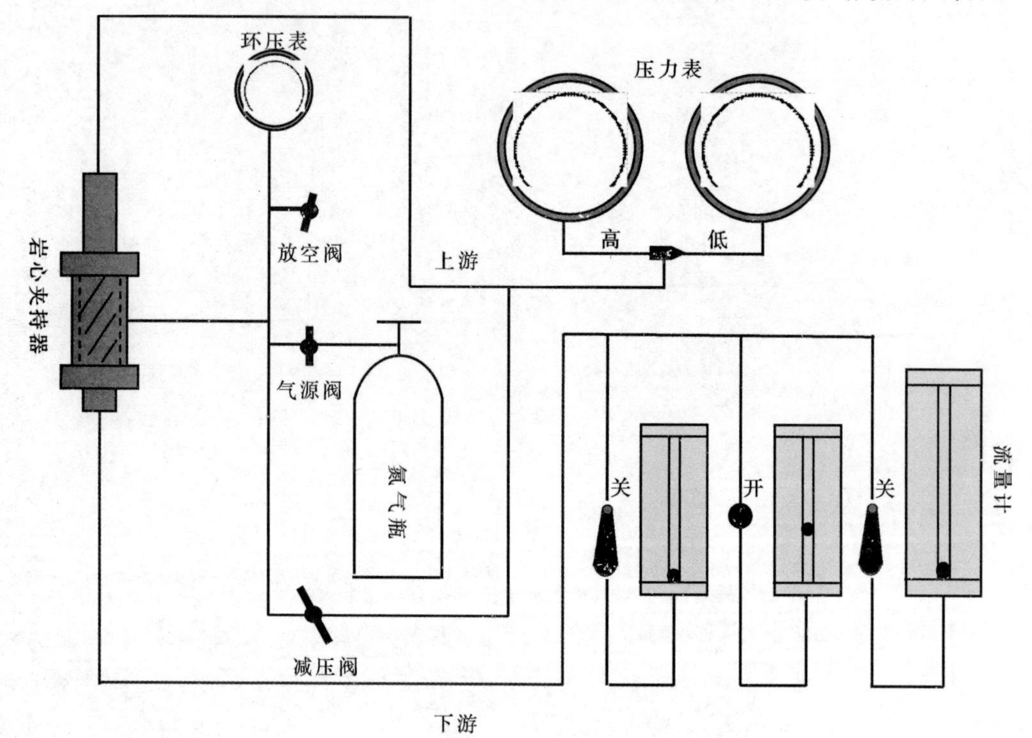

图7－4　GP－2气体渗透率测定仪原理图

三、实训原理

实训室测定岩心的绝对渗透率是以达西定律为依据的

$$Q=k\frac{10A}{\mu}\frac{\Delta p}{L}$$

$$A=\frac{\pi d^2}{4}$$

当用液体测定渗透率时，可认为液体不可压缩，液体体积流量在岩心中任意横截面上是定值。然而气体却不同，气体的体积随压力和温度的变化十分明显，是可压缩的。用气体测定岩石的渗透率时所依据的原理是达西定律的微分形式，即

$$K=-\frac{Q\mu}{10A}\frac{\mathrm{d}L}{\mathrm{d}p}$$

微积分后

$$K=\frac{2Q_0\mu Lp_0}{A(p_1^2-p_2^2)}\times10^{-1}$$

式中　K——气测渗透率，μm^2；

p_0——大气压力，0.1MPa；

A——岩心断面积，cm^2；

μ——气体的黏度，mPa·s；

L——岩心长度，cm；

p_1，p_2——入口和出口断面上的绝对压力，MPa。

式中的 d 或 L 可以用游标卡尺量出，μ 可以由手册上查到，因此式中 A，L，μ 都是已知数值，所以测定渗透率的基本原则就是测定在一定的压差 Δp 的流量 Q。

四、实训步骤

1)用游标卡尺量出岩样的长度和直径，计算其横截面积 A。

2)检查面板上的各个阀门是否关紧，注意流量计三个开关是否至少开了一个。

3)将岩样放进岩心夹持器的橡皮筒内，用加压钢柱塞将岩样向上顶，钢柱塞上的键与夹持器底端的槽吻合后旋转 90°。

4)开、关一下放空阀。

5)根据需求调节氮气瓶的压力(视岩样的渗透性大小而定)，开气源阀。

6)选择一个流量计并打开该流量计控制阀，顺时针调节调压阀(一般压力由小到大调节)，调至流量计中的转子上升到一定高度。

7)读取流量计读数。

8)转换流量计(先开下一步要用的流量计控制阀，然后再关闭刚用过的流量计的控制阀，以防憋压)，调节调压阀，重复步骤 6)和 7)，要求每块岩样应测 3 个以上不同压差下的流量。

9)关闭气源阀、调压阀，打开放空阀，使上流压力和环压降至零，取出岩样。

10)实训结束后，将夹持器中放一岩样，并将加压钢柱塞推进夹持器中，旋紧钢柱塞，关闭所有阀门，包括氮气瓶。

五、数据处理

将测出的数据分别代入公式 $K=\frac{2Q_0\mu Lp_0}{A(p_1^2-p_2^2)}\times10^{-1}$ 计算，算出的渗透率进行算术平均，最后得到较为精确的渗透率值。

六、注意事项

1)控制流量计的阀门至少有一个是开着的，换流量计时先开后关，防止管线内憋压；

2)在开气源阀之前一定要将调压阀关闭，防止气体在无调节的情况下冲入压力表和流量计；

3)实训结束后放空,放空时一定要将气源阀关闭,否则会放掉氮气瓶中的气体。

七、思考题

测定岩样绝对渗透率时,为何不采用液体而采用气体作为流通介质?

八、作业

完成实训报告。

任务七　克氏渗透率测定

克氏渗透率自动测定仪为一种岩心物性分析性仪器，可为石油、地质、煤矿等行业的科研单位提供可靠的岩心渗透率分析依据，可以准确地测定出 $0.001\times10^{-3}\sim8\ 000\times10^{-3}\ \mu m^2$ 的岩心空气渗透率并回归出克氏渗透率值。

一、实训目的

(1)知识目标：

1)巩固达西定律及渗透率的概念；

2)掌握测定渗透率的基本方法及思路。

(2)能力目标：

1)掌握克氏渗透率的测定方法及原理过程，并能熟练操作整个过程；

2)能够通过物性参数的大小分析出岩石物性的好坏。

(3)素质目标：掌握实训技巧，培养学生认真、细心及求实的态度。

二、实训用品

克氏气体渗透率测定仪、氮气瓶、岩心、游标卡尺。

三、基本原理

渗透率自动测定仪是基于达西定律而设计的，在一定的压力下使空气流过岩心，由于岩心渗透率不同，通过岩心的流量、压力也不同，压力传感器、流量计、数据采集板、微机系统对此压力值、流量值进行采集，经运算程序处理后自动打印渗透率值。

测量克氏渗透率时必须进行3组以上不同测试压力下渗透率测量，然后进行克氏渗透率值回归，从而得出克氏渗透率值。

渗透率测量基于达西定律：

$$K=\frac{2Q\mu Lp_0}{0.785d^2[(p_{进}+p_0)^2-p_0^2]}\times10^5$$

式中　K——气体渗透率，$10^{-3}\mu m^2$；

Q——气体流量，mL/s；

μ——气体黏度，map；

L——岩心长度，cm；

p_0——大气压，kPa；

d——岩心直径，cm；

$p_{进}$——岩心进口压力，kPa。

在最少3组不同测试压力下，测量3个渗透率值，以测试压力的平均值的倒数为横坐标，渗透率值为纵坐标，作直线，此直线与 y 轴的交点为克氏渗透率值(见图7-5)。

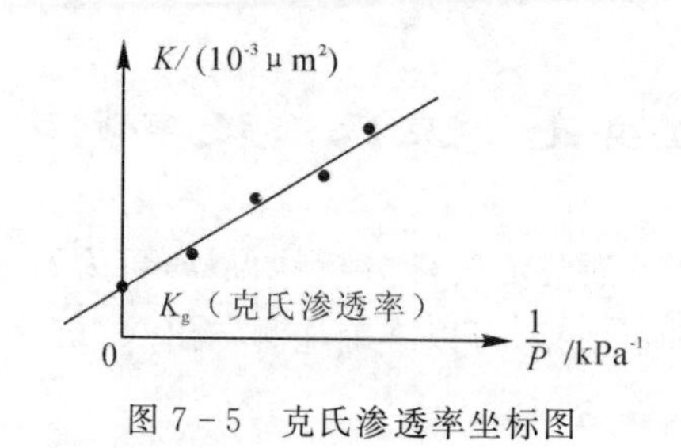

图 7-5 克氏渗透率坐标图

四、仪器结构和性能

渗透率自动测定仪由测试仪和微机组成。其测定范围为 $0.01\times10^{-3}\sim8\,000\times10^{-3}\ \mu m^2$。该仪器各系统功能如下。

1)自动供气系统：由气瓶输出一定压力的气体，并经过净化及干燥处理。

2)压力测量系统：气体经过调压阀输出所需的测量压力，且以此值作为岩心前端的测试压力，由压力传感器检测，直接反映在数字显示表上，并被自动采集下来。

3)气体经过岩心的流量，由质量流量计进行计量，同时在流量显示仪上显示其流量值。

4)岩心夹持器：由岩心室、堵头、压帽、胶皮筒等部分组成。并且根据岩心的长短调节螺杆，使岩心塞顶紧岩心，并加环压密封，经测试后放空环压，再通过调节螺杆放松柱塞取出岩心。

5)环压表：用它来指示橡皮筒外部所加的压力值。

6)整机控制系统：由电气控制单元和微机组成。

7)数据处理系统：计算机自动采集压力、流量等数据，并结合其他参数由数据处理软件进行数据的处理，计算岩心的渗透率。

五、测试准备

样品准备要分两个步骤。

1)样品加工：将待测样品用钻床钻成直径为 25 mm、长度为 25～80 mm，两端面磨平并与样品轴线垂直。

2)样品处理：含油样品先洗油，然后用 150 ℃在烘箱中烘干(时间长短可视具体情况而定)，然后放入干燥器中冷至室温待测。

六、仪器准备

按照流程图连续接好以后，经过检漏，关闭面板上的全部阀门。

(1)上流检漏：用肥皂液涂于各接头处，如果有漏，可看见肥皂泡，检查各个接头与阀门及管线。

(2)岩心夹持器检漏：岩心夹持器系统的检漏可按下述方式进行：

1)岩心夹持器中放一块孔隙与渗透率都很大的样品，夹持器橡皮筒中加环压 1.2 MPa。该样品的长度必须是夹持器能测试最长的样品长度。

2)关掉环压阀，橡皮筒中压力下降时，环压表压力就会显示出来，这就表示有泄漏。如果检查有关管线与接头不泄漏，就判断是夹持器有泄漏处。可按下列方式检查泄漏的位置：

(a)关闭通向岩心夹持器的上流的阀门，如果夹持器出口有气流，说明岩心夹持器橡皮筒有小孔漏泄，必须重新更换一个橡皮筒。

(b)如果不是岩心夹持器的橡皮筒漏气，就紧一下夹持器上下螺母，拧紧后还是漏，就用肥皂液找出泄漏处，进行合理的修理。

七、测试步骤

(1)从干燥器中取出适合夹持器直径的岩样，用游标卡尺量出岩样的长度和直径，计算其

横截面积 A，几何尺寸必须在进行测定之前量出。如果为了保持岩心端面干净而需要将岩心的一部分切掉时，应重新量取其长度。

(2)先检查面板上各阀门是否关死。

(3)将测量几何尺寸的岩样装进岩心夹持器的橡皮筒内，拧紧下端的紧固螺杆顶紧岩心。

(4)打开气瓶，将气瓶上的压力表调到 1.2 MPa，打开环压阀，使环压表显示到 1.2 MPa，关闭环压阀。

(5)用调压阀调节测试压力，低渗测试压力高些，高渗测试压力低些。

(6)选择流量计：

该仪器有两种量程不同的流量计，在使用时应根据流量的大小不同，选择适当的流量计。

可选择流量大一点的流量计进行测试，在了解流量值后再选择适当的流量计。

(7)流量压力都稳定后，采集流量压力值计算岩心渗透率。

(8)如果要继续测试，再重复步骤(3)～(7)。如果实训结束，关闭进气阀，将夹持器内的压力放空，再将环压放空，取下岩心。再将柱塞推进夹持器，拧紧顶紧螺杆，关闭所有阀门。

(9)记录数据：

1)记录当天的大气压力；

2)记录所用气体类别；

3)记录上流压力(采集)；

4)记录流量(采集)；

5)记录岩样号、长度、直径。

(10)将上述测定的参数填入原始数据表格。

(11)测量克氏渗透率时必须进行 3 组以上不同测试压力下渗透率测量，然后进行克氏渗透率值回归，从而得出克氏渗透率值(见图 7-6)。

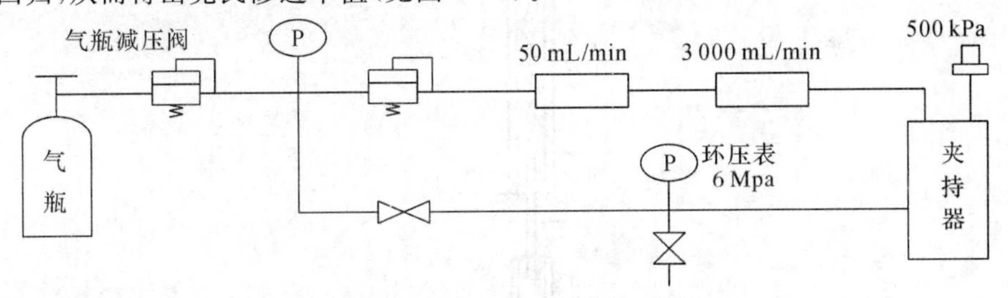

图 7-6　克氏渗透率测定仪流程图

八、注意事项

(1)岩样两端必须垂直于岩样的轴线，并且两端面应互相平行，岩样端面不规则时，可能使橡皮筒折皱或划破。

(2)岩心夹持器中未放样器时，绝对不能加环压，否则就会损坏橡皮筒。

(3)岩心直径比规定值小 1～1.5 mm 时，放入夹持中不会损坏橡皮筒；如果更小，就应采取适当的方法加以处理，使之不损坏橡皮筒。

九、思考题

测定岩样绝对渗透率时，为何不采用氢气或氧气而采用氮气气体作为流通介质？

十、作业

完成实训报告。

任务八　储层岩石饱和度的测定

一、实训目的

(1)知识目标：

1)巩固饱和度的概念；

2)掌握测定饱和度的基本方法及思路。

(2)能力目标：

1)掌握饱和度的测定方法及原理过程，且能熟练操作整个过程；

2)能够通过物性参数的大小分析出岩石物性的好坏。

(3)素质目标：掌握实训技巧，培养学生认真、细心和求实的态度。

二、实训用品

GLY-2 岩石饱和度干馏仪(见图 7-7)、岩心、天平、水源、电源。

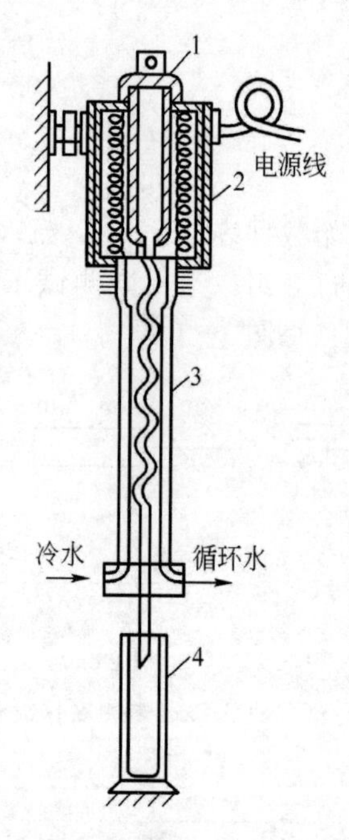

图 7-7　岩心饱和度干馏仪

三、实训原理

岩心饱和度干馏仪的工作原理是，将岩样装进一个不锈钢制的岩心筒内，上端用带有螺纹的密封盖密封，岩样筒装入一个绝缘的筒式电炉中加热，岩心筒下端排液口与冷凝器密封连接，岩样被加热后，干馏蒸出的油、水由排液口经冷凝管流出收集于量筒中。根据量筒中的油、水体积，经校正后，可计算出岩样中含油、含水饱和度。

$$S_o=\frac{V_o}{V_p}=\frac{V_o}{\phi V_f}=\frac{V_o\gamma_f}{\phi P_2}\times 100\% \qquad \text{(公式 1)}$$

$$S_w=\frac{V_w}{V_p}=\frac{V_w}{\phi V_f}=\frac{V_w V_f}{\phi P_2}\times 100\ \%$$　　（公式 2）

式中　V_o,V_w—— 分别为岩样中的油、水所占的体积；

S_o,S_w—— 分别为岩样的油、水饱和度；

V_f。V_P—— 分别为岩样的外表体积和孔隙体积；

ϕ—— 岩样的孔隙度；

P_2—— 干馏后岩样的重量；

γ_f—— 岩样的视比度，如果油层中除含油和水外，还含有气，则含气饱和度为 $S_g=1-(S_o+S_s)$。

四、实训步骤

1)将包装好的含油岩样启封，打掉表层，取其中心部分，打成小块，称取 70～80 g 岩样(P_1)，放入干净的岩样筒中，上紧上盖，将它置于筒式电炉内。

2)接通冷却管上的循环水，使水循环。

3)接通电源，并打开电源开关，调节电位器开关，使电压表指示在 150 V 左右，20 min 后逐步上升为 220 V。

4)把干净的量杯置于出液口的下面，计算干馏出来的油、水量。

5)记录干馏出来的水量与时间的对应关系（记录下时间分别为 1 min，2 min，3 min，5 min，7 min，10 min，15 min，20 min，25 min，30 min 对应的出水量)，一般在加热 20～30 min 后岩样中的水就会被全部析出来了。再继续加热，待量杯中的油、水体积不再增加时，停止加热，读出量杯中的油、水总体积。

6)关电源开关，切断电源，继续循环冷却水约 5 min，关水阀。

7)取出岩心筒，待冷却后，打开上盖取出干岩样，称重(P_2)。

8)实训结束，将仪器设备复原。并将结果交老师检查，签到后方可离开。

五、数据处理

1)绘制出水量与时间的关系曲线（当第一滴液体滴入小量杯时开始计时)。

如图 7-8(b)所示，当出水时间在 5～15 min 内所得到曲线为第一平缓段，此段所示的水体积就相当于岩样所含束缚水体积，即为岩样中的含水量。随着干馏时间的增加，干馏出来的水量就包括了矿物的结晶水。

2)从量杯中所读油的体积，根据油的校正曲线（见图 7-8(a))，查出岩样中的实际含油体积（油的校止曲线是事先根据取心油藏的油，用干馏仪所做的校正曲线)。

3)在测定饱和度之前，首先应当确定该岩样的相对密度和孔隙度。为此，须在同一块岩样中取出一部分来测定其岩样的相对密度和孔隙度。

4)干馏出来的油、水体积经校正后，根据公式 1、公式 2 可计算出岩样中含油、水饱和度的值。

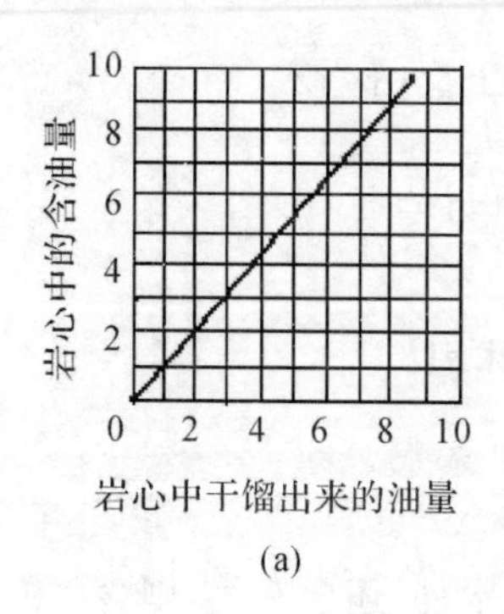

(a)

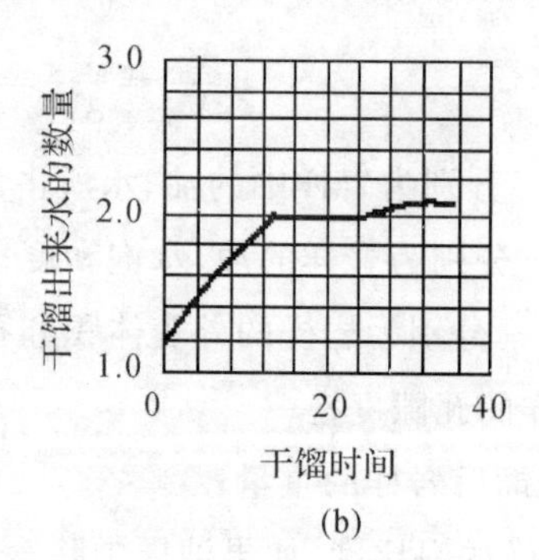

(b)

图 7－8　干馏出油、水体积矫正图

(a)油的校正曲线；(b)水的校正曲线

六、注意事项

1)用于分析饱和度的岩样，在分析实训前应当进行合理的处理与保存，以免由于蒸发或外来液体的侵入而引起液体含量的变化。

2)干馏温度应逐步提高，防止温度过快、过高而结焦，影响其准确性。

3)循环水要保持畅流，水量大小视蒸气的液化程度而定。保证所有的蒸发气体均变为液态即可。

4)记录要准确，待岩样中的结晶水均分离出来后方可终止加热。

七、思考题

(1)干馏法测定岩样中的油、水饱和度时，精度如何？为什么？

(2)你对这项实训有何改进意见？

(3)干馏所得的油、水体积为什么要经过校正？

八、作业

完成实训报告。

任务九　储层岩石碳酸盐含量的测定

一、实训目的

1. 知识目标：掌握测定碳酸盐含量的基本方法及思路。

2. 能力目标：

(1)掌握碳酸盐含量的测定方法及原理过程；

(2)且能熟练操作整个过程；

(3)通过物性参数的大小，能够分析出岩石物性的好坏。

3. 素质目标：掌握实训技巧，培养学生认真、细心和求实的态度。

二. 实训用品

GMY－3A 碳酸盐含量自动测定仪、天平、10％盐酸、量筒。

三. 实训原理

1. 测定原理

根据 $CaCO_3+2HCl=CaCl_2+H_2O+CO_2$ 和碳酸盐含量测定仪的测定原理(岩石中的碳酸盐与盐酸反应生成的二氧化碳气体压力由数字压力计测出。在相同条件下采用标准碳酸钙与盐酸反应生成的二氧化碳气体压力作为标准值)，以此换算出岩石碳酸盐含量：

由
$$CMP_1=C_1M_1P$$

得
$$C=C_1M_1P/MP_1$$

式中　C——岩石碳酸盐含量，％；

C_1——标准碳酸钙的含量，％；

M——岩样的质量，mg；

M_1——标准碳酸钙的质量，mg；

P——岩样中碳酸盐产生的 CO_2 气体压力，Pa；

P_1——标准碳酸钙产生的 CO_2 气体的压力，Pa；

2. 测定仪器的结构

该仪器由反应筒、数字压力计、摇晃装置和数据采集处理系统组成。

1)样品反应筒：该筒为带有丝扣的有机玻璃筒，筒盖与控制阀连接，盖与筒之间由“O”型圈密封，每个筒的空间容积相同。

2)数字压力计：该压力计由压力传感器和二次仪表组合而成，用于测定反应筒内二氧化碳气体的压力值。压力变送器采用进口件，确保测量精度。

3)振动摇晃装置：该装置由电动机与偏心机构成，振动摇晃装置是为了带动反应筒(10个)组来回摇动，加快岩样与盐酸反应的速度。

4)数据采集处理系统：由采集板、计算机、打印机等组成，用来自动采集数据，并进行数据处理、贮存、报表打印等。

5)阀门采用进口件，确保密封。

四、实训步骤

1)称取标准样品放入伞形器。

2)将伞形器插入杯盖中插孔，并用磁铁吸牢。

3)拧紧放入盐酸的反应筒。

4)关闭所有阀门,调零,使显示值为0,调好后,关闭放空阀,取掉磁铁。

5)打开压力控制阀并打开振荡开关,使其振荡,当压力值不再增加时,关闭震荡阀。

6)读取压力值,并放空,再关闭放空阀。

7)清洗伞形器和反应筒。

8)称取待测样品放入伞形器。

9)循环操作步骤2)～7)。

五、数据处理

将记录的数据代入公式

$$C=C_1M_1P/MP_1$$

进行计算。

六、注意事项

1)注意仪器压力值的变化,当压力不再增加时进行读数;

2)精确量取药品,减小误差。

七、思考题

碳酸盐含量测定的原理是什么?测定碳酸盐含量在现场有何用途?

八、作业

完成实训报告。

任务十　油藏岩石的润湿性

一、实训目的

(1)了解自吸法测定岩石润湿性的方法及原理。

(2)了解自吸法测定岩石润湿性的步骤。

二、实训用品

自吸吸入仪、离心机、量筒、岩心、水和油。

三、实训原理

图7-9所示是自动吸入仪测润湿性简图。将已饱和油的岩样放入吸水仪中，然后将仪器内充满水。若岩石亲水，在毛管力作用下，水将自动吸入岩心并将岩心中的油驱替出来。驱出的油浮于仪器的顶部，其体积由刻度尺读出。岩心吸水，则表明有一定的亲水能力。同理，如果将饱和水岩心放入吸油仪中，然后使仪器内充满油。若发生自动吸油排水现象，则表明岩心也有亲油能力，驱出的水沉于仪器底部，由刻度尺读出水量。

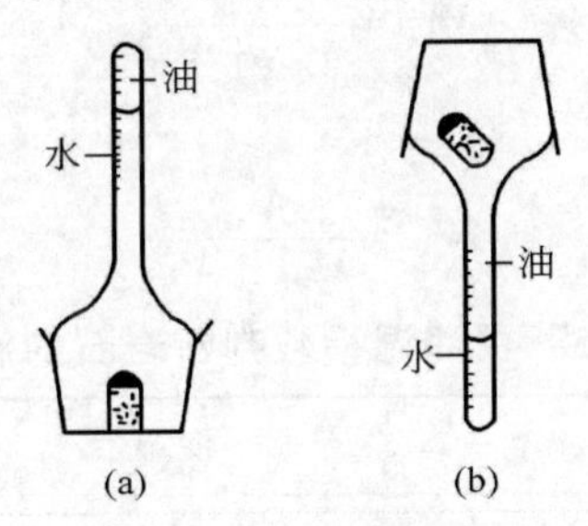

图7-9　自动吸入仪测润湿性简图

(a)饱和油的岩心;(b)饱和水的岩心

四、实训步骤

1.自吸离心法

1)将饱和水的岩样用油驱替到束缚水饱和度。

2)再将岩样侵入水中侵泡20 h。

3)测出岩心自动吸水排油量V_{o1}。

4)再将侵泡在水中的岩样用离心机吸水排油，并测出靠离心力排出的油量V_{o2}。

2.自吸驱替法

1)将饱和水的岩样用油驱替到束缚水饱和度。

2)放入水中自吸水，并测吸水排油量V_{o1}。

3)接着将岩心放入岩心夹持器内进行水驱油，并测量最终驱出油量V_{o1}，如图7-10(a)所示。

4)接着进行吸油实训，将残余油状态下的岩心放入图7-10(b)仪器的油中20 h，并测自动吸油排水量V_{w1}。

5)接着进行油驱水，测量最终驱出水量V_{w2}。

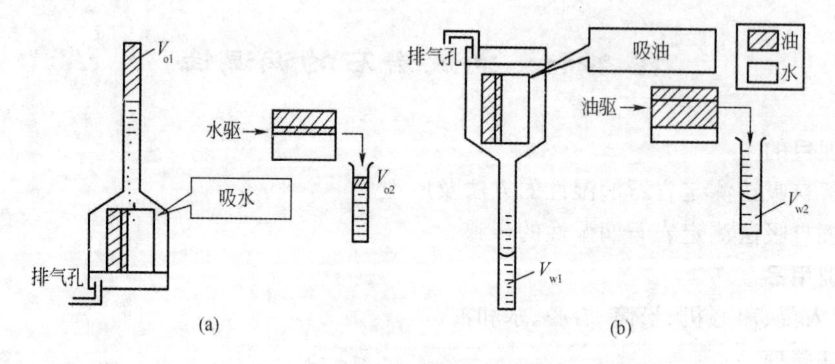

图 7-10　自吸驱替示意图

五、数据处理

按以下公式处理数据，并依照表 7-5 判断岩石湿润性。

水湿指数为

$$W_w = \frac{V_{o1}}{V_{o1} + V_{o2}}$$

油湿指数为

$$W_o = \frac{V_{w1}}{V_{w1} + V_{w2}}$$

表 7-5　由润湿指数判断岩石的润湿性

润湿指数	润湿性				
	亲油	弱亲油	中性	弱亲水	亲水
油湿指数	1～0.8	0.7～0.6	两指数相近	0.3～0.4	0～0.2
水湿指数	0～0.2	0.3～0.4		0.7～0.6	1～0.8

六、思考题

根据水湿指数和油湿指数的大小，还有没有别的办法来确定岩石的润湿性？

七、作业

完成实训报告。

任务十一　毛管压力曲线测定

一、实训目的

(1)知识目标：

1)巩固毛管压力曲线的概念；

2)掌握毛管压力曲线的基本测定方法及思路。

(2)能力目标：

1)掌握毛管压力曲线的测定方法及原理，并能熟练地进行操作；

2)能够通过毛管力曲线找出其特征和一些具体的应用。

(3)素质目标：掌握实训技巧，培养学生认真、细心及求实的态度。

二、实训用品

毛管压力曲线测定仪(见图 7-11)、真空泵、岩心、游标卡尺。

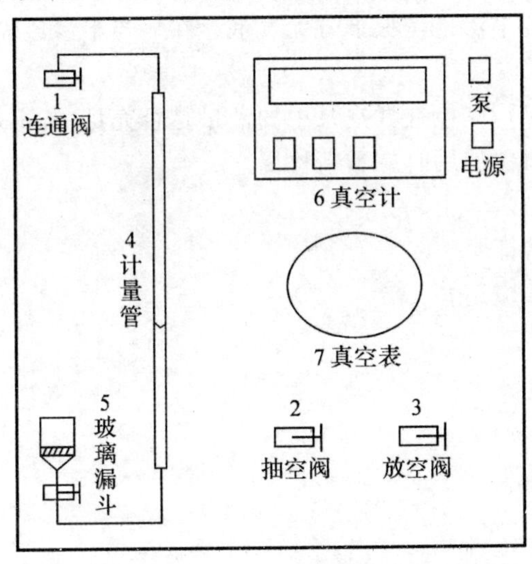

图 7-11　毛管力曲线测定仪简图

三、实训原理

利用抽真空或加压的方式建立岩样驱替压差，把润湿相液体从某一孔隙中驱替出来所需的压力就等于毛管压力。基于驱替过程中某一驱替压力与毛管压力平衡时岩样中相应的润湿相饱和度，得到毛管压力与润湿相流体饱和度的关系曲线。

五、实训步骤

1)选取直径为 2.5 cm、长度为 2.5~4.0 cm、端面平整的岩样。进行抽空饱和并测其孔隙体积。

2)玻璃漏斗隔板抽空饱和水，并浸泡在水中待用。

3)将玻璃漏斗预先灌一些脱气水，倒装在漏斗座上，抽空，打开漏斗座上阀门吸水。

4)在半渗透隔板上放一层吸过水的滤纸，将岩样放在滤纸上，岩样上端加一重物，使之与隔板充分接触。

5)关闭计量管与真空缓冲容器之间的连通阀 1，如图 7-11 所示，使两者不连通。开真空阀 2、放空阀 3，打开电源开关，开真空泵开关，开启真空泵。

6)用放空阀 3 调节使真空容器(在仪器面板背后)内先形成 0.000 4 MPa 的压差(真空数显表显示 9.96×10^4 Pa)。打开连通阀 1，此时滤纸上岩芯表面以及隔板上的水将被收到水计量管内，待其液体不再移动，记录刻度管读数 a_0 作为初始值。

7)关闭连通阀 1，调节放空阀 3，使真空容器内真空度增加到 0.001 3 MPa(真空数显表显示读数 9.87×10^4 Pa)，再打开连通阀 1。刻度管内弯液面开始上升，待刻度管内液面上升停止(静止不动)时，记录下压力(真空度)和刻度管内液量数据 a_1。

8)关闭连通阀 1，调节放空阀 3，增加真空容器内真空度值，打开连通阀 1，刻度管内液面进一步上升，待刻度管内液面再次静止不动时，记录下实训数据 a_2。

9)重复第 8)步操作，逐渐增加真空容器内真空度值并测定稳定后刻度管内页面值，直到隔板下面出现气泡时，关闭泵开关和电源开源，打开放空阀 3，结束实训。

六、注意事项

1)仪器在使用之前应检查各连接处是否有泄漏，确认无泄漏后方可进行实训。

2)开始实训时，应保证半渗透隔板下方无气泡存在。当半渗透隔板下方出现气泡时，应停止实训。

3)仪器使用一段时间后，应检查真空泵中的油量是否充足，若不足，请注意补充真空泵油。

4)仪器长时间不用，再次使用时应重新检漏。

七、思考题

(1)毛管力曲线有何特征？

(2)毛管力曲线有哪些应用？

八、作业

完成实训报告。

任务十二　速敏性评价实训

地层中固有的未被胶结或胶结不好的黏土和粒径小于 37μm 碎屑微粒统称为地层微粒。它们可随着流体在孔隙中运移并在孔隙喉道处形成桥堵，造成渗透率降低。对于不同的储层，流体流动速度增大时，其渗透率下降程度不同。

一、实训目的

(1)掌握速敏性评价实训方法；

(2)了解储层渗透率的变化与储层中流体流动速度的关系。

二、实训用品

ZYB－Ⅰ型真空加压饱和装置、多功能岩心驱替实训装置。

三、实训原理

敏感性是指储层环境发生变化时储层渗透率相应发生变化的敏感程度。储层环境的变化包括储层物理状况的变化、化学状况的变化、外来介质(固相的、液相的或气相的)侵入储层孔隙，以及储层流体的不同方式流动。储层敏感性评价是对储层本身的一种认识，目的在于认识储层渗透特性在一定环境条件下，与外来介质接触作用而可能发生改变的情况，研究改变的原因，进而寻求维持储层原始渗透率或改善储层渗滤性质的方法和途径。储层敏感性评价(见图7－12)主要是通过岩心流动实训，考察油气层岩心与各种外来流体接触后以及在环境条件改变后所发生的各种物理化学作用对岩石渗透率的影响程度。

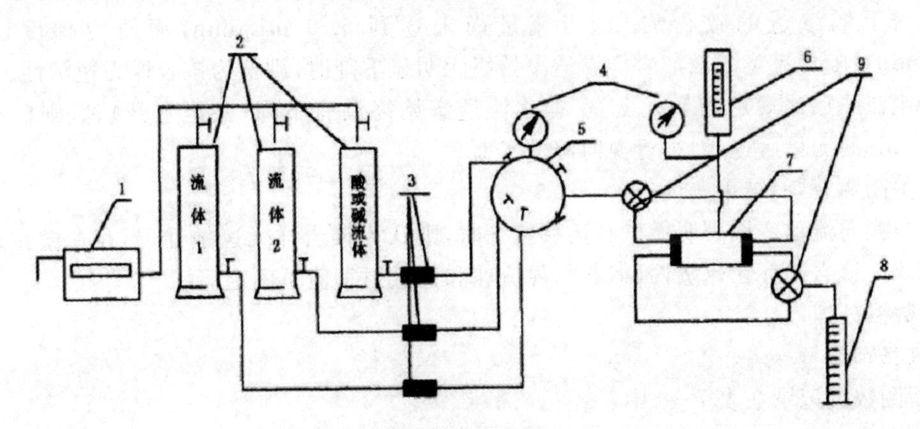

图 7－12　敏感性评价实训流程图

1—高压驱替泵或高压气瓶；2—高抚容器；3—过油器；4—压力计；5—多通阀座；6—环压泵；7—岩心夹持器；8—计量管或流体流量计；9—三通

速敏是因流体流动速度变化引起储层岩石中微粒运移、堵塞喉道，导致岩石渗透率或有效渗透率下降的现象。

以不同的注入速度，向岩心注入地层水，在各个注入速度下测定岩石在所注入速度下的渗透率，从注入速度与渗透率变化关系曲线上，判断岩石对流速的敏感性，并找出其临界速度。临界流速是指当注入流体的流速逐渐变大到某一值时，地层渗透率明显下降，即渗透率值下降5％以上。

四、实训步骤

1)按规定将岩样抽空饱和实训盐水。

2)按图 7－12 接好管线,并将实训盐水装入高压容器。

3)将岩样放入岩心夹持器,应使液体在盐样中的流动方向与测定气体渗透率时气体的流动方向一致。

4)缓慢将围压调至 2 MPa,除力敏感性评价实训外,检测过程中始终保持围压值大于岩心上游压力 1.5～2.0 MPa。

5)打开岩心夹持器进口端排气阀,开驱替泵(泵速不超过 1 mL/min),这时驱替泵(或接气瓶容器)至岩心上游管线的气体从排气阀中排出。当气体排净,管线中全部允满实训流体,流体从排气阀中流出时,关驱替泵。

6)打开夹持器出口端阀门,关闭排气孔。

7)将驱替泵的流量调节到实训选定的初始流最,一般为 0.1 mL/min;当岩样空气渗透率大于 $500\times10^{-3}\ \mu m^2$ 时,初始流量为 0.25 mL/min,打开驱替泵。

8)按规定时间间隔测量压力、流量、时间及温度,待流动状态趋于稳定后,记录检测数据,计算该盐水的渗透率。

9)按照规定的 0.10 mL/min,0.25 mL/min,0.50 mL/min,0.75 mL/min,1.0 mL/min,1.5 mL/min,2.0 mL/min,3.0 mL/min,4.0 mL/min,5.0 mL/min 及 6.0 mL/min 的流量,依次进行测定。测出临界流速后,流量间隔可以加大。

10)若一直未测出临界流速,应进行至最大流量(6.0 mL/min)。

11)对于低渗透的致密岩样,当流量尚未达到 6.0 mL/min,而压力梯度已大于 3 MPa/min且随着流量的增加岩样渗透率始终无明显下降时,则认为该岩样无速敏性。

12)当流量已达规定的最大流量,盐水渗透率始终没有下降(甚至上升)时,则应在完成 6.0 mL/min的测量后,立即进行换向流动实训。

13)关闭驱替泵,结束实训。

14)当换向流动实训表明无微粒运移特征时,则认为该岩样无速敏性;当存在微粒运移特征时,则认为该岩样存在速敏性,但其临界流速和速敏损害值不确定。

五、数据处理

1.数据记录

将所测数据记录在表 7－6 中。

表 7－6　数据记录

流体性质	黏度/(mPa·s)	温度/℃	压差/MPa	流出体积/cm^3	时间/s	体积流速/($cm^3\cdot s^{-1}$)	K_L	K_{avg}	K_{avg}/K_∞	累积流量	
										体积	注入倍数

2.数据处理

以渗透率为纵坐标,流速为横坐标作图(见图 7－13)。

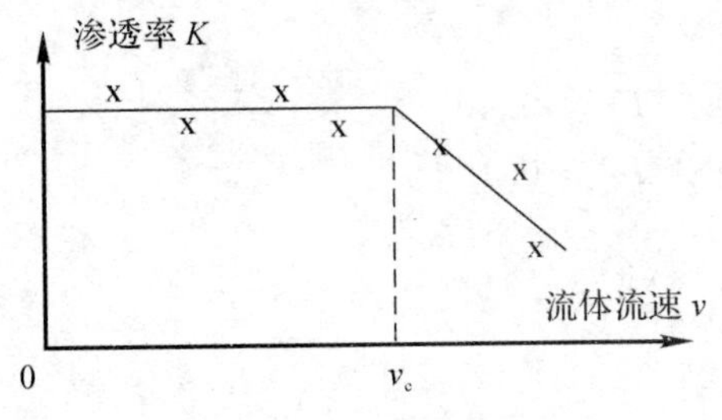

图 7-13　岩心速敏评价图

3. 评价指标

与速敏性有关的实训参数主要是岩样的临界流速 v_c 和临界值前后的渗透率伤害率。

(1)渗透率伤害率。

根据达西定律，当流体的流速增加时，岩石的渗透率值不变，此渗透率值称为这种流体的原始渗透率(K_L)。当流速超过其临界流速值时，岩石渗透率随流速上升而下降。由速敏性引起的渗透率伤害率定义为

$$D_{KV}=\frac{K_L-K_{LA}}{K_L}$$

$$D_{KV}=\frac{K_L-K_{LA}}{K_L}$$

式中　D_{KV}—— 速敏性导致的渗透率伤害率；

K_L—— 小于临界流速是超级流体的原始渗透率，$10^{-3}\ \mu m^2$；

K_{LA}—— 在大于临界流速时(小于或等于 6 mL/min 的流量范围内)，此流体渗透率的最小值，$10^{-3}\mu m^2$。

渗透率伤害强度与渗透率伤害率的关系如下。

强：$D_{KV}\geqslant 0.70$。

中等偏强：$0.70>D_{KV}\geqslant 0.50$。

中等偏弱：$0.50>D_{KV}>0.30$。

弱：$0.30\geqslant D_{KV}>0.05$。

无：$D_{KV}\leqslant 0.05$。

(2)速敏指数。

速敏指数是速敏性强弱的量度。此指数与岩样的临界流速成反比，与由速敏性产生的渗透率伤害率成正比。当某些岩样的临界流速相近时，由速敏性产生的渗透率伤害越大，其速敏性越强。但实际情况往往复杂得多。有些岩样临界流速很小，但由此产生的渗透率伤害值也小。因此对这一岩样来说，由临界流速值评价的速敏性为强，而由其渗透率伤害率评价的速敏性却为弱。所以，速敏性应由这两个参数综合评价，即

$$I_V=\frac{D_{KV}}{V_c}$$

式中　I_V—— 速敏指数；

V_c ——临界流速，m/d。

速敏性强度与速敏指数的关系如下。

1)强速敏：$I_{V} \geqslant 0.70$。

2) 中等偏强速敏：$0.70 > I_{V} \geqslant 0.40$。

3) 中等偏弱速敏：$0.40 > I_{V} > 0.10$。

4) 弱速敏：$I_{V} \leqslant 0.10$。

5) 无速敏：$D_{KV} \leqslant 0.05$。

六、作业

完成实训报告。

任务十三　水敏性评价实训

储层中的黏土矿物在接触低盐度流体时可能产生水化膨胀，从而降低储层的渗透率。水敏性是指当与储层不配伍的外来流体进入储层后引起黏土膨胀、分散、运移，从而导致渗透率下降的现象。

一、实训目的

了解这一膨胀、分散、运移的过程及最终使储层渗透率下降的程度。评价不同盐度(地层水、次地层水、去离子水)水渗透率变化，研究储层的水敏性。

二、实训用品

ZYB－I型真空加压饱和装置、多功能岩心驱替实训装置。

三、实训原理

水敏性是因流体盐度变化引起黏土膨胀、分散、运移，导致致岩石渗透率或有效渗透率下降的现象。

采用初始测试流体测定岩样初始液体渗透率。测定岩样初始液体渗透率后，用中间测试流体驱替，驱替速度与初始流速保持一致，驱替10～15倍岩样孔隙体积，停止驱替，保持围压和温度不变，使中间测试流体充分与岩石矿物发生反应；将驱替泵流速调至初始流速，再用中间测试流体，测定岩心渗透率，同样的方法进行去离子水驱替实验，并测定去离子水下的岩样渗透率。

四、实训步骤

1)用地层水测定渗透率(K_W)，流速应略小于临界流速。

2)用10～15倍孔隙体积次地层水驱替，调整实训流速以保持驱替压力不高于地层水驱替时的最高值。

3)在次地层水中浸泡24h以上。

4)用次地层水测定渗透率($K_{0.5w}$)。

5)用10～15倍孔隙体积去离子水驱替，调整实训流速，使驱替压力略低于地层水驱替时的最高压力。

6)在去离子水中浸泡24h以上。

7)测定去离子水的渗透率(K_W^*)。

8)换向，观察换向后渗透率变化情况，并继续测定去离子水的反向渗透率。

换向后，若出现了明显的渗透率波动，说明由于黏土的水化、膨胀，导致微粒运移加剧，则去离子水造成的渗透率下降是由水敏性和由此产生的速敏性共同造成的。次地层水是地层水离子浓度的一半。

五、数据处理

1.记录数据

将所测数据记录在表7－7中。

表 7-7　数据记录

流体性质	黏度/(mPa·s)	温度/℃	压差/MPa	流出体积/cm^3	时间/s	体积流速/($cm^3 \cdot s^{-1}$)	K_L	K_{avg}	K_{avg}/K_∞	累积流量	
										体积	注入倍数

2. 数据处理

采用水敏指数评价岩样的水敏性。水敏指数定义如下：

$$I_W = \frac{K_L - K_W}{K_L}$$

式中　I_W—— 水敏指数；

K_W^*—— 去离子水的渗透率，$10^{-3}\mu m^2$；

K_L ——岩样没有发生水化膨胀等物理化学作用时的液体渗透率，通常为等效液体渗透率、标准盐水渗透率或地层水渗透率，$10^{-3}\mu m^2$。

参照美国 Marathon 石油公司对水敏性强度的分级标准，水敏性强度与水敏指数的对应关系如下。

1)无水敏：$I_W \leqslant 0.05$；

2)弱水敏：$0.05 < I_W \leqslant 0.30$；

3)中等偏弱水敏：$0.30 < I_W \leqslant 0.50$；

4)中等偏强水敏：$0.50 < I_W < 0.70$；

5)强水敏：$0.70 \leqslant I_W < 0.90$；

6)极强水敏：$I_W \geqslant 0.90$。

六、作业

完成实训报告。

任务十四　盐敏性评价实训

盐敏性是指储层中系列盐溶液注入后，由于黏土矿物的水化，膨胀而导致渗透率下降的现象。系列盐溶液的注入顺序按盐度递减的规律排列。

一、实训目的

了解地层岩心在地层水所含矿化度不断下降或在现场使用的低矿化度盐水时，其渗透率的变化过程，从而找出渗透率明显下降的临界矿化度（或称临界盐度）。

二、实训用品

ZYB－Ⅰ型真空加压饱和装置、多功能岩心驱替实训装置。

三、实训原理

按自行制定的矿化度等级，配制不同矿化度的盐水，由高矿化度到低矿化度依顺序将其注入岩心，并依次测定不同矿化度盐水通过时的渗透率值 K_i。

四、实训步骤

(1)流体准备。

按油田用水的化学成分或用氯化钠配制盐水。要求盐水的初始盐度应保证岩心不发生水敏。如在水敏实训中 $K_f/K_\infty \leqslant 0.5$，其岩心渗透率随矿化度减小而不断下降，则盐度评价实训应以标准盐水作为初始盐水。

标准盐水配方如下：

氯化钠(NaCl)　70 000 mg/L；

氯化钙($CaCl_2$)　6 000 mg/L；

氯化镁($MgCl_2$)　4 000 mg/L。

配制何种浓度的盐水进行盐敏实训，可以在水敏实训结果的基础上考虑。例如，若岩心在地层水下的渗透率 K_f 与次地层水渗透率 K_{sf} 几乎不变，而从次地层水至无离子水时，渗透率下降很大，则可预计：临界盐度可能处于次地层水与无离子水之间，故盐度价实训可以从次地层水开始（即以次地层水盐度作为初始盐度），其盐度梯度可在次地层水与无离子水间进行分级。

(2) 测岩心 K_a，再校正到 K_∞。用初始盐水驱替，稳定后测其渗透率。

(3) 按自行制定的矿化度等级，由高向低逐渐改变矿化度，直到去离子水。测定每一矿化度下盐水的渗透率值 K_i。

(4) 要求每更换一次盐度，应先用该盐度的溶液驱替 10～15 V_P 以上，驱替后浸泡 24 h 以上，再次用该盐度盐水驱替，稳定后测定其渗透率值 K_i。

(5)实训流速应小于临界流速。

五、数据处理

1. 数据记录

将所测数据记录在表 7－8 中。

表 7-8　数据记录

流体性质	黏度/(mPa·s)	温度/℃	压差/MPa	流出体积/cm^3	时间/s	体积流速/($cm^3 \cdot s^{-1}$)	K_L	K_{avg}	K_{avg}/K_∞	累积流量	
										体积	注入倍数

2.数据处理

采用作图法。以盐度 C_S 为横坐标，以渗透率 K_L 为纵坐标作图，如图 7-14 所示。其中，K_L(K_f，K_1，K_2，K_3 等）为每一盐度下的渗透率，C_C 为临界矿化度。

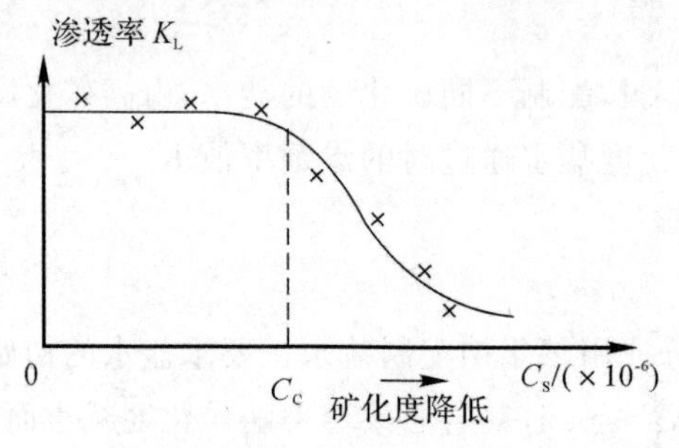

图 7-15　盐敏实训评价图

六、作业

完成实训报告。

任务十五　酸敏性评价实训

酸敏性是指酸液进入储层后与储层中的酸敏性矿物发生反应，产生凝胶或沉淀，也可能释放出微粒致使储层渗透率下降的现象。

一、实训目的

酸敏性评实训的目的在于了解准备用于酸化的酸液是否会对地层产生伤害及伤害的程度，以便优选酸液配方，寻求更为有效的酸化处理方法。

二、实训用品

ZYB－Ⅰ型真空加压饱和装置、多功能岩心驱替实训装置。

三、实训原理

酸敏是酸液与储层矿物或流体接触发生反应，产生沉淀或释放出颗粒，导致岩石渗透率或有效渗透率下降的现象。

用与地层水相同矿化度的溶液测定岩样酸处理流体渗透率。然后反向注入酸液，停止驱替，关闭夹持器进出口阀门。待酸液与岩样充分反应后，正向驱替与地层水相同矿化度的溶液，测定岩样酸处理后的液体渗透率。

四、实训步骤

1. 酸溶实训

(1)溶失率测定。

选取一定量的岩样分别加入15％(或按现场拟定使用的浓度)盐酸及土酸(3％氢氟酸＋10％盐酸)，反应1～2 h，测定岩样的溶失率。

(2)酸敏性离子的分析测定。

岩样与酸液反应1～2 h后，测定残酸的酸度，以及残酸中钙、镁、铁(二价)、铁(三价)和铝、硅等离子的浓度。

(3)氢氧化物沉淀的pH值测定。

氢氧化物是酸处理后比较典型的有害性沉淀，这一沉淀过程与地层流体的酸度密切相关。通过测定残酸中典型的敏感性离子Fe^{3+}，Fe^{2+}和Ca^{2+}等离子的浓度，可以估算出其氢氧化物开始沉淀的pH值。

(4)反应动力学的研究。

酸敏性是由酸与岩石反应的生成物引起的。实训中分别改变固液比、反应时间、反应温度等条件，测定岩样的溶失率、残酸的活度.残酸中酸敏性离子的种类及含量等。

2. 浸泡实训

分别用30 mL 15％盐酸、6％氢氟酸、2％氯化钾和蒸馏水浸泡直径25.4 mm，厚度5 mm的岩样片，观察岩片浸泡后是否有脱粒或骨架坍塌等现象，或进行显微镜照相，观察浸泡前后岩片表面的显微变化。浸泡时间与酸溶反应的时间相同，通常为1～3 h。其定性级别如下：

1)无细粒脱落；

2)极少量细粒脱落；

3)少量细粒脱落；

4)中等量细粒脱落；

5)大量细粒脱落；

6)部分分裂解体；

7)完全分裂解体；

8)凝胶残渣的形成；

9)部分被溶解；

10)完全被溶解。

3. 流动酸敏实训

采用所选酸在其酸化反应的最佳酸浓度下进行，比较岩样在酸处理前后汉率的变化情况，测定驱替过程中 pH 值及酸敏性离子浓度的变化，判断岩样遇酸后的损害程度等。

(1)盐酸的流动酸敏实训：

1)岩样用地层水饱和，浸泡 20～40 h，并在低于临界流速的条件下测定地层水渗透率。

2)反向注酸，根据现场酸化作业的要求关井 1～2 h。

3)正向驱替地层水，不断记录岩样两端压差，流出液的 pH 值及 Fe^{2+}，Fe^{3+} 的浓度，直至 pH 值和压差均不再变化为止。

(2)土酸的流动酸敏实训：

1)岩样用地层水饱和，浸泡 20～40 h，并在低于临界流速的条件下测定地层水渗透率。

2)反向注入盐酸前置液。

3)反向注入 0.5～1 倍孔隙体积的所选浓度的土酸。

4)根据酸溶液实训结果或现场酸化作业的要求关井 1～5 h。

5)天向驱替地层水，不断记录岩样两端压差，流出液的 pH 值及铁、铝、钙、镁等离子的浓度，直到 pH 值和压差均不再变化为止。

五、数据处理

1. 数据记录

将所测数据填入表 7－9 中。

表 7－9　数据记录

流体性质	黏度/(mPa·s)	温度/℃	压差/MPa	流出体积/cm³	时间/s	体积流速/($cm^3 \cdot s^{-1}$)	K_L	K_{avg}	K_{avg}/K_{∞}	累积流量	
										体积	注入倍数

2. 数据处理

根据上表记录的数据计算出酸敏损害率，判断损害程度。

$$D_{ac}=\frac{|K_L-K_{acid}|}{K_L}\times 100\%$$

式中 D_{ac}—— 酸敏损害率；

K_L—— 岩样没发生酸敏作用时的液体渗透率，$10^{-3}\ \mu m^2$；

K_{acid} ——酸液处理后实验流体所对应岩样的渗透率，$10^{-3}\ \mu m^2$。

酸敏感性实验伤害评价指标如下。

1)无酸敏：$D_{ac} \leqslant 0.05$。

2)弱酸敏：$0.05 < D_{ac} \leqslant 0.30$。

3)中等偏弱酸敏：$0.30 < D_{ac} \leqslant 0.50$。

4)中等偏强酸敏：$0.50 < D_{ac} \leqslant 0.70$。

5)强酸敏：$D_{ac} > 0.70$。

六、作业

完成实训报告。

项目八　地质图的绘制

任务一　地形图的认识

一、目的要求

(1)掌握地形图的基本知识；

(2)掌握图式符号地物符号、地貌符号、注记符号的应用要求。

二、地形、地形图及投影方法

(1)地形:由地面上的地物和地貌构成。

(2)地形图:按一定的投影方法和比例关系,将地面上所有的地物、地貌,经综合取舍后用规定的符号、按相似的原理,缩绘在图纸上的技术资料。

(3)投影方法:地形图采用垂直投影方法,以保证地表物体形状的相似性。

三、地形图比例尺

(1)比例尺的定义:图上两点间的直线长度与地面上相应两点间的实际水平距离之比。

$$比例尺=图上长度/实地水平距离=d/D=1/(D/d)=1$$

式中,$M=D/d$ 称之为比例尺分母。

(2)比例尺的表示形式。

1)数字比例:

例如,1∶500,1∶1 000,1∶5 000,1∶10 000,……

2)图示比例尺,直线比例尺:如图 8-1 所示。

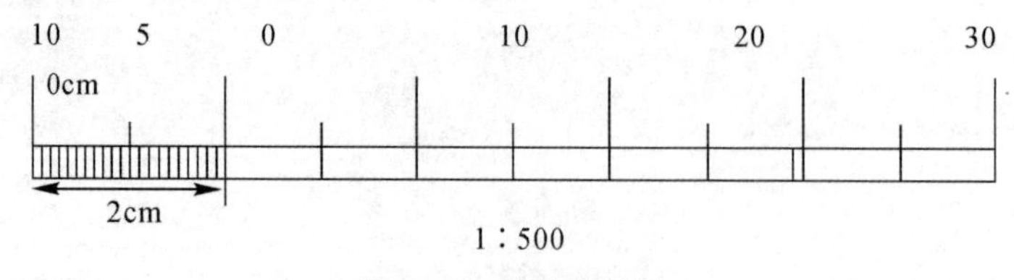

图 8-1　直线比例尺

(3)比例尺的分类和大小。

1)大比例尺地形图。

1∶500>1∶1 000>1∶2 000>1∶5 000

2)中比例尺地形图。

1∶10 000＞1∶25 000＞1∶50 000＞1∶100 000

3)小比例尺地形图。

1∶200 000＞1∶500 000＞1∶1 000 000

(4)地形图比例尺精度。

即图上0.1 mm所代表的实地长度。

地形图的比例尺越大，其表示的地物、地貌越详细，图上点位精度越高；但其一幅图所代表的实地面积也愈小，并且测绘的工作量及费用成本会成倍地增加。因此，地形图的精度并非越大越好(见表8-1)。

表8-1　比例尺

比例尺	1∶500	1∶1 000	1∶2 000	1∶5 000	1∶10 000
比例尺精度/cm	5	10	20	50	100

四、地形图图式

地形图图式是由国家测绘局统一制定的地物、地貌符号的总称，是地形制图学的重要组成部分。图式符号主要有三类：地物符号、地貌符号和注记符号。

1. 地物符号

(1)地物的分类。

1)自然地物：如江河、湖泊、森林、草地、独立岩石等由自然条件形成的地物。

2)人工地物：如房屋、道路、桥梁、机场、电站、体育场等由人工修建而成的地物。

(2)表示地物符号的三种类型。

1)比例符号：也称面状符号，用于表述轮廓较大且形状和大小都可以按测图比例尺缩小的地物。对于植被、土壤类别用符号填充且边界用虚线表示，对于房屋应注记其结构及层次。

2)非比例符号：也称点状符号，对于具有特殊意义的地物轮廓较小时，采用统一尺寸的特定符号来表示。非比例符号定位点以读图方便的地物中心、底线的中点、底线拐点为准。

3)半比例符号：也称为线状符号，一些线状地物，中心线位置(长度)按比例，宽度不按比例。

2. 地貌符号

地貌符号一般用等高线、示坡线表示。

1)地貌按其起伏变化的程度分为：平地、丘陵地、山地、高山地。

2)用来表述地貌的符号。

地形图上表示地貌的方法有多种，目前最常用的是等高线与示坡线联合表示法。对峭壁、冲沟、梯田等特殊地形，不便用等高线表示时，则绘注相应的符号。

等高线指地面上高程相等的相邻点所连接而成的闭合曲线。地貌及其表示方法如下。

(1)山头与洼地的等高线。

山头与洼地的地形刚好相反，测绘的地貌图相似，但山头向中心越高，洼地则反之。洼地以示坡线指向低处表示，以便与山头区分(见图8-2和图8-3)。

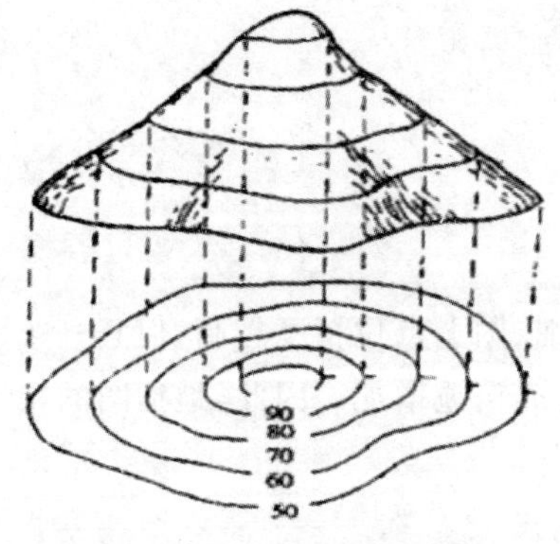

图 8-2　山头的等高线

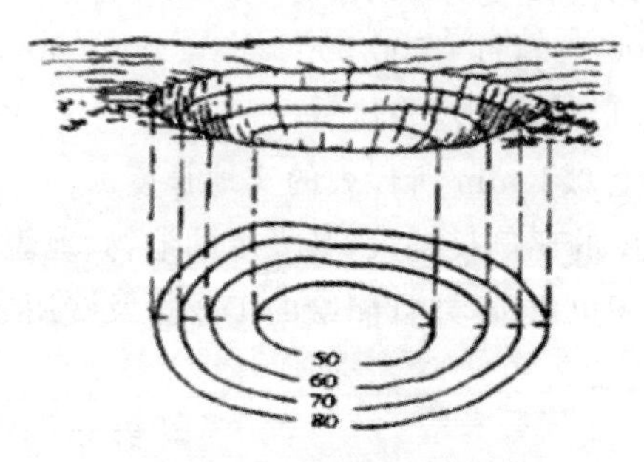

图 8-3　洼地的等高线

(2)山脊与山谷的等高线(见图 8-4 和图 8-5)。

1)山脊:向一个方向延伸的高地,其最高棱线称为山脊线。

2)山谷:两个山脊之间的凹地为山谷,其最低点连线为山谷线。

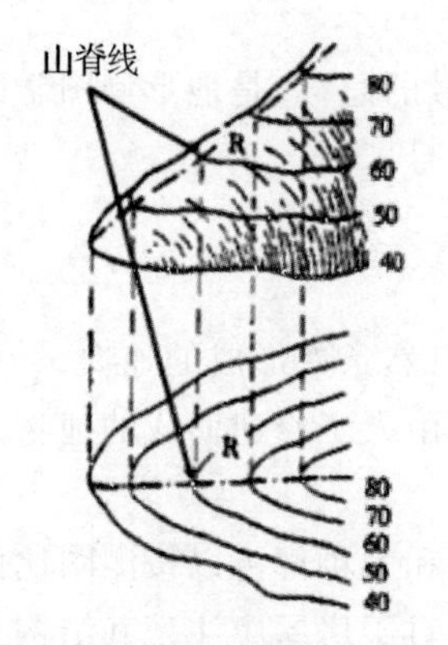

图 8-4　山脊的等高线和山脊线

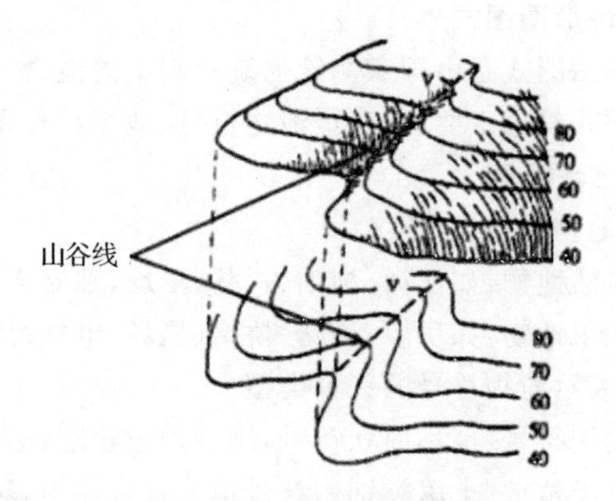

图 8-5　山谷的等高线和山谷线

(3)分水线与集水线。

由于雨水垂直于等高线、向下坡方向流淌,因此,山脊线成为分水线(见图 8-6(a)),山谷线成为集水线(见图 8-6(b))。一系列的山脊线可成为汇水范围的边界线。

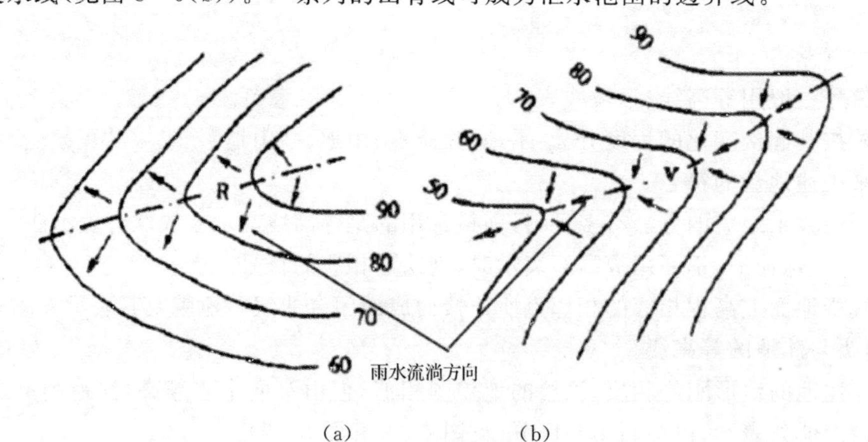

(a)　　　　(b)

图 8-6　分水线与集水线

(a)分水线;(b)集水线

(4)鞍部的等高线。

两个山头间的低凹处,一般也是两个山脊和两个山谷的会聚处(见图 8-7)。

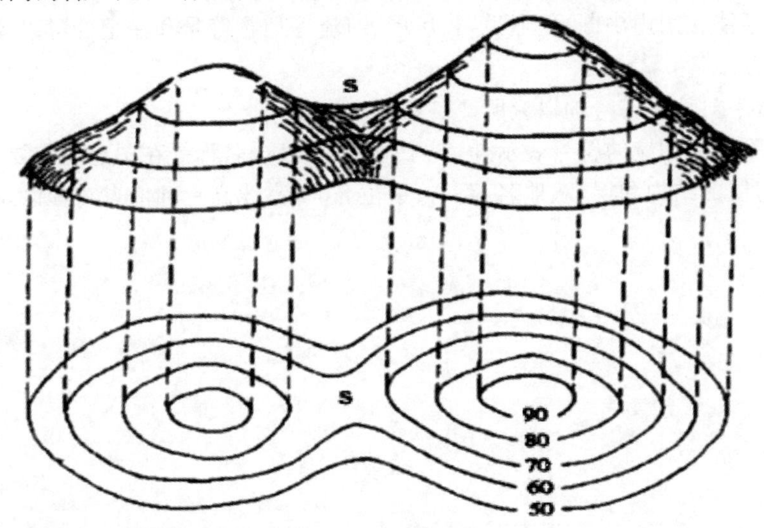

图 8-7　鞍部的等高线

(5)绝壁与悬崖的表示方法。

1)陡崖:坡度在 70°以上(见图 8-8(a))。

2)绝壁:上下基本垂直的陡崖,也称断崖(见图 8-8(b))。

3)悬崖:崖口倾斜到陡壁外面而下部基本悬空(见图 8-8(c))。

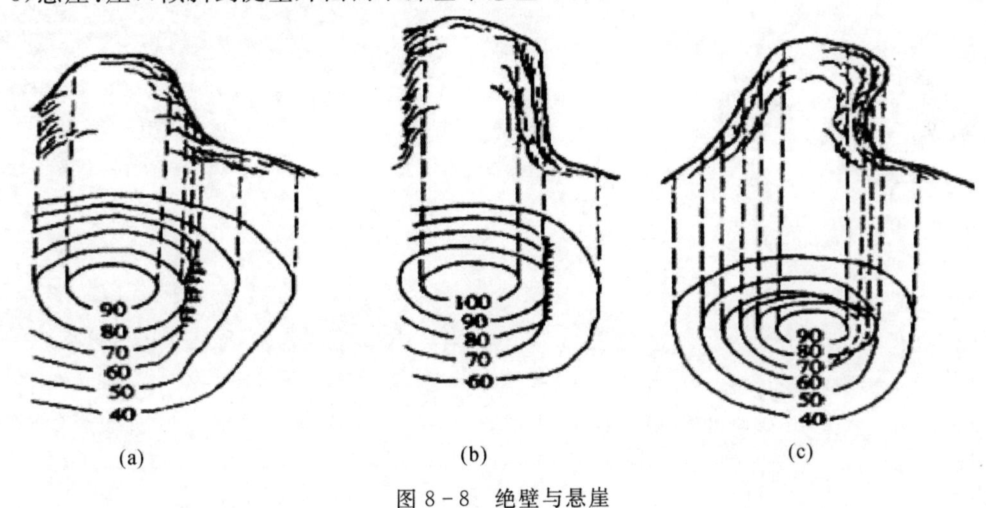

图 8-8　绝壁与悬崖

(a)陡崖;(b)绝壁;(c)悬崖

综上所述,等高线的特性有以下几点:

1)同一条等高线上高程必相等(等高);

2)各条等高线必然闭合,如不在本幅图闭合,必定在相邻的其他图幅闭合(闭合);

3)只有在悬崖处,等高线才相交,但交点必成双配对(不相交);

4)同一幅图内等高距为定值,所以,地面缓和处的等高线平距大、陡峭处的平距小(稀缓密陡)；

5)与山脊线、山谷线成正交；

6)等高线不能在图内中断，但遇道路、房屋、河流等地物符号和注记处可以局部中断。

3. 注记符号

用文字、数字对地形符号加以说明。

有些地物除了用相应的符号表示外，对于地物的性质、名称等在图上还需要用文字和数字加以注记，如房屋的结构和层数、地名、路名、单位名、等高线高程和散点高程以及河流的水深、流速等。

任务二　构造图的绘制

一、目的要求

(1)掌握绘图资料的收集和整理；

(2)掌握利用钻孔资料绘制构造等高线图的方法和步骤。

二、绘图资料的收集

(1)钻井资料(钻探资料)；

(2)物探资料(地震资料)；

(3)野外实测资料、图切剖面。

三、采用钻孔资料绘制构造等高线图的方法

这种编制构造图的方法是油气田生产中常用的方法之一。其使用的条件：①有井位分布平面图或者地形图；②有各井深度资料。

1.换算各井位目的层层面标高

所谓目的层是指选定用来反映地下构造的一个特定的岩层或矿层。要绘制目的层面的等高线就必须测定或换算出它在各处的标高(见图 8-9)。

目的层标高＝地面标高－目的层埋藏深度

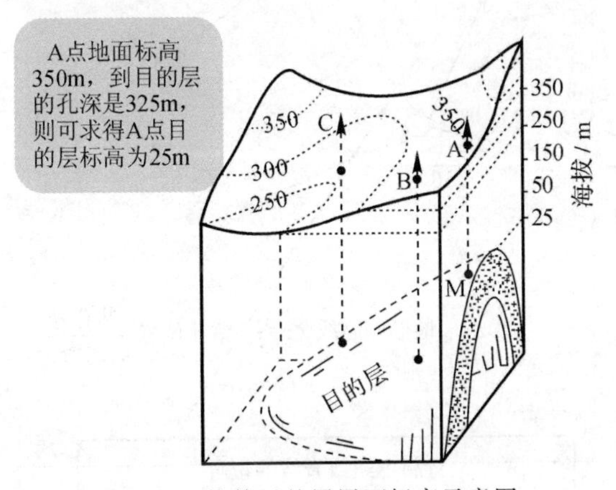

图 8-9　换算目的层层面标高示意图

2.把计算结果标在地形图各个钻孔点上

标注方法：钻孔编号/层面标高(见图 8-10)。

3.分析目的层的层面高程变化规律

1)找出层面最高、最低和高程突变之点(可能是断层存在的显示)；

2)分析高程变化规律和趋势，初步确定构造类型和枢纽或脊线、槽线方位，断层线位置(见图 8-11)。

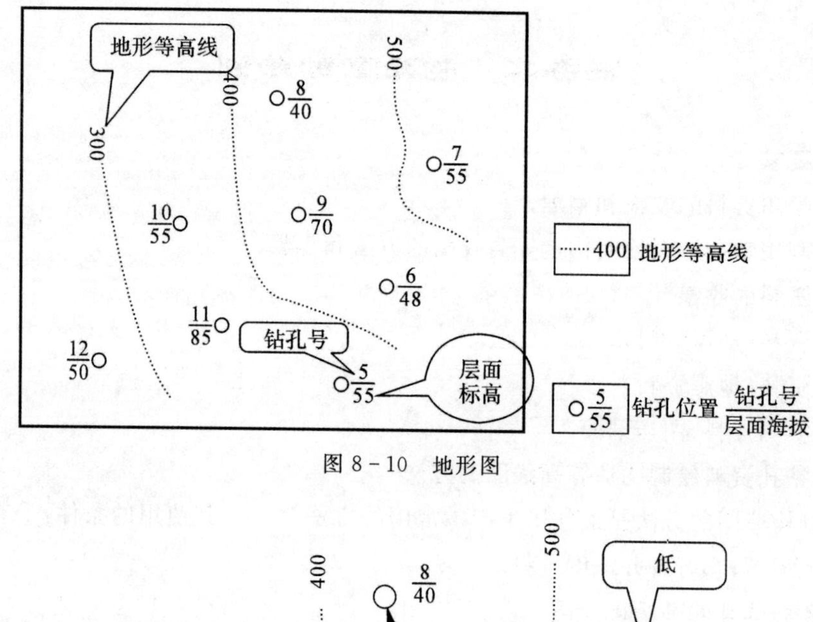

图 8-10 地形图

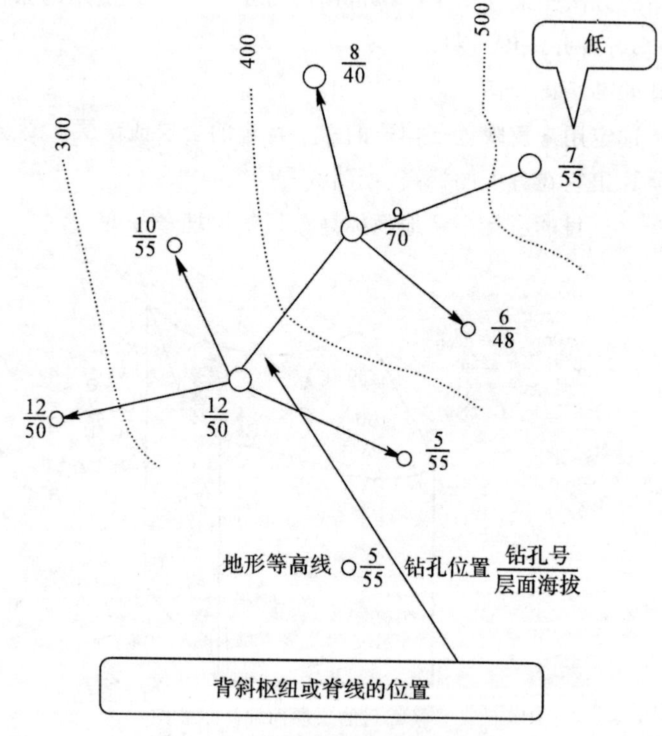

图 8-11 层面高程变化规律示意图

4.连三角网

1)自估计最高脊线点或最低槽线点开始,相邻点连线构成三角网;

2)连线要求:连线时必须尽量垂直岩层的走向,即在距离短、高差大的方向连线,防止将不同翼上的两点相连,导致歪曲真实情况(见图 8-12 和图 8-13)。

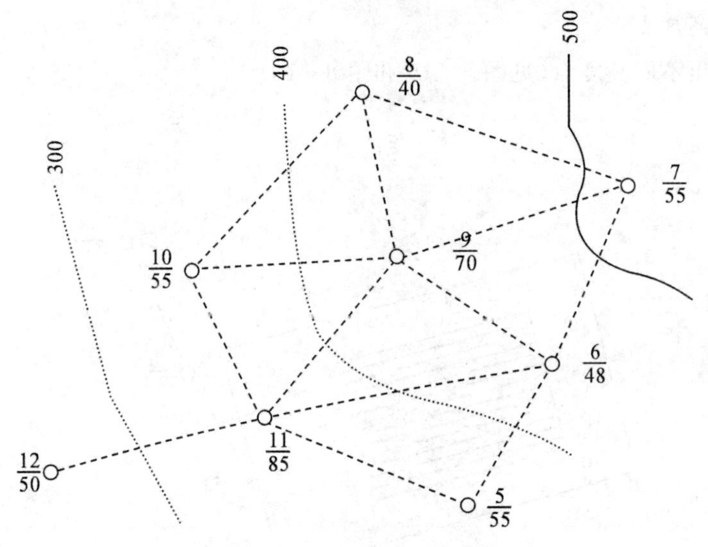

图 8-12　三角网法连线示意图

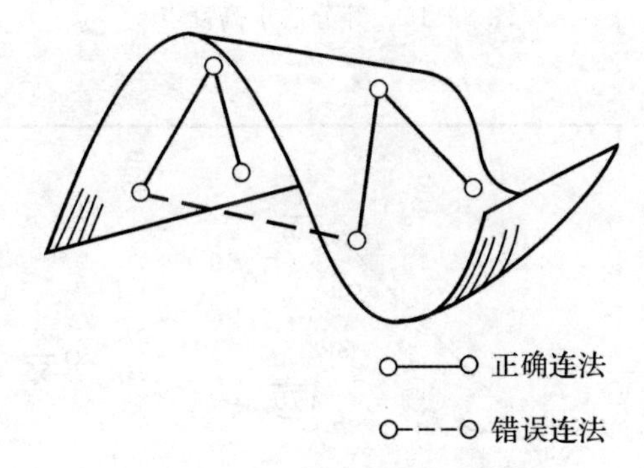

图 8-13　三角网法连线示意图

5.用插入法求等高线点

(点之间假定为平面、倾角没大的变化)

从最高点(或最低点)开始,向周围距离较短高差较大的点连线(不能横跨高点)。用透明方格纸作高程差线网,按所规定的等高线距,用内插法求出等高距点(见图 8-14)。

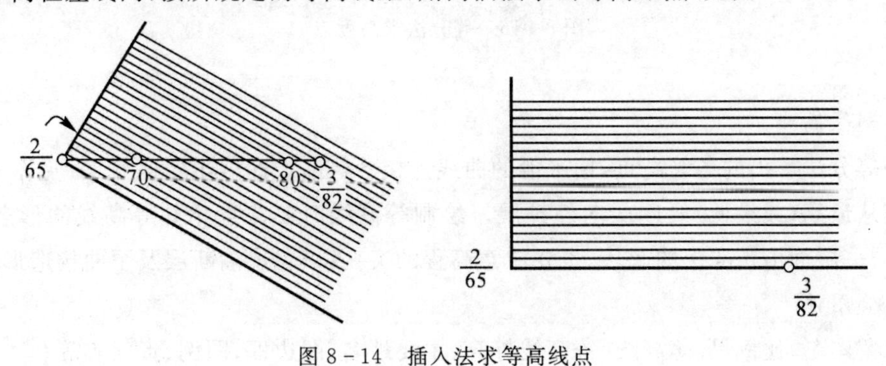

图 8-14　插入法求等高线点

6.等分法求高度点

用等分法求出不同高度点(见图 8-15 和图 8-16)。

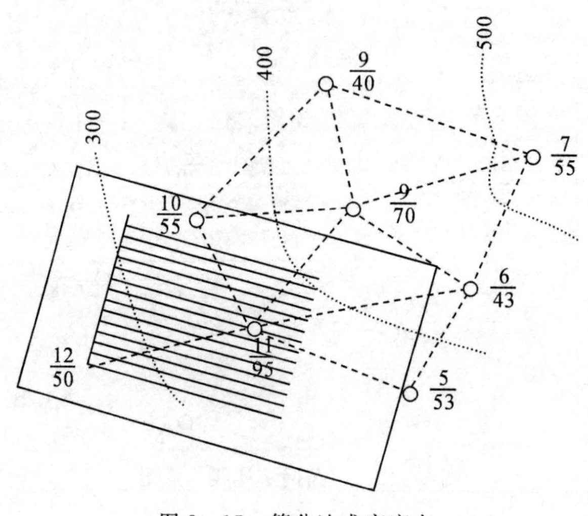

图 8-15　等分法求高度点

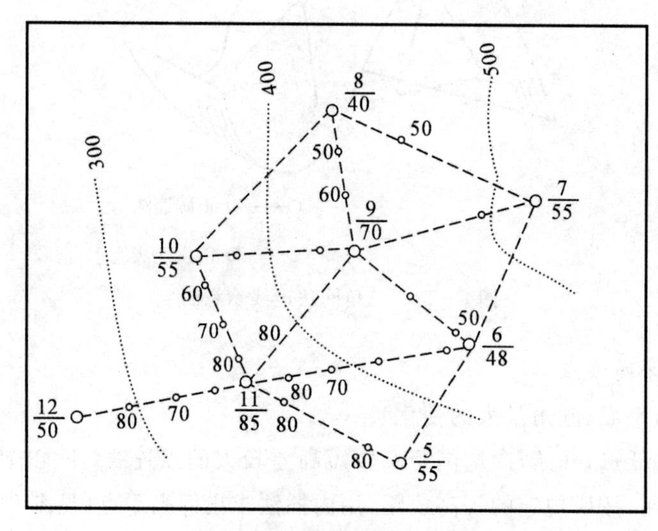

图 8-16　等分法求高度点

7.绘制等高线

将用等分法求出的各等高点,用平滑的曲线连接各等高点即得出等高线图(见图 8-17)。连线时应从最高(或最低)线逐次向外扩展。绘制等高线时要注意相邻等高线的形态与之协调,注意同一层面沿走向上的起伏,也要注意高程的突变,以免遗漏断层及歪曲构造形态。

8.修饰图件

只保留图名、比例尺、等高线、等高线标高、主要地名、图边框、图例、责任表等。

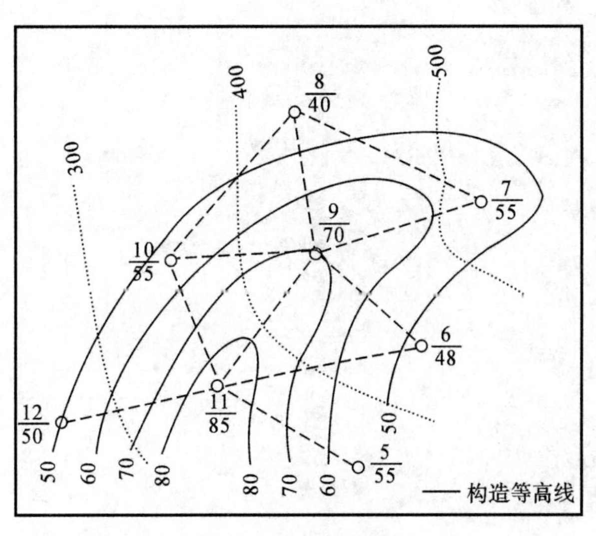

图 8－17　绘制等高线

四、作业

根据凉风垭地区由钻孔资料所得的中侏罗统介壳灰岩顶面标高资料（见表 8－2），在凉风垭地形图上（见图 8－18）绘制并分析中侏罗统介壳灰岩顶面构造等高线图（等高线间距 10 m）。

表 8－2　凉风垭地区中侏罗统介壳灰岩顶面标高表

钻孔号	深度 / m	目的层标高 / m	钻孔号	深度 / m	目的层标高 / m	钻孔号	深度 / m	目的层标高 / m
1	180	70	13	207	70	25	220	80
2	195	80	14	223	60	26	200	80
3	235	60	15	220	70	27	207	63
4	305	40	16	220	90	28	175	70
5	249	65	17	200	100	29	155	125
6	210	80	18	240	70			
7	170	100	19	205	95			
8	190	70	20	196	84			
9	200	70	21	207	63			
10	170	100	22	178	77			
11	190	100	23	198	52			
12	233	60	24	195	75			

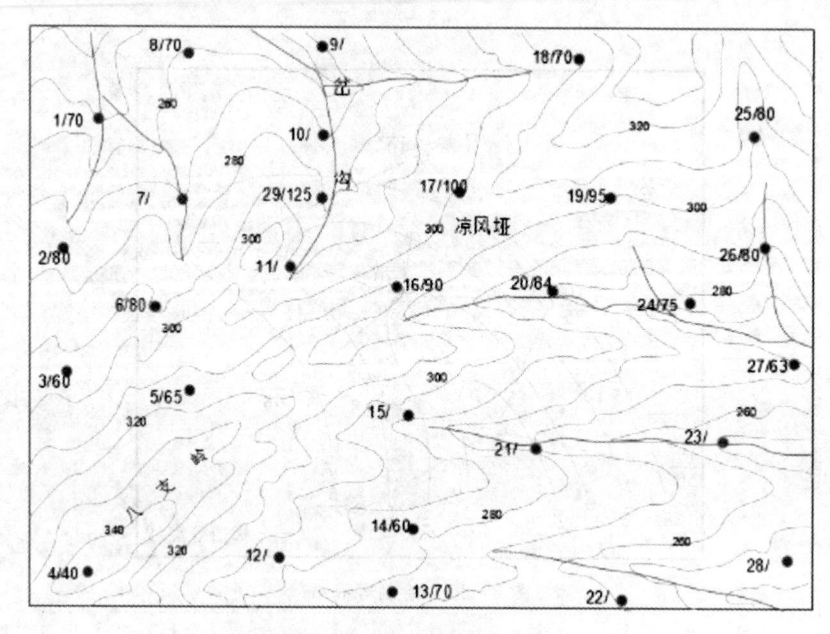

图 8-18　凉风垭地区地形图

任务三　地质剖面图的绘制

一、目的要求

(1)了解地质剖面图的分类；

(2)掌握地层剖面图的绘制方法和步骤；

(3)掌握信手地质剖面图的绘制方法和步骤。

二、地层剖面图的绘制

地质剖面图是按一定比例尺，表示地质剖面上的地质现象及其相互关系的图件，它与地质图相配合，可以获得地质构造的立体概念。垂直岩层走向的地质剖面图称地质横剖面图；平行岩层走向的剖面图，称地质纵剖面图；按水平方向编制的剖面图，称水平地质断面图。按地质剖面所表示的内容，可分为地层剖面图、第四纪地质剖面图、构造剖面图等；按资料来源和精确程度，又分为实测、随手、图切剖面图等。

地层剖面(示意)图是表示地层在野外暴露的实际情况的概略性图件，用于路线地质工作之中。它是在勾绘出地形轮廓的剖面上进一步反映出某一或某些地层的产状、分层、岩性、化石产出部位、地层厚度以及接触关系等地层的特征。地层剖面示意图的地形剖面和地层分层的厚度是目估的而非实际测量，这是它与地层实测剖面图的主要区别。绘图步骤如下。

(1)确定剖面方向，一般均要求与地层走向线垂直。

(2)选定比例尺，使绘出的剖面图不致过长或过短，同时又能满足表示各分层的需要。如实际剖面长，地层分层内容多而复杂时，剖面图要长一些，相反则短一些。一般地，一张图尽量控制在记录簿的长度以内，对于绘图和阅读都是比较方便的。如果实际剖面长度是 30 m，其分层厚度是数米以上时，则可用 1∶200 或 1∶300 的比例尺作图。

(3)按选取的剖面方向和比例尺勾绘地形轮廓，地形的高低起伏要符合实际情况。

(4)将地层及其分层的界线按该地层的真倾角数值用直线画在地形剖面相应点之下方，这时，从图上就可量出各地层及其分层的真厚度，注意检查图上反映出的厚度与目估的实际厚度是否一致，如不一致，须找出绘图中的问题所在，加以修正。

(5)用各种通用的花纹和代号表示各地层及分层的岩性、接触关系和时代，并标记出化石产出部位、地层产状。

(6)标出图名、图例、比例尺、方向及剖面图上地物的名称。举例，如图 8-19 所示。

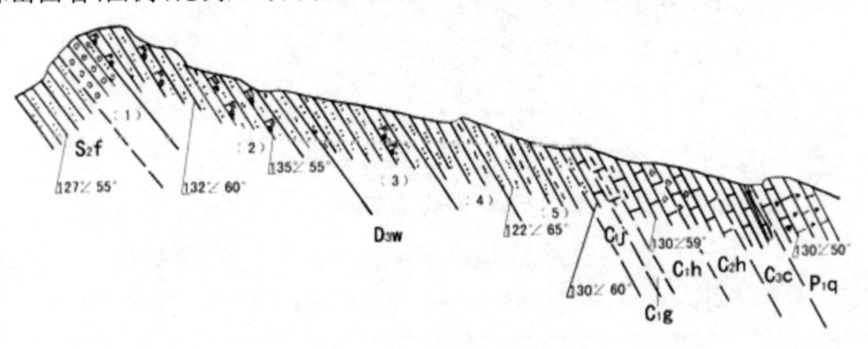

图 8-19　麒麟山地层剖面图

三、信手地质剖面图的绘制

1. 信手地质剖面图的绘制要求

如果是横穿构造线走向进行综合地质观察时，应绘制信手地质剖面图，它表示横过构造线方向上地质构造在地表以下的情况，这是一种综合性的图件，既要表示出地层，又要表示出构造，还要表示火成岩和其他地质现象以及地形起伏、地物名称以及其他需要表示的综合性内容。绘好路线地质剖面图是地质工作者的一项重要基本功，必须掌握。

路线信手地质剖面图中的地形起伏轮廓是目估的，但要基本上反映实际情况，各种地质体之间的相对距离也是目测的，应基本正确，各地质体的产状则是实测的，绘图时，应力求准确。

图上内容应包括图名、剖面方向、比例尺（一般要求水平比例尺和垂直比例尺一致）、地形的轮廓、地层的层序、位置、代号、产状、岩体符号、岩体出露位置、岩性和代号、断层位置、性质、产状、地物名称。

2. 绘图步骤

(1)估计路线总长度，选择作图的比例尺，使剖面图的长度尽量控制在记录簿的长度以内，当然，如果路线长，地质内容复杂，剖面可以绘得长一些。

(2)绘地形剖面图，目估水平距离和地形转折点的高差，准确判断山坡坡度、山体大小，初学者易犯的错误是将山坡画陡了。一般山坡不超过 30°，更陡的山坡人是难以顺利通过的。

(3)在地形剖面的相应点上按实测的层面和断层面产状，画出各地层分界面及断层面的位置、倾向及倾角，在相应的部位画出岩体的位置和形态。相应层用线条联接以反映褶皱的存在和横剖面的特征。

(4)标注地层、岩体的岩性花纹、断层的动向、地层和岩体的代号、化石产地、取样位置等。

(5)写出图名、比例尺、剖面方向、地物名称、绘制图例符号及其说明，如为习惯用的图例，可以省略。

从作图技巧方面来说，应注意以下三个“准确”：①地形剖面图要画准确；②标志层和重要地质界线的位置要画准确，如断层位置、煤系地层位置、火成岩体位置等；③岩层产状要画准确，尤其是倾向不能画反，倾角大小要符合实际情况。此外，线条花纹要细致、均匀、美观，字体要工整，各项注记的布局要合理。举例，如图 8-20 所示。

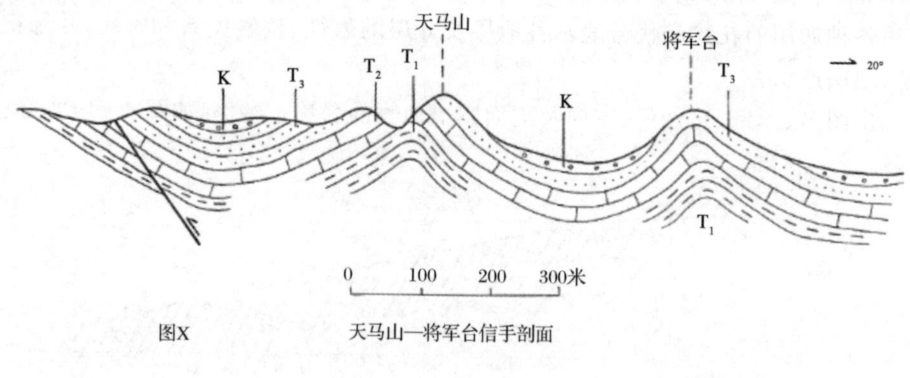

图 8-20　信手剖面图

K—白垩系砾岩　T_3—上三叠统厚层砂岩　T_2—中三叠统灰岩　T_1—下三叠统黏土岩、泥岩

附录　测井原始资料质量要求

1.范围

本标准规定了测井原始资料质量要求，适用于测井原始资料质量监督和检验。

2.通则

2.1　测井仪器、设备

测井使用的仪器、设备应符合测井技术要求。

2.2　图头

内容齐全、准确、应包括：

a)图头标题、公司名、井名、油区、地区和文件号；

b)井位 x，y 坐标或经纬度、永久深度基准面名称、海拔高度、测井深度基准面名称、转盘面高、钻台高、地面高和其他测量内容；

c)测井日期、仪器下井次数、测井项目、钻井深度、测井深度、测量井段底部深度和测量井段顶部深度；

d)套管内径、套管下深、测量的套管下深和钻头程序；

e)钻井液性能(密度、黏度、pH 值、失水)、钻井液电阻率 R_m、钻井液滤液电阻率 R_{mf}、钻井液泥饼电阻率 R_{mc} 及样品来源，以及测量电阻率时的温度；

f)钻井液循环时间、仪器到达井底时间和井底温度；

g)地面测井系统型号、测井队号、操作员和现场测井监督姓名；

h)井下仪器信息(仪器名、仪器系列号、仪器编号及仪器在仪器串中的位置)和零长计算；

i)在附注栏内标明需要说明的其他信息。

2.3　刻度

2.3.1　测井仪器应按规定进行刻度与校验，并按计量规定校准专用校准器。

2.3.2　测井仪器每经大修或更换主要元器件应重新刻度。

2.3.3　在井场应用专用标准器对测井仪器进行测前、测后校验，与不同仪器校验的误差容限应符合相关技术要求。

2.3.4　按规定校准钻井液测量装置。

2.4　原始图

2.4.1　重复文件、主文件、接图文件(有接图时)、测井参数、仪器参数、刻度与校验数据和图头应连续打印。

2.4.2　图面整洁、清晰、走纸均匀、成像测井图颜色对比合理、图像清晰。

2.4.3　曲线绘图刻度规范，便于储层识别和岩性分析；曲线布局合理，曲线交叉处清晰可辨。

2.4.4 曲线测量值应与地区规律相接近。当出现与井下条件无关的零值、负值或异常时，应重复测量，重复测量井段不小于 50m；如不能说明原因，应更换仪器验证。

2.4.5 同次测井曲线补接时，接图处曲线重复测量井段应大于 25 m；不同次测井曲线补接时，接图处曲线重复测量井段应大于 50 m，重复测量误差在允许范围内。

2.4.6 各条主曲线有接图或曲线间深度误差超过规定时，应编辑回放完整曲线，连同原始测井图交现场测井监督。

2.4.7 依据测井施工单要求进行测井施工，由于仪器连接或井底沉砂等原因造成的漏测井段应不少于 15 m 或符合地质要求，遇阻曲线应平直稳定（放射性测井应考虑统计起伏）。

2.4.8 曲线图应记录张力曲线、测速标记及测速曲线。

2.4.9 测井深度记号齐全准确、深度比例为 1：200 的曲线不应连续缺失两个记号；1：500的曲线不应连续缺失三个记号；井底好套管鞋附近不应缺失记号。

2.5 数据记录

2.5.1 现场应回放数据记录，数据记录与明记录不一致时，应补测或重新测井。

2.5.2 原始数据记录清单应填写齐全，清单内容包括井号、井段、曲线名称、测量日期、测井队别和文件号，同时应标注主曲线、重复曲线和重复测井（接图用）曲线的文件号。

2.5.3 编辑的数据记录应按资料处理要求的数据格式拷贝；各条曲线深度对齐，曲线间的深度误差小于 0.4 m；数据记录贴标签，标明井号、测井日期、测量井段、数据格式、文件名、记录密度、测井队别和操作员及队长姓名。

2.5.4 数据记录应打印文件检索目录，并标明正式资料的文件号。

2.6 测井深度

2.6.1 测井电缆的深度按规定在深度标准井内或地面电缆丈量系统中进行注磁标记。每 25 m 做一个深度记号，每 500 m 做一个特殊记号，电缆零长用丈量数据；做了深度记号的电缆，应在深度标准井内进行深度校验，每 1 000 m 电缆深度误差不应超过 0.2 m。

2.6.2 非磁性记号深度系统，应定期在深度标准井内进行深度校验，其深度误差符合 2.6.1的规定。

2.6.3 在钻井液密度差别不大的情况下，同一口井不同次测量或不同电缆的同次测量，其深度误差不超过 0.05%。

2.6.4 几种仪器组合测井时，同次测量的各条曲线深度误差不超过 0.2 m；条件允许时，每次测井应测量用于校深的自然伽马曲线。

2.6.5 测井曲线确定的表层套管深度与套管实际下深误差不超过 0.5 m，测井曲线确定的技术套管深度与套管实际下深误差不应大于 0.1%；深度误差超出规定，应查明原因。

2.6.6 不同次测井接图深度误差超过规定时，应将自然伽马曲线由井底测至表层套管，其他曲线通过校深达到深度一致。

2.7 测井速度、深度比例及测量值单位

2.7.1 不同仪器的测速应符合相关仪器技术指标要求。

2.7.2 几种仪器组合测量时，采用最低测量速度仪器的测速。

2.8 重复测量

2.8.1 重复测量应在主测井前、测量井段上部、曲线幅度变化明显、井径规则的井段测量、其长度不小于 50 m(碳氧比能谱测井重复曲线井段长度不少于 10 m,核磁共振测井不少于 25 m,井周声波成像测井、微电阻率成像测井不少于 20 m),与主测井对比,重复误差在允许范围内。

2.8.2　重复曲线测量值的相对误差按式(1)计算:

$$X=\frac{|B-A|}{B}\times 100\% \tag{1}$$

式中:A——主曲线测量值;

B——重复曲线测量值;

X——测量值相对误差。

2.9　钻井液性能

测井前应测量钻井液的温度和电阻率,以便结合井下地质情况,合理选择电阻率测井项目。

3. 单项测井原始资料质量

3.1　双感应-八侧向测井

3.1.1　在仪器测量范围内,砂泥岩剖面地层在井眼规则井段测量值应符合以下规律:

a)在均质非渗透性地层中,双感应-八侧向曲线基本重合;

b)当钻井液滤液电阻率 R_{mf} 小于地层水电阻率 R_w 时,油层、水层的双感应-八侧向曲线均呈低侵特征(有侵入情况下);

c)当钻井液滤液电阻率 R_{mf} 大于地层水电阻率 R_w 时,水层的双感应-八侧向曲线呈高侵特征,油层呈低侵或无侵特征(有侵入情况下)。

3.1.2　除高、低电阻率薄互层或受井眼及井下金属物影响引起异常外,曲线应平滑无跳动,在仪器测量范围内,不应出现饱和现象。

3.1.3　重复曲线与主曲线形状不同,在 1～100 Ω·m 范围内,重复测量相对误差小于 5%。

3.2　高分辨率感应-数字聚焦测井(DHRI)

3.2.1　在井眼规则井段,在均质非渗透性地层中,高分辨率感应-数字聚焦测井三电阻率曲线应基本重合,在渗透层段(有侵入情况下),测井数值符合以下规律:

a)当 R_{mf} 值小于 R_w 时,水层的深探测电阻率大于中探测电阻率,中探测电阻率大于浅探测电阻率;

b)当 R_{mf} 值大于 R_w 时,水层的深探测电阻率小于中探测电阻率,中探测电阻率小于浅探测电阻率;

c)在油层段,浅探测电阻率小于中探测电阻率,中探测电阻率小于深探测电阻率。

3.2.2　重复曲线与主曲线形状相同,重复测量值相对误差应小于 5%。

3.3　高分辨率阵列感应测井

3.3.1　检查同一频率各线圈响应的一致性,由短源距到长源距,曲线应平缓过渡。

3.3.2　在井眼规则的情况下:

a)在均质非渗透性地层中,六条不同探测深度的曲线应基本重合;

b)在渗透性地层,六条不同探测深度的曲线反映的地层侵入剖面应合理。

3.3.3　重复测井与主测井特征一致,重复测量值相对误差应小于 2%。

3.4 双侧向测井

3.4.1 在仪器测量范围内，厚度大于 2 m 的砂泥岩地层，测井曲线在井眼规则井段应符合以下规律：

a)在均质非渗透性地层中，双侧向曲线基本重合；

b)在渗透层，当 R_{mf} 值小于 R_w 时，深侧向测量值应大于浅侧向测量值；当 R_{mf} 值大于 R_w 时，水层的深侧向测量值应小于浅侧向测量值，油层的深侧向测量值应大于或等于浅侧向测量值。

3.4.2 一般情况下，在仪器测量范围内，无裂缝和孔隙存在的致密层，双侧向曲线应基本重合。

3.4.3 重复曲线与主曲线形状相同，重复测量值相对误差应小于 0.5%。

3.5 电位、梯度电极系测井

3.5.1 电极系曲线进套管的测量值应接近零值，长电极系干扰值应小于 0.2 Ω·m。

3.5.2 在大段泥岩处，长、短电极系测量值基本相同。

3.5.3 重复曲线与主曲线形状相同，重复曲线测量值相对误差应小于 10%。

3.6 微电极测井

3.6.1 在井壁规则处，纯泥岩层段微电位与微梯度曲线应基本重合。

3.6.2 在淡水钻井液条件下，渗透层段微电位与微梯度曲线应有明显正幅差度(微电位幅度值大于微梯度幅度值)，厚度大于 0.3 m 的夹层应显示清楚。

3.6.3 微电极曲线与八侧向、微侧向、邻近侧向或微球聚焦曲线形态相似，与自然电位、自然伽马曲线有较好的相关性。

3.6.4 重复曲线与主曲线形状相似，在井壁规则的渗透层段，重复测量值相对误差应小于 10%。

3.7 微球型聚焦测井

3.7.1 井径规则处，泥岩层微球型聚焦测井曲线与双侧向测井曲线应基本重合；在其他均质非渗透性地层中，曲线形状应与双侧向曲线相似，测量值和双侧向测井数值相近；在渗透层段应反映冲洗带电阻率的变化并符合地层的侵入关系。

3.7.2 在高电阻率薄层，微球型聚焦测井数值应高于双侧向测井数值。

3.7.3 在仪器测量范围内不应出现饱和现象。

3.7.4 重复曲线与主曲线形状相似，在井壁规则的渗透层段，重复测量值相对误差应小于 10%。

3.8 微侧向测井

曲线质量应符合 3.7 的规定。

3.9 邻近侧向测井

曲线质量应符合 3.7 的规定。

3.10 双频介点测井

3.10.1 在地层电阻率 R_t 大于 3 Ω·m、钻井液电阻率 R_m 大于 1 Ω·m 情况下，47 MHz 仪器所测曲线能反映储层含油气情况，即油气层介电常数及相位角测量值明显小于同类储层的水层测量值。

3.10.2 在 R_m 大于 0.6 Ω·m 的情况下，200 MHz 仪器所测曲线能反映储层侵入带含油气情况，与 47 MHz 仪器所测曲线组合能反映储层的侵入特征。

3.10.3　200 MHz 测井曲线与孔隙度、电阻率测井曲线有相关性，能反映地层岩性及孔隙度变化。

3.10.4　47 MHz 与 200 MHz 仪器所测两组曲线有相关性，重复曲线与主曲线形态一致，重复测量值相对误差应小于 5%。

3.11　自然电位测井

3.11.1　在 100 m 井段内，泥岩基线偏移应小于 10 mV。

3.11.2　在砂泥岩剖面地层，曲线应能反映岩性变化，渗透层自然电位曲线的幅度变化与 R_{mf}/R_w 有关：

a)当 R_{mf} 大于 R_w 时，自然电位曲线为负幅度变化；

b)当 R_{mf} 小于 R_w 时，自然电位曲线为正幅度变化；

3.11.3　曲线干扰幅度应小于 2.5 mV。

3.11.4　重复曲线与主曲线形状相同，幅度大于 10 mV 的地层，重复测量值相对误差应小于 10%。

3.12　自然伽马

3.12.1　曲线符合地区规律，与地层岩性有较好的对应性。一般情况下，泥岩层或含有放射性物质的地层呈高自然伽马特征，而砂岩层、致密地层及纯灰岩层呈低自然伽马特征。

3.12.2　曲线与自然电位、补偿中子、体积密度、补偿声波及双感应或双侧向曲线有相关性。

3.12.3　重复曲线与主曲线形状基本相同，重复测量值相对误差应小于 5%。

3.13　自然伽马能谱测井

3.13.1　自然伽马能谱仪器所测总自然伽马曲线与自然伽马曲线基本一致。

3.13.2 铀(U)、钍(Th)、钾(K)数值符合地区规律。

3.13.3　重复曲线与主曲线形状基本相同，总自然伽马重复测量值相对误差应小于 5%，钍和铀的重复测量值相对误差应小于 7%，钾的重复测量值相对误差应小于 10%。

3.14　中子伽马测井

3.14.1　在井场用专用标准器对仪器进行测前校验，与主校验的相对误差应小于 5%；测后校验与测前校验相对误差应小于 5%。

3.14.2　曲线首尾刻度漂移应小于 5%。

3.14.3　统计起伏相对误差应小于 7%。

3.15　井径测井

3.15.1　连续测量井径曲线进入套管，直到曲线平直稳定段长度超过 10 m，与套管内径标称值对比，误差在±1.5 cm(±0.6 in)以内。

3.15.2　致密层井径数值应接近钻头直径，渗透层井径数值一般接近或略小于钻头直径。

3.15.3　井径腿全部伸开、合拢时的最大、最小值的误差范围为实际标称值的±5%。

3.15.4　重复曲线与主曲线形状一致，重复测量值相对误差应小于 5%。

3.16　声波时差测井

3.16.1　测井前、后应分别在无水泥黏附的套管中测量不少于 10 m 的时差曲线，测量值应在 187 μs/m±7 μs/m(57 μs/ft±2 μs/ft)以内。

3.16.2 声波时差曲线在渗透层出现跳动，应降低测速重复测量。

3.16.3 声波时差曲线数值不应低于岩石的骨架值，常见矿物和流体声波时值差参见附录 A。

3.16.4 一般情况下，声波时差计算的地层孔隙度与补偿中子、补偿密度或岩性密度计算的地层孔隙度接近。

3.16.5 重复曲线与主曲线形状相同，渗透层的重复测量值误差在±8.3 μs/m(±2.5 μs/ft)以内。

3.17 长源距声波测井

3.17.1 声波时差曲线的质量应符合 3.16 的规定。

3.17.2 波形曲线应近似平行变化，在硬地层纵波、横波、斯通利波界面清楚，变密度显示对比度清晰、明暗变化正常。

3.17.3 波形图、变密度图应与声波时差、补偿中子、体积密度测井曲线有相关性，裂缝层段应有明显的裂缝显示。

3.17.4 水泥面以上井段套管波明显，水泥胶结良好段地层波可辨认。

3.17.5 重复测井与主测井波列特征相似。

3.18 多极子阵列声波测井

3.18.1 测前、测后分别在无水泥粘符的套管中测量 10 m 时差曲线，对套管检查的纵波时差数值应在 187 μs/m±5 μs/m(57 μs/ft±1.5 μs/ft)以内。

3.18.2 首波波至时间曲线变化形态应一致。

3.18.3 波列记录齐全可辨，硬地层的纵波、横波、斯通利波界面清楚，幅度变化正常。

3.18.4 在 12 m 井段内，相对方位曲线变化不应大于 360°。

3.18.5 曲线反映岩性变化、纵、横波数值在纯岩性地层中与理论骨架值接近。

3.18.6 重复测井与住测井的波列特征应相似；纵波时差重复曲线与主测井曲线形状相同，重复测量值相对重复误差应小于 3%。采用定向测量方式时，井斜角重复误差在±0.4°以内；当井斜角大于 0.5°时，井斜方位角重复误差在±10°以内。

3.19 补偿密度测井

3.19.1 曲线与补偿中子、补偿声波、自然伽马曲线有相关性。一般情况下，计算的地层孔隙度与补偿中子、补偿声波计算的地层孔隙度应接近；在致密的纯岩性段，测井值应接近岩石骨架值。

3.19.2 补偿密度测井应记录体积密度、补偿值和井径曲线。

3.19.3 除钻井液中加重晶石或地层为煤层、黄铁矿层等，密度补偿值一般不应出现负值。井径曲线的质量应符合 3.15 的规定。

3.19.4 重复曲线与主曲线形状应基本相同，在井壁规则处，重复测量值误差在±0.03 g/cm^3 以内。

3.20 岩性密度测井

3.20.1 体积密度曲线应符合 3.19 规定。

3.20.2 光电吸收截面指数曲线能反映地层岩性的变化。

3.20.3 重复曲线与主曲线形状应基本相同，在井壁规则处，光电吸收截面指数重复测量值相对误差应小于 5.3%。

3.21　补偿中子测井

3.21.1　曲线与体积密度、声波时差冀自然伽马曲线有相关性。一般情况下，计算的地层孔隙度与其他孔隙度测井计算的地层孔隙度应接近。

3.21.2　在致密的纯岩性段，测井值应与岩石骨架值相接近。

3.21.3　重复曲线与主曲线形状应基本相同。井眼规则处，当测量孔隙度大于 7 个孔隙度单位时，重复测量值相对误差应小于 7%；当测量孔隙度不大于 7 个孔隙度单位时，重复测量值误差在±0.5 个孔隙度单位以内。

3.22　电缆地层测试测井

3.22.1　测井过程中采用自然伽马测井仪器跟踪定位，测量点深度误差在±0.2 m 以内。

3.22.2　按由上至下的方式测量，上返补点须消除滞后影响。

3.22.3　测井前、后测量的钻井液静压力及地层最终恢复压力应稳定，15 s 内的变化在±6 895 Pa(±1 psi)以内。

3.22.4　压力恢复曲线变化正常，无抖跳。

3.22.5　在钻井液面相对稳定的情况下，测井前、后测量的钻井液静压力相差不大于 34 474 Pa(5 psi)。

3.22.6　第一次密封失败的测试点，应在该点的上、下 0.5 m 内选点补测。

3.22.7　干点至少重复测试一次，首次等待压力恢复时间在 1 min 以上，第二次等待时间在 2 min 以上，极低渗透性地层压力恢复记录时间不少于 10 min。

3.22.8　正常情况下，深度点经垂直校正后，钻井液静压力随深度的变化应呈近似线性关系或按式(2)计算，相邻两点计算的视钻井液密度值之差的绝对值不大于 0.02 g/cm³。

$$\rho_m = \frac{p}{1\,000gH} \tag{2}$$

式中：ρ_m——视钻井液密度，单位为克每立方厘米(g/cm³)；

p——钻井液压力，单位为帕(Pa)；

H——垂直深度，单位为米(m)；

g——重力加速度，9.8 m/s²。

注：1 psi≈6 895 Pa。

3.23　四臂地层倾角测井

3.23.1　测前应对垂直悬挂在井架上的仪器进行偏斜、旋转检查，对电极进行灵敏度检查，并记录检查结果。

3.23.2　测井时极板压力适当，微电阻率曲线峰值明显。

3.23.3　微电阻率曲线应具有相关性，和其他微电阻率曲线有对应性。

3.23.4　微电阻率曲线变化正常，不应出现负值。

3.23.5　井斜角、方位角曲线变化正常，无负值。

3.23.6　在 12 m 井段内，Ⅰ号极板方位角变化不应大于 360°。

3.23.7　双井径曲线的质量应符合 3.15 的规定。

3.23.8　重复曲线与之曲线对比，井斜角重复误差在±0.5°以内，当井斜角大于 1°时，井斜方位角重复误差在±10°以。

3.24　六臂地层倾角测井

3.24.1　测前应对垂直悬挂在井架上的仪器进行偏斜、旋转检查，对电极进行灵敏度检查，并记录检查结果。

3.24.2　测后用进套管后的井径读数进行检查，与套管标称值对比，误差在±0.762 cm(±0.3 in)以内。

3.24.3　测井时极板压力适当，微电阻率曲线峰值明显。

3.24.4　微电阻率曲线变化正常，并有相关性，不应出现台阶和负值。

3.24.5　井斜角、方位角曲线变化正常，无负值。

3.24.6　在12 m井段内，Ⅰ号极板方位角变化不应大于360°。

3.24.7　三井径曲线变化正常，在套管内曲线应基本重合。

3.24.8　重复曲线与主曲线对比，井径重复误差在±0.762 cm(±0.3 in)以内；井斜角重复误差在±0.4°以内；当井斜角大于0.5°时，井斜方位角重复误差在±10°以内。

3.25　井斜测井

3.25.1　井斜角、方位角曲线变化正常，无负值。

3.25.2　重复曲线与主曲线对比，井径重复误差在±0.5°以内；当井斜角大于1°时，井斜方位角重复误差在±10°以内。

3.26　微电阻率成像测井

3.26.1　测前应对垂直悬挂在仪器进行偏斜、旋转检查，对电极进行灵敏度检查，并记录检查结果。

3.26.2　测前、测后应在地面用井径刻度器对六个独立的井径进行检查，与井径刻度器标称值对比，误差在±0.762 cm(±0.3 in)以内。

3.26.3　按井眼条件选择扶正器，测井时极板压力适当。

3.26.4　无效(坏)电极数不应超过四个。

3.26.5　微电阻率曲线变化正常，有相关性，不应出现负值，并与其他微电阻率曲线有对应性。

3.26.6　三井径曲线变化正常，除椭圆井眼外，在井眼规则处应基本重合。

3.26.7　方位曲线与微电阻率成像测井应在同一组合内测量，井斜角、方位角曲线无异常变化，无台阶和负值。

3.26.8　在12 m井段内，Ⅰ号极板方位角变化不应大于360°。

3.26.9　电成像反映地层特征(裂缝、溶洞、层界面)清晰，与声成像具有一致性，与其他资料具有对应性。

3.26.10　重复测井与主测井的图像特征一致，井径重复误差在±0.762 cm(±0.3 in)以内；井斜角重复误差在±0.4°以内；当井斜角大于0.5°时，井斜方位角重复误差在±10°以内。

3.27　井周声波成像测井

3.27.1　测前应对垂直悬挂在仪器进行偏斜、旋转及探头的旋转检查，并记录检查结果。

3.27.2　在套管中进行测前、测后校验，井径测量值与套管内径标称值误差在±0.5 cm(±0.2 in)以内，测前、测后钻井液时差的差值在±1.64 μs/m(±0.5 μs/ft)以内。

3.27.3　按井眼条件选择扶正器和探头。

3.27.4　回波(反射波)时间成像图与回波振幅成像图具有一致性。

3.27.5　在 12 m 井段内,相对方位曲线变化不应大于 360°。

3.27.6　方位曲线与井周声波成像应在同一组合内测量,井斜角、方位角曲线无异常现象,无台阶和负值。

3.27.7　声成像反映地层特征清晰,与电成像具有一致性。

3.27.8　重复测井的质量,符合 3.26.10 的规定。

3.28　核磁共振测井

3.28.1　测井前收集井眼尺寸,井深、地层温度与压力、钻井液性能、目的层中的矿物成分、地层流体类型及原油性质参数,对采用参数作优化设计并确定合适的采集方式。

3.28.2　测井质量控制参数符合仪器技术指标。

3.28.3　测量曲线应符合地层规律,核磁有效孔隙度响应要求:

a)孔隙充满液体的较纯砂岩地层:核磁有效孔隙度近似等于密度/中子交会孔隙度;

b)泥质砂岩地层:核磁有效孔隙度应小于或等于密度孔隙度;

c)泥岩层:核磁有效孔隙度应低于密度孔隙度;

d)较纯砂岩气层:核磁有效孔隙度应近似等于中子孔隙度;

e)泥质砂岩气层:核磁有效孔隙度应低于中子孔隙度,同时气体的快横向驰豫将导致束缚流体体积增加;

f)在孔隙度接近零的地层和无裂缝存在的泥岩层中,核磁有效孔隙度的基值应小于 1.5 个孔隙度单位。

3.28.4　井径超过仪器的探测直径时,测量信息受井眼钻井液的影响,使束缚流体体积显著增大,并接近核磁有效孔隙度。

3.28.5　当地层孔隙度不小于 15 个孔隙度单位时,孔隙度曲线重复测量值的相对误差小于 10%;当地层孔隙度小于 15 个孔隙度单位时,孔隙度曲线重复测量值的绝对误差小于 1.5 个孔隙度单位。

3.29　脉冲中子能谱测井

3.29.1　表征脉冲中子产额的曲线稳定,相对变化小于 10%,数值符合仪器技术指标。

3.29.2　统计起伏相对误差应小于 10%。

3.29.3　与岩性有关的测井曲线能区分岩性,与裸眼井测井反映岩性的曲线对应较好,数值符合地区规律。

3.29.4　孔隙度指示曲线与裸眼井测井反映孔隙度的曲线相对应,数值符合地区规律。

3.29.5　质量控制参数符合仪器技术指标要求。

3.29.6　重复曲线与主曲线形态基本一致,重复测量值相对误差应小于 10%。

3.30　热中子寿命测井

3.30.1　测前测量统计起伏曲线,统计起伏相对误差应小于 10%,测量时间应大于 5 min。

3.30.2　在泥岩段,短源距计数率曲线数值与长源距计数率曲线数值的比值符合仪器技术指标。

3.30.3　注入指示液前俘获截面曲线与裸眼井反映岩性的测井资料有对应性。

3.30.4　注入指示液后，应在扩散、注入、放压条件下，分别测量俘获截面曲线（以验窜、找漏为目的时，分别测量不同压力条件下的两条俘获截面曲线）。注入指示液前、后的俘获截面曲线在泥岩段数值应基本一致。

3.31　脉冲中子氧活化测井

3.31.1　脉冲中子氧活化测井采用定点测量方式测井。

3.31.2　应在最上一个射孔层上部 5 m 以上测量总流量，测量的总流量与实际注入量的误差应在±10％以内。

3.31.3　在最下一个射孔层以下测量零流量。若流量不为零，则继续下放仪器测量至零流量为止（遇阻除外）。

重复测量总量和流量变化较大的测点，重复误差应小于 10％。

3.32　声波变密度测井

3.32.1　测井时间应根据所使用的水泥浆的性质而定，一般应在固井 24 h 以后测井。

3.32.2　测井前在水泥面以上的自由套管井段进行声幅刻度。

3.32.3　测量井段由井底遇阻位置测到水泥返高以上曲线变化平缓井段，并测出五个以上的自由套管接箍，且每个套管接箍反映清楚。

3.32.4　自由套管井段，变密度图套管波显示清楚平直，明暗条纹可辨；声波幅度曲线数值稳定，套管接箍信号明显。

3.32.5　声波幅度曲线变化与声波变密度图套管波显示应有相关性。声波幅度曲线数值小，对应的变密度图套管波显示弱或无；反之，套管波显示强。

3.32.6　在混浆带及自由套管井段测量重复曲线 50 m 以上，与主曲线对比，重复测量值相对误差小于 10％。

3.33　分区水泥胶结测井

3.33.1　在自由套管中，平均衰减曲线与最小衰减曲线之差符合仪器技术指标；最大声幅、最小声幅和平均声幅曲线平稳且基本重合。

3.33.2　最大时差和最小时差数值应稳定，差值不变；差值的大小与套管内泥浆性质有关。

3.33.3　在 10 m 井段内，相对方位曲线变化应小于 360°。

3.33.4　声波变密度图的质量符合 3.32 的要求。

3.33.5　在混浆带及自由套管井段测量重复曲线 50 m 以上，重复测井与主测井的图像特征应基本一致，曲线重复测量值相对误差小于 10％。

3.34　磁性定位测井

3.34.1　磁性定位曲线应连续记录，接箍信号峰显示清楚，且不应出现畸形峰，干扰信号幅度小于接箍信号幅度的 1/3。

3.34.2　目的层段不应缺失接箍信号，非目的层段不应连续缺失两个以上接箍信号。

3.34.3　油管接箍、井下工具等在曲线上的测井响应特征应清晰可辨。

3.35　井温测井

3.35.1　仪器在井口读值与地面温度相差应在±1.5°以内。

3.35.2　井温测井采用下放测量，应从目的井段以上 50 m 测至井底。

3.35.3　井温曲线在静水区的温度数值应接近该深度地温度值。

3.35.4　异常部位应在停测 30 min 后重复测量，重复误差在±1°以内。

3.35.5　测量地温梯度时，井内液体应静止 7 d 以上，并由井口自上而下测量。

3.35.6　测量注入剖面温度时，应先测量正常注入情况下流动温度曲线，关井温度曲线应在井底温度场相对稳定后测量。

3.35.7　测量产出剖面温度时，应在正常生产或气举生产情况下测量。

3.35.8　静止井温曲线应在关井 8 h 以后测量，且测量时井口不应有井液溢流。

3.35.9　检查压裂效果时，压裂前测量静止井温曲线，压裂后应在未放喷、无溢流情况下测量一条井温曲线，时间间隔 4 h 以上，再测量一条井温曲线。

3.59.10　检查封堵效果时，应在封堵前、封堵后分别测量静止和加压温度曲线，

3.36　放射性同位素示踪测井

3.36.1　放射性同位素示踪剂释放前应测量自然伽马曲线作为基准曲线。

3.36.2　示踪测井应和磁性定位同时测量，磁性定位曲线的质量符合 3.34 的规定。

3.36.3　自然伽马曲线与示踪曲线应采用统一的横向比例。

3.36.4　在吸水层位、压裂层位、窜槽部位、示踪曲线应有较高的数值。

3.37　电磁流量测井

3.37.1　电磁流量测井采用定点测量及连续测量方式测井。

3.37.2　电磁流量连续测井：

3.37.2.1　采用下放仪器测量。

3.37.2.2　自最上一个射孔层顶部以上 20 m 开始，测至最下一个射孔层以下 10 m。

3.37.2.3　应对整个测量井段进行重复测量，重复误差应小于1%。

3.37.3　电磁流量定点测井：

3.37.3.1　在连续曲线正常的情况下，依据设计测点要求录取资料；在连续曲线不正常情况下，除依据设计测点要求录取资料外，射孔层还应加密测点录取资料。加密测点间距一般为 1 m。

3.37.3.2　定点测井曲线应稳定，录取时间应大于 60 s，曲线相对变化在±5%以内。

3.37.3.3　总流量测点测量值与井口计量值误差在±10%以内。

3.37.3.4　定点测井应重复测量总流量测点、主要吸液层的上下测点和零流量测点。重复误差小于5%。

3.38　持水率测井

3.38.1　测井前持水率仪器应在空气中进行校验，校验数据应用时间驱动方式记录在测井图上，现场校验数值与室内标定的空气值误差不超过5%。

3.38.2　在底水段，曲线变化平稳，且为水值显示。

3.38.3　底水段重复曲线与主曲线对比，测量值相对误差应小于5%。

3.38.4　每个测点按时间驱动方式记录 120 s 以上。

3.38.5　取样式电容法测量持水率，取样后按时间驱动方式记录油水静止分离曲线，时间应大于 400 s，持水率数值取稳定段末端的数值。

3.38.6　过流式法测持水率，曲线录取时间应大于 200 s，录取段内持水率波动误差在±

5%以内，持水率值取最后 60 s 的平均值或整个录取段的平均值。

3.38.7 阻抗式法测持水率，全水值至少记录一条曲线，时间应大于 60 s，曲线波动误差应在±3%以内。各测点混相值曲线录取时间应大于 100 s，持水率值取曲线稳定段的平均值。

3.39 流体密度测井

3.39.1 应记录仪器在空气和水中的响应值。

3.39.2 在底水区井段内，曲线变化平稳，且为水值显示。

3.39.3 在喇叭口附近，密度值应有明显变化。

3.39.4 应在生产井正常生产状态下进行测量。

3.39.5 在目的层段应测量两次以上，重复测量值相对误差应小于 10%。

3.40 压力测井

3.40.1 压力曲线应上提测量连续曲线。

3.40.2 压力曲线应全井段重复测量，重复误差在±0.1 MPa 以内。

3.41 放射性同位素示踪流量测井

3.41.1 示踪曲线图头上应标明示踪喷射口与探测器之间的距离，并标注测点深度。

3.41.2 示踪流量测井应自上而下依次选点。

3.41.3 测点位于厚度大于 2.5 m 的非射孔层段中，在射孔井段的顶部和底部进行测量。

3.41.4 在同一口井的不同测点，喷射示踪剂用的时间应相同。

3.41.5 定点测量时，示踪剂喷射口、伽马探测器均应在非射孔层段中；追踪测量时，应保证两个峰值均在非射孔层段中。

3.41.6 在同一测点应至少喷射两次示踪剂进行测量，当两次测量误差大于 10%时，应重复测量。

3.42 非集流涡轮流量测井

3.42.1 非集流涡轮流量测井应分别采用上提、下放方式以不同测速各测量四次以上。

3.42.2 测量速度按等差法选择，并同时记录测速曲线，单次测井的测速变化不应大于 10%。

3.42.3 在上提、下放方式下，流量曲线变化趋势应各自相同。

3.42.4 零流量曲线应记录到最下一个射孔层段以下 10 m，全流量曲线应记录到最上一个射孔层段以上 20 m。

3.42.5 在油水两相流动条件下，两个射孔层之间流量曲线相对变化不大于 10%。

3.43 集流涡轮流量测井

3.43.1 集流涡轮流量测井的测点应选在相邻两个射孔层之间。

3.43.2 在最上一个射孔层以上，选点测量总流量；最下一个射孔层段以下，选点测量零流量。

3.43.3 每个测点记录时间应大于 120 s。

3.43.4 按测井要求进行重复测量，重复误差应小于 3%。

3.44 40 臂以上井径测井

3.44.1 不变形、无腐蚀的套管处，测井曲线读值与套管内径标称值对比，误差在±2 mm

(±0.1 in)以内;否则,应重复测量。

3.44.2　非射孔井段接箍显示明显,不应连续漏测两个接箍,射孔井段应显示清楚。

3.44.3　在曲线异常部位上、下 20 m 井段内重复测量。

3.44.4　需要接箍校深时,应测出标准套管接箍。

3.44.5　重复曲线与主曲线形状应相同,重复测量误差在±2 mm(±0.1 in)以内。

3.45　噪声测井

3.45.1　噪声测井采用半对数坐标记录。

3.45.2　噪声信号截止频率设置为 200 Hz,600 Hz,1 000 Hz,2 000 Hz,4 000 Hz 和6 000 Hz。

3.45.3　至少录取四条不同噪声信号截止频率的噪声曲线。

3.45.4　噪声曲线异常段应重复测量,其趋势应与主曲线一致。

3.46　井下超声电视测井

3.46.1　裸眼井测井应进行测前方位检验,并记录检查结果。

3.46.2　在清洁完好的套管中,平均井径数值与套管实际内径值的允许误差为±2 mm。

3.46.3　目的井段测速应小于 90 m/h,测速应稳定,相对变化在±10%以内。

3.46.4　幅度图像和时间图像的主要特征能相互对比。

3.46.5　套管井的接箍显示清晰。

3.46.6　裸眼层段裂缝显示明显,套管鞋清晰可辨,套管鞋以上应测有一个套管接箍。

参考文献

[1] 樊拥军,王福生.沉积岩与沉积相[M].北京:石油工业出版社,2009.

[2] 赖绍聪,罗静兰,王居里,等.晶体光学与岩石学实习教程[M].北京:高等教育出版社,2010.

[3] 朱筱敏.沉积岩石学[M].4版.北京:石油工业出版社,2008.

[4] 白旭红.矿物岩石学[M].北京:石油工业出版社,2009.

[5] 桑隆康,邬金华.岩石学实验指导书[M].北京:中国地质大学出版社,2003.

[6] 季汉成,张琴.沉积岩实验指导书[M].北京:中国石油大学出版社,2005.

[7] 洪有密.测井原理与综合解释[M].北京:中国石油大学出版社,2004.

[8] 唐洪俊.油层物理[M].北京:石油工业出版社,2007.

[9] 刘向君,刘堂宴,刘诗琼.测井原理及工程应用[M].北京:石油工业出版社,2006.

[10] 赵军龙.测井方法原理[M].西安:陕西人民教育出版社,2008.

[11] 赵军龙.测井资料处理与解释[M].北京:石油工业出版社,2012.